全国中级注册安全工程师职业资格考试精品教材

安全生产专业实务

道路运输安全

全国中级注册安全工程师职业资格考试用书编写组 **组编**

哈爾濱工程大学出版社
Harbin Engineering University Press

内容简介

本书主要根据考试大纲要求，以核心考点为基础，结合经典习题对道路运输安全技术、相关法规和标准进行专业的讲解，并从实践出发，把控考试趋势。本书通过对历年真题考点分布进行分析，总结性解读了核心考点；并精心筛选了具有代表性的典型习题进一步加强和巩固考生对相应知识考点的掌握，为考生点明考试的命题趋势和备考重点；使考生能在较短的时间内科学、有效地掌握道路运输安全生产专业知识并综合运用安全生产法律、法规、标准和政策、安全生产理论和方法，分析和解决安全生产实际问题。

图书在版编目(CIP)数据

安全生产专业实务. 道路运输安全 / 全国中级注册安全工程师职业资格考试用书编写组组编. — 哈尔滨 : 哈尔滨工程大学出版社, 2021.7(2023.8 重印)
全国中级注册安全工程师职业资格考试精品教材
ISBN 978-7-5661-3074-7

Ⅰ. ①安… Ⅱ. ①全… Ⅲ. ①公路运输－交通运输安全－资格考试－自学参考资料 Ⅳ. ①X93②U492.8

中国版本图书馆 CIP 数据核字(2021)第 117262 号

安全生产专业实务——道路运输安全
ANQUAN SHENGCHAN ZHUANYE SHIWU——DAOLU YUNSHU ANQUAN

选题策划 李惊宇
责任编辑 张 彦
封面设计 天 一

出版发行 哈尔滨工程大学出版社
社 址 哈尔滨市南岗区南通大街 145 号
邮政编码 150001
发行电话 0451-82519328
传 真 0451-82519699
经 销 新华书店
印 刷 河南承创印务有限公司
开 本 787 mm×1 092 mm 1/16
印 张 14.5
字 数 371 千字
版 次 2021 年 7 月第 1 版
印 次 2023 年 8 月第 3 次印刷
定 价 70.00 元
http://www.hrbeupress.com
E-mail:heupress@hrbeu.edu.cn

前言

安全生产是与人民群众生命财产安全息息相关的大事，是经济社会协调健康发展的标志。《注册安全工程师分类管理办法》指出，相关企业必须配备相应数量和级别的安全工程师。为了贯彻落实习近平新时代中国特色社会主义思想，适应我国经济社会安全发展需要，提高安全生产专业技术人员素质，根据2019年1月25日应急管理部与人力资源和社会保障部发布的《注册安全工程师职业资格制度规定》和《注册安全工程师职业资格考试实施办法》，以及2021年12月2日人力资源和社会保障部公布的2021年版《国家职业资格目录》，注册安全工程纳入国家职业资格目录，属于专业技术人员职业资格准入类。注册安全工程师级别设置为：高级、中级、初级。由此可知，注册安全工程师的地位已进一步得到提升，重视安全生产已成为政府和社会各领域的基本共识。

中级注册安全工程师职业资格考试是应相关政策要求，客观评价中级安全生产专业技术人员的知识水平和业务能力的考试。中级注册安全工程师职业资格考试设安全生产法律法规、安全生产管理、安全生产技术基础、安全生产专业实务四个科目。其中，安全生产法律法规、安全生产管理、安全生产技术基础为公共科目，安全生产专业实务为专业科目。安全生产专业实务科目分为：煤矿安全、金属非金属矿山安全、化工安全、金属冶炼安全、建筑施工安全、道路运输安全和其他安全（不包括消防安全），考生在报名时可根据实际工作需要选择其一。

为满足广大考生应试复习的需要，帮助考生在短时间内科学、有效地掌握中级注册安全工程师考试的相关知识，全国中级注册安全工程师职业资格考试用书编写组的专家们认真研读现行考试要求，并结合现行法律法规及行业规范，倾力打造了本系列图书。

本系列图书具有以下特点：

（1）紧扣考试大纲，突出重点难点。本系列图书紧扣现行考试大纲，将现行国家规范、标准的内容进行提炼，删繁就简，总结出重难点和常考点，帮助考生归纳精华知识点，使其在短时间内消化吸收，提高备考效率。

（2）多种形式复习，强化知识记忆。在讲解知识点时，本系列图书配以丰富的图形、表格等，使各知识点清晰明了，简明扼要。在安全生产专业实务科目中，单独设置“案例分析”模块，并通过“提示”“链接”“记忆技巧”等方式使考生轻松理解、掌握知识点。

（3）把握试题难易，注重强化练习。依据历年真题中知识点的考查分布，在内文中穿插“典型例题”，帮助考生在巩固知识点的同时进一步提升自己的应试能力。

此外，我们特向购买本系列图书的考生提供三大特色服务，考生可在学习本系列图书的同时通过观看视频、线上做题（天一网校 APP）、获取实时备考资讯等方式，实现线上、线下有效备考。

因图书出版具有特定的时效性，为保障考生利益以及做好后续产品维护，编写组将持续关注新颁布或修订的考试大纲、相关法律法规、标准规范等，如有调整将实时更新相应电子版文件至天一网校，并向购买本系列图书的考生免费提供。具体获取途径如下：注册登录 www. tianyiwangxiao. com→选择首页中的“资源下载”→选择“建筑工程”下的“注册安全工程师”，可获取图书增值服务。

本系列图书如有不足之处，恳请广大读者予以指正。

如有与本系列图书相关的问题或建议，欢迎您致电 4006597013 或者通过 QQ：1400594158 与我们联系，我们将以更加优质、便捷的方式为您提供多方位、多层次的服务。

扫描二维码
获取天一网校APP

全国中级注册安全工程师职业资格考试用书编写组

目录

第一章　道路运输安全技术基础

考情解读

考·纲·要·求

掌握道路运输安全生产基本特点，运用道路运输安全技术和相关法律法规、规章制度、标准规范，进行道路运输行业重大危险源辨识与隐患排查，制定相应风险管理措施。运用驾驶员和车辆安全管理理论，分析驾驶员操作失误和运输车辆安全隐患，制定驾驶员和车辆安全管理措施。运用道路运输信息化基础技术，按照事故报告和调查处理的基本要求，梳理、分析运输事故原因，提出安全应对措施。掌握道路运输中驾驶员劳动防护相关要求，以及相关消防设施及器材的功能和使用要求，制定相应的安全技术措施。了解道路及其安全设施的作用和使用要求，了解特殊道路和环境车辆安全运行技术及紧急情况的应对处理基本技能。

命·题·分·析

本章内容主要包括道路运输安全生产基本特点，道路运输安全相关法律法规、规章制度、标准规范，道路运输行业危险源辨识，道路运输行业隐患排查，驾驶员安全管理理论与措施，车辆安全管理及措施，事故报告和原因分析，道路运输中驾驶员劳动防护，车辆的消防设施与火灾防护，交通安全设施的作用和使用要求，特殊道路和环境车辆安全运行技术，紧急情况的应对处理基本技能。

历年考试主要考查了妨害安全驾驶罪，生产经营单位的安全生产责任人，风险等级，道路运输企业隐患排查的方式，事故等级等内容。

除了已考查知识点，本章重点内容还包括危险源辨识，危险源点控制管理途径和措施，道路运输安全隐患的具体表现，隐患处理，驾驶员常见职业病及其预防措施，事故报告要求，事故发生的原因分析，车辆火灾防护，山区道路安全驾驶，高速公路安全驾驶，特殊天气条件下的安全驾驶，紧急情况处置能力等。

考点解读

考点一　道路运输安全生产基本特点

道路运输业是指使用运输工具或人力、畜力将货物或旅客送达目的地，使其空间位置得到转移的业务活动。

道路运输的特点如下：

(1)灵活方便性。道路运输机动、灵活、方便，可以延伸到地球的各个角落，时空自由度最大。

(2)广泛适用性。道路网纵横交错、干支结合,比其他运网稠密得多,适合各种用途、范围、层次、批量、条件的运输。

(3)快速及时性。道路运输可实现"门到门"运输,减少中间环节,缩短运输时间,便捷快速,非常适合现代市场经济发展的需要。随着道路条件、汽车结构性能的改善,其经济运距也大大延长,更具有重大社会经济意义。

(4)公用开放性。道路运输是一种全民皆可利用的运输方式,凡拥有汽车的社会和个人均可使用道路这一基础设施。

(5)投资效益高。道路运输始建投资少,技术要求低,回收快。道路建设虽然投资大,但由于成本回收快,且兴办道路的地方收益大,故筹资渠道多,兴建较容易。

(6)运输成本高。道路运输相交于其他运输方式,单车的运输量较小,运输成本相对较高。

(7)能源消耗高。消耗石油资源多,引发的交通事故多,污染环境。

道路运输安全生产的特点是"点多、面广、人员分散"。由于变化多、范围广、流动性大,危险危害因素存在着不确定性。在生产经营活动中存在着物理性、化学性、生物性,心理、生理性,行为性和其他的危险危害因素。从业人员要严格执行交通安全等有关的法律和行政法规。

道路运输具有事故发生概率高,事故后果严重,行业风险高等安全特点。事故调查分析显示,大多数道路运输事故是由大型货车引起的,而造成群死群伤恶劣后果的车辆主要是"两客一危"。究其原因,主要是由于企业安全主体责任不落实,安全管理不善等。此外,道路运输车辆往往处于相对开放、动态的环境下,受外界影响较大,管理难度也随之增大。

考点二　道路运输安全相关法律法规、规章制度、标准规范

1.《交通运输部关于进一步加强交通运输安全生产体系建设的意见》

道路运输安全生产体系建设的任务要求如表 1-1 所示。

表 1-1　道路运输安全生产体系建设的任务要求

内容	重点工作
建立安全改革发展体系	把《中共中央 国务院关于深化安全生产领域改革发展的意见》作为道路运输安全生产工作的重要纲领,建立安全改革发展体系,包括: (1)加强全面系统谋划。 (2)深化体制机制改革。 (3)大力推进创新发展
完善安全责任体系	把明晰责任和落实责任作为安全生产体系建设的关键要素,进一步完善安全责任体系,包括: (1)严格履行安全生产监管责任。 (2)压实企业安全生产主体责任。 (3)严肃安全生产追责问责

（续表）

内容	重点工作
健全依法治理体系	把深入贯彻习近平法治思想，践行全面依法治国作为本质要求，着眼以法治思维和手段解决安全生产问题，健全依法治理体系，包括： （1）加强法规制度建设。 （2）推进标准规范制修订。 （3）加强安全生产执法
完善双重预防体系	把管控风险和整治隐患作为遏制重特大事故最有效手段，进一步完善双重预防体系，包括： （1）加强安全生产形势研判。 （2）强化安全生产风险管控。 （3）强化安全生产事故隐患、排查治理。 （4）加强事故调查和整改落实
强化基础保障体系	把打牢安全基础作为行业安全生产根本保证，强化基础保障体系，包括： （1）提高交通基础设施安全水平。 （2）提升运输装备本质安全水平。 （3）提升关键岗位从业人员人本安全水平。 （4）加强安全生产应急救援专业能力建设。 （5）保障安全生产资金投入
培育安全文化体系	把安全文化作为行业安全生产的发展源泉，培育安全文化体系，包括： （1）强化安全生产宣传教育。 （2）提升从业人员安全素质。 （3）加强专业人才队伍建设
完善国际交流合作体系	把提高国际化水平作为促进行业安全生产能力建设的一个重要方面，完善国际交流合作体系，包括： （1）提高国际化水平。 （2）加强国际交流与合作

链接

妨害安全驾驶罪：对行驶中的公共交通工具的驾驶人员使用暴力或者抢控驾驶操纵装置，干扰公共交通工具正常行驶，危及公共安全的，处1年以下有期徒刑、拘役或者管制，并处或者单处罚金。

2. 安全生产管理制度体系建设

安全生产管理制度是一系列为了保障安全生产而制定的条文。它建立的目的主要是为了控制风险，将危害降到最小，安全生产管理制度也可以依据风险制定。

安全生产工作应当以人为本，坚持人民至上，生命至上，坚持安全发展，坚持安全第一、预防为主、综合治理的方针，从源头上防范化解重大安全风险，强化和落实生产经营单位的主体责任，建立生产经营单位负责、职工参与、政府监管、行业自律和社会监督的机制。

生产经营单位必须遵守《中华人民共和国安全生产法》和其他有关安全生产的法律、

法规，加强安全生产管理，建立健全全员安全生产责任制和安全生产规章制度，加大对安全生产资金、物资、技术、人员的投入保障力度，改善安全生产条件，加强安全生产标准化、信息化建设，构成安全风险分级管控和隐患排查治理双重预防机制，健全风险防范化解机制，提高安全生产水平，确保安全生产。

链接

双重预防机制的实质是通过安全风险分级管控将风险控制在隐患产生之前，通过隐患排查治理将隐患消除在事故发生之前。风险分级管控是对生产过程中各环节存在的危险源、风险点、危险有害因素进行辨识，然后运用科学方法，根据风险的危害程度划分风险等级，再根据风险等级的高低采取相应的管控措施，实施动态管理。风险分级管控是从源头上研判风险、化解和防范风险，使风险可控受控，防范重大安全事故的发生。隐患排查治理是指结合本企业生产经营特点，制定综合或专项隐患排查计划，及时排查隐患，并对易整改的隐患立查立改，对难整改的隐患下发整改通知，督促整改，最终达到消除隐患的目的，实现闭环管理。风险分级管控是防止风险演变成隐患的重要手段，是隐患排查治理的前提和基础；隐患排查治理是预防隐患演变成事故的有效举措，是风险分级管控的深化和有益补充。

生产经营单位的主要负责人是本单位安全生产第一责任人，对本单位的安全生产工作全面负责。其他负责人对职责范围内的安全生产工作负责。

工会依法对安全生产工作进行监督。生产经营单位的工会依法组织职工参加本单位安全生产工作的民主管理和民主监督，维护职工在安全生产方面的合法权益。生产经营单位制定或者修改有关安全生产的规章制度，应当听取工会的意见。

任何单位或者个人对事故隐患或者安全生产违法行为，均有权向负有安全生产监督管理职责的部门报告或者举报。

链接

我国现行的安全管理体制为：生产经营单位负责、职工参与、政府监管、行业自律和社会监督。安全管理体制的格局为：综合监管与行业监管相结合、国家监察与地方监管相结合、政府监督与其他监督相结合。

典型例题

【单选题】关于道路运输安全特点的说法，错误的是（　　）。

A. 道路运输行业风险高

B. 主要原因是安全主体责任不落实

C. 开放、动态的工作环境增加了安全管理的难度

D. 大型客车是导致道路运输事故的主要车型

D。【解析】导致道路运输事故的主要车型为大型货车，大型货车是导致交通运输安全风险增大的主要原因。而大型客车是造成群死群伤的主要车型，一旦发生事故，会造成非常恶劣的影响，因此也是道路运输安全的重点关注对象。

考点三　道路运输行业危险源辨识

有危险源就一定有风险，危险源是风险的载体。危险源辨识与风险辨识密切相关。

1. 风险辨识概述

风险辨识是指针对不同风险种类及特点，识别其存在的危险、危害因素，分析可能产生的直接后果及次生、衍生后果。

2. 风险辨识的依据

风险辨识主要是依据《生产过程危险和有害因素分类与代码》《危险化学品重大危险源辨识》《职业危害因素分类目录》等，运用定性和定量分析、历史数据、经验判断、案例比对、归纳推理、情景构建等方法，分析事故发生的可能性、事故形态及其后果。

3. 风险辨识技术方法

风险辨识技术方法主要包括德尔菲法、情景分析、检查表法、预先危险分析（PHA）、危险与可操作性分析（HAZOP）、故障树分析（FTA）、事件树分析（ETA）、决策树分析等。

（1）德尔菲法。德尔菲法是依据一套系统的程序在一组专家中取得可靠共识的技术。

（2）情景分析。情景分析是指通过假设、预测、模拟等手段，对未来可能发生的各种情景以及各种情景可能产生的影响进行分析的方法。情景分析可用来预计威胁和机会可能发生的方式，并且适用于各类风险包括长期及短期风险的分析。

（3）检查表法。检查表是一个危险、风险或控制故障的清单，而这些清单通常是凭经验（要么是根据以前的风险评估结果，要么是因为过去的故障）进行编制的。按此表进行检查，以“是/否”进行回答。

（4）预先危险分析（PHA）。预先危险分析（PHA）是一种简单易行的归纳分析法，其目标是识别危险以及可能给特定活动、设备或系统带来损害的危险情况及事项。

（5）危险与可操作性分析（HAZOP）。危险与可操作性分析（HAZOP）是一种对规划或现有产品、过程、程序或体系的结构化及系统分析技术。

（6）故障树分析（FTA）。故障树（FTA）是用来识别和分析造成特定不良事件的可能因素的技术。造成故障的原因因素可通过归纳法进行识别，也可以将特定事故与各层原因之间用逻辑门符号连接起来并用树形图进行表示。故障树中识别的因素可以是与硬件故障、人为错误或其他引起不良事项的相关事项。

（7）事件树分析（ETA）。事件树分析（ETA）着眼于事故的起因，即初因事件。事件树从事件的起始状态出发，按照一定的顺序，分析初因事件可能导致的各种序列的结果，从而定性或定量地评价系统的特性。由于在该方法中事件的序列是以树图的形式表示，故称事件树。

提示

风险辨识也可以采用现场观察、问卷调查等简单方法，但受人为主观因素的影响，辨识结果存在较大的不确定性。

4. 风险等级

风险等级按照可能导致安全生产事故的后果和概率，由高到低依次分为重大、较大、一般和较小四个等级。

风险等级评估标准计算公式：

$$D = L \times C$$

式中，D 为风险等级大小；L 为风险事件发生的概率；C 为风险事故后果。

5. 危险源辨识

危险源因素是指对人员造成伤亡或对物体造成突发性损害的因素。道路交通事故造成巨大破坏的根本原因，主要是高速行驶的汽车具有较大的动能，遇到阻隔，能量意外释放。

导致事故的直接原因在于，驾驶员操作不当，车辆的转向、制动等控制装置失效等，使得高速行驶的汽车的能量意外释放。

辨识危险源的 2 个过程：识别危险源和确定危险源特性，识别危险源是为了确定系统中存在的危险因素；确定危险源特性是为了根据其性质采取相应的控制措施。

根据危险源在事故发生中所起作用的不同，可将危险源划分为：

(1) 根源危险源（又称第一类危险源），例如高速行驶的汽车、极端自然灾害等。根源危险源是客观存在的，是不能消除的。

(2) 状态危险源（又称第二类危险源），例如转向失控、制动失效、驾驶员操作不当、轮胎爆胎、疲劳驾驶、冰雪路面、过马路猛跑的行人、交通事故的占道车辆、闯红灯的电动自行车等。状态危险源主要是物的不安全状态、人的不安全行为和环境的不良因素造成的。

(3) 第三类危险源，例如与安全不相符的组织和管理因素。第三类危险源主要包括管理者或组织者的操作失误或某些不安全行为。

防范事故的重点是控制状态危险源。驾驶员要控制不安全行为，应时刻注意道路异常情况，排除车辆（包括车辆所装货物）不安全状态和环境不良因素对安全驾驶的影响。

提示

这些危险源中，有的可能直接导致事故发生，如车辆故障等；有的可能是事故发生的深层次原因或根本原因，如企业管理不完善等。无论哪种危险源，只要存在，就会为事故发生埋下隐患。

6. 危险源点控制管理途径和措施

危险源点控制管理途径和措施如表 1-2 所示。

表 1-2　危险源点控制管理途径和措施

控制途径	措施
技术控制	(1) 预防事故发生的安全技术措施。包括消除危险源点、限制能量或危险物质、隔离、故障 - 安全设计、减少故障、维修、安全监控系统。 (2) 防止人员失误的安全技术措施。包括用机器代替人、冗余系统、耐失误设计。 (3) 减少或避免事故损失的安全技术。包括隔离、个体防护、薄弱环节、避难与援救。 (4) 安全的作业条件。包括设备、设施的安全保障、作业及作业环境的安全保障
人的行为控制	(1) 加强教育培训，提高人的安全素质。 (2) 操作安全化。在生产过程中，作业人员应控制并减少不正当的操作和失误，以降低触发危险源的可能性

（续表）

控制途径	措施
管理控制	(1)建立健全危险源管理规章制度和操作规程。 (2)加强日常对危险源的管理。 (3)明确各级人员的安全监督责任,定期检查。 (4)做好信息管理,对发现的隐患及时进行整改。 (5)建立健全危险源安全档案和设置安全标识牌。 (6)考核评价与奖惩

考点四　道路运输行业隐患排查

1. 隐患的概念和判断

安全生产事故隐患是指生产经营单位违反安全生产法律、法规、规章、标准、规程和安全生产管理制度等规定,或者因其他因素在生产经营活动中存在可能导致事故发生的物的不安全状态、人的不安全行为、环境的不安全因素和管理上的缺陷。

事故隐患分为一般事故隐患和重大事故隐患。

(1)一般事故隐患,是指危害和整改难度较小,发现后能够立即整改排除的隐患。

(2)重大事故隐患,是指危害和整改难度较大,应当全部或者局部停产停业,并经过一定时间整改治理方能排除的隐患,或者因外部因素影响致使生产经营单位自身难以排除的隐患。

安全隐患等级分类判断标准如表 1-3 所示。

表 1-3　安全隐患等级分类判断标准

隐患等级	隐患分级判断标准	
	隐患可能导致的后果	整改难易程度
重大安全隐患	可能造成一次死亡 1 人以上,或重伤 4 人以上,或轻伤 9 人以上,或直接经济损失 50 万元(含)以上 100 万元以下	(1)危险源辨识为重大危险源或经风险评价为一级、二级危险源,且其关键管控措施及多项管控措施失效的隐患。 (2)整改难度极大,或受外部因素影响致使公司自身难以排除的隐患。 (3)通过采取监控措施,无法降低重大风险的隐患。 (4)需要经过长时间全部停产停业整改的隐患
一般安全隐患	可能造成一次重伤 2 ~ 3 人,或轻伤 6 ~ 8 人,或直接经济损失 10 万元(含)以上 50 万元以下	(1)危险源辨识为重大危险源或经风险评价为二级、三级危险源,且其主要管控措施及多项管控措施失效的隐患。 (2)整改难度大,需要一定时间局部停产整改或需花费 10 万元以上整改资金整改的隐患。 (3)通过采取监控措施,风险降低效果不明显的隐患

（续表）

隐患等级	隐患分级判断标准	
	隐患可能导致的后果	整改难易程度
一般安全隐患	可能造成一次重伤 1 人,或轻伤 3～5 人,或造成 4%～5%用户停气,或直接经济损失 1 万元(含)以上 10 万元以下	(1)经风险评价为二级、三级危险源且其多项管控措施失效的隐患。 (2)整改难度较大,短时间局部停产整改能排除的隐患。 (3)通过采取监控措施,能有效降低风险的隐患
	可能造成一次轻伤 1～2 人,或直接经济损失 1 万元以下	(1)经风险评价为三级以下危险源且其管控措施失效的隐患。 (2)整改难度低、可以限期整改的隐患。 (3)可以立即整改的隐患

2. 隐患排查的方式方法

生产单位通常采用安全检查表法(SCL)对事故隐患进行排查。常见的组织排查的方式有综合检查、专项检查、季节性检查、日常检查、节假日检查等。综合检查每年至少进行 1 次。

3. 道路运输安全隐患的具体表现

道路运输安全隐患主要体现在人、车、法、物、环 5 个方面,其具体表现特征如表 1-4 所示。

表 1-4　道路运输安全隐患的具体表现

载体	表现
人	(1)违章操作。 (2)不积极参与安全教育培训。 (3)未正确佩戴安全防护用品或未佩戴。 (4)身体状况或技术水平与岗位要求不符。 (5)心态不端正,抱有侥幸心理等
车	(1)设计缺陷。 (2)安全防护装置缺陷。 (3)未进行定期维护。 (4)设施设备不合格或已过期等
法	(1)管理者自身安全素质不过关。 (2)规章制度不健全、不完善。 (3)违背安全生产规章制度。 (4)管理者或组织者安全管理技能不到位。 (5)员工安全意识薄弱等

（续表）

载体	表现
物	(1)货物超载。 (2)封装不当。 (3)不符合规定的混装。 (4)装载容器与货物不匹配等
环	(1)运输路线规划不当。 (2)运输时间选择不当。 (3)运输道路设计缺陷。 (4)指示或警示标志不明确。 (5)外部环境温度过高或过低等

4.“两客一危”道路运输经营者重大事故隐患排查与判定

“两客一危”道路运输经营者重大事故隐患主要从以下 5 个方面进行排查：

(1)人员行为与人员配置。

(2)动态监控设备。

(3)运输设备设施与运输货物装载。

(4)安全管理。

(5)其他。

“人员配置与履职能力存在严重不足”是指有下列情形之一的：

(1)驾驶人员未达到法律法规规定的驾驶要求。

(2)未按照法律法规要求足额配备专职安全生产管理人员、押运人员和动态监控人员。

(3)主要负责人、安全生产管理人员安全生产知识和管理能力考核不合格。

(4)押运人员和特种作业人员未取得从业资格上岗作业。

“动态监控设备存在严重缺陷或故障”是指有下列情形之一的：

(1)卫星定位装置(含主动安全防控设备)安装及系统设置存在严重缺陷或故障。

(2)卫星定位装置(含主动安全防控设备)或监控平台不能正常使用且短期内无法修复。

“车辆及货物运输条件存在重大缺陷”是指有下列情形之一的：

(1)设备设施存在重大缺陷，擅自改装车辆，导致车辆适用性、救生和防火要求不满足技术法规要求。

(2)安全设备设施缺少或存在重大缺陷，车辆一级安全固件、紧急制动系统、应急逃生装置等应急设备设施不能正常运行使用。

(3)运输货物装载不符合国家标准、行业标准规定的要求。

“安全管理存在严重问题”是指有下列情形之一的：

(1)许可条件、资质条件未达标，或超范围经营。

(2)未按照规定设立安全生产管理机构。

(3)未按照法律法规要求组织开展安全生产教育培训。

(4)未按照法律法规要求建立安全管理制度体系。

(5)按照法律法规要求开展应急准备工作。

其他重大事故隐患:对于不能依据规定直接判断是否为重大事故隐患的情况,可组织有关专家,依据安全生产法律法规、规章、标准、规程和安全生产管理制度,进行论证、综合判定。

5. 隐患处理

安全隐患的处理应遵循登记(登记前,需对隐患确认和分级)、整改(根据隐患等级提出整改措施)、复查(根据隐患等级进行复查验收)、销案(根据复查结果,注销该隐患)的基本程序。安全隐患的处理应遵循"四定"原则,即定时间、定负责人、定资金来源、定完成期限。

对于一般事故隐患,可以直接由(车间、分厂、区队等)负责人或者有关人员立即组织整改。对于重大事故隐患,生产经营单位除依照规定报送外,应当及时向安全监管监察部门和有关部门报告。重大事故隐患报告内容包括:

(1)隐患的现状及其产生原因。

(2)隐患的危害程度和整改难度程度分析。

(3)隐患的治理方案。

对于重大事故隐患,由生产经营单位主要负责人组织制定并实施事故隐患治理方案。重大事故隐患治理方案应当包括以下内容:

(1)治理的目标和任务。

(2)采取的方法和措施。

(3)经费和物资的落实。

(4)负责治理的机构和人员。

(5)治理的时限和要求。

(6)安全措施和应急预案。

考点五　驾驶员安全管理理论与措施

在道路运输过程中,驾驶员的心理和生理健康关系着道路旅客运输和货物运输的平安和效率,遵循"情绪稳定、注意力集中、良好心理习惯、饮食规律、睡眠充足、加强锻炼、定期体检"七大原则,可确保行车平安,防止事故发生。

1. 驾驶员心理健康与行车安全

在道路运输过程中,驾驶员往往更关注驾驶技术的提高和对交通规则的遵守,而忽略了心理因素对平安行车的影响。道路交通事故统计分析显示,相对于技术因素,驾驶员心理健康状对平安行车的影响更明显。

(1)气质与平安驾驶。

气质是一个人由先天性所决定的心理特征,它决定心理过程的速度、稳定和心理活动的强度和指向性。气质的特性是稳定性和动力性。

气质分为多血质、胆汁质、黏液质和抑郁质 4 种类型。气质的特点、影响与调节如表 1-5 所示。

表 1-5　气质的特点、影响与调节

气质类型	气质特点	气质对行车的影响	气质调节
多血质	活泼、好动、情感外倾	驾驶员胆大心细、机动灵活,对道路条件适应快,应变能力强;但注意力容易转移,耐久力较差	驾驶员要培养有始有终,专心细致,耐心和坚强等品质,克服见异思迁,凭兴趣干工作的习惯,端正不负责任的工作态度,防止开快车
胆汁质	精力充沛、行动敏捷,反应迅速,兴奋、直爽胆大、易激动、急躁、鲁莽、傲慢	驾驶员胆大气粗,反应迅速敏捷,精力旺盛;但往往好强争胜,超速行车,强行超车,争道抢行等	驾驶员要注意培养自己的自制能力,克服急躁冲动,争道抢行的弱点,不开英雄车,不开斗气车,保驾驶平安
黏液质	安静、稳重、情感深,反应缓慢而持久,动作迟缓而不灵活,沉默寡言、内向	驾驶员四平八稳,遵章守纪,不急躁不冒火;但在突然情况面前应变能力差、反应迟钝	驾驶员要克服反响缓慢,思维迟钝的弱点,努力培养良好的反响能力和注意品质,提高操作的灵活性。遇到紧急情况要坚决果断,动作敏捷,防止失去有利的驾驶时机,以免事故发生
抑郁质	行动迟缓,情感深沉、孤僻,感情脆弱、内向,忧郁伤感,在困难的局面下优柔寡断	驾驶员处理情况犹豫不决,遇到危险心慌失措,面临危险情势时感到极度恐惧;但细心、谨慎、尽职、遵章守纪,体验深刻,善于观察	驾驶员要提高自己的反响能力,培养果断、勇敢、敏捷、乐观等特点,克服耐力差,优柔寡断、脆弱胆小,反响缓慢等弱点,坚决地克服困难,提高工作和驾驶活动的效率

(2)性格与平安驾驶。

性格是一个人较稳定的现实态度和与之相应的习惯化的行为方式,是人对现实的态度和行为方式概括化和定型化的结果。性格类型是指一类人身上所共有的性格特征的独特结合。

根据理智、情绪、意志三方面特征哪个占优势,可以把性格划分为相应的 3 种类型:

①理智型。理智型的人总是用理智衡量一切,并支配其行动,表现出沉着、冷静、方案周全等特点。

②情绪型。情绪型的人情绪体验深刻,行为活动总是受情绪好坏的左右,表现出冲动、盲目、行为多变等待点。

③意志型。意志型的人总能发挥良好的意志品质,表现出目的明确、积极主动、果断、勇敢、坚强、自制等特点。

理智型、意志型的驾驶员驾驶车辆时表现为小心谨慎,平安意识强,处理情况有预见、有准备、有措施,行车平安。

情绪型的驾驶员驾驶车辆时,一旦发生突然情况那么表现为惊慌失措,手脚忙乱,往往会造成操作或判断失误。

驾驶员培养良好的性格,可以采用以下几种常见方法:

①总结经验,以"内省法"培养性格。

②在正常的交友中培养良好性格。

③在多读好书过程中受益和培养性格。

④在以驾驶为主的实践活动中磨炼自己的性格。

(3)心理情绪、情感与平安驾驶。

人们的一般的心理活动都伴有情绪、情感活动。情绪是客观事物是否符合人的生理需要而产生的态度体验。当人们生理需要得到满足时,会产生积极的情绪体验;反之,产生消极的情绪体验。情感是人的社会需要是否得到满足而产生的态度体验。它反映着人们的社会关系和社会生活状况,也会对人的社会行为起着积极的或消极的作用。

根据人的情绪发生的强度、速度、持续时间又可将其分为心境、激情、应激 3 种状态。

①心境是一种比较微弱而持久的,能影响人的整个精神活动的情绪状态。生活中的重大事件、事业的成败、人际关系状况、个人身体健康状况、甚至天气、噪音和环境等,都会成为某种心境产生的原因。心境对安全驾驶的影响如图 1-1 所示。

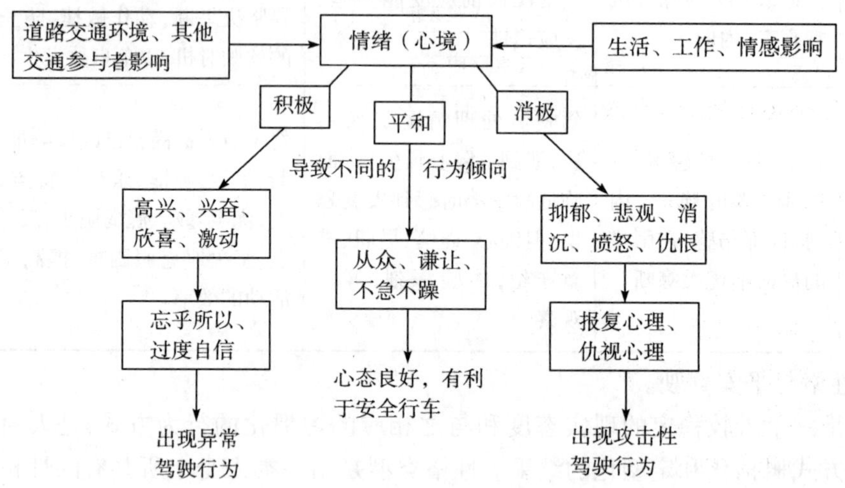

图 1-1 心境对安全驾驶的影响

②激情是一种强烈而短暂的,迅速爆发的情绪状态,它是由于人受到具有重大意义的强烈刺激而过度的抑制或兴奋所引起的。激愤、暴怒、恐惧、狂喜,剧烈的悲哀、绝望等均属激情。激情有积极与消极之分。

a. 积极的激情是与理智及坚强的意志相联系的,它能激发人去克服艰险,攻克难关,成为人们行动的巨大动力。

b. 消极的激情却对有机体的活动起着抑制作用,使人的自制能力显著减低而失去理智,对于不良的激情,需要发动意志力,有意识地控制自己,转移注意力,以冲淡激情爆发的程度。

作为一名驾驶员，在行车中要宽以待人、谦让求安、发扬风格、讲究礼貌、以理智去克服感情用事，防止冲动，才能有效地防止交通事故的发生。

③应激。从狭义的观点来看，应激是在某些出乎意料的紧急情况下所产生的情绪状态。从广义的观点来看，应激被定义为某些生活事件或情境所引起的情绪紧张状态。它往往是由于突如其来的或十分危险的事件刺激人们必须迅速地、几乎没有选择余地地作出立即行动的决策，以应付紧急或危险的情况。驾驶员在突然遇到险情时，都会迅速作出决定，采取措施，这种情况下容易引起应激状态；驾驶员在应激状态下有可能做出不适当的反响。应激反应不当对安全驾驶的影响如图 1-2 所示。

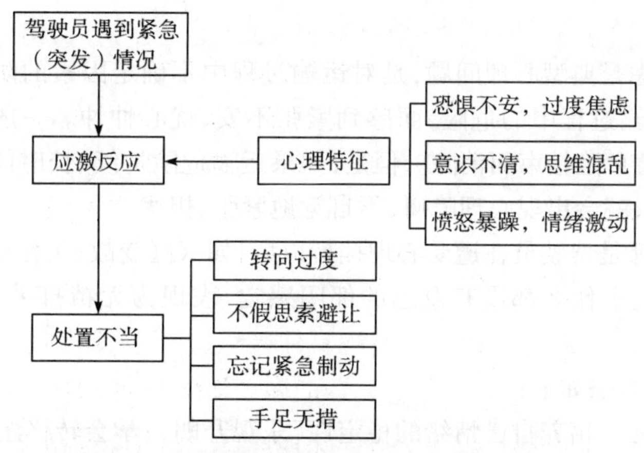

图 1-2　应激反应不当对安全驾驶的影响

情感包括道德感、理智感、美感。具有良好道德感的驾驶员能够认识到平安行车是自己对他人、对社会对国家应尽的责任和义务，能够自觉维护社会公德和纠正有碍公德的行为；而缺乏道德感的驾驶员往往成为违章的肇事者。

（4）注意与平安驾驶。

注意是指心理活动对一定对象的指向和集中。通常人们所说的“聚精会神”“留神”等，都可以理解为注意。我们说注意是认识选择性的高度表现。车辆行驶中，驾驶员心理活动有选择地指向和保持集中于一定的道路交通信息，经过大脑识别、判断、抉择后采取正确的驾驶操作，保障行车平安，所以注意是行车平安的一个重要心理因素。

驾驶员的注意类型如下：

①不随意注意，是指事先没有目的、也不需要意志努力的注意，也称无意注意。注意的引起与维持不是依靠意志的努力，而是取决于刺激物本身的性质。不随意注意是一种消极被动的注意。在这种注意活动中，人的积极性的水平较低。

②随意注意，是指有预定目的、需要一定意志努力的注意，也称有意注意。如当学习中遇到困难或环境中出现种种干扰学习的因素时，人们通过意志的努力，使注意力坚持在要学习的东西上。它是注意的一种积极、主动的形式。

③随意后注意，是注意的一种特殊形式，也称有意后注意。从特征上讲，它同时具有不随意注意和随意注意的某些特征。它和自觉的目的、任务联系在一起，类似于随意注意；但它不需要意志的努力，又类似于不随意注意。从发生上讲，随意后注意是在随意注

意的基础上发展起来的。

注意力的影响因素包括生理（如精力充沛、身体疲劳、药物作用、酒精影响）、习惯（如专心、无常性、特殊兴趣、欲望）、性格等。

2. 心理健康调节方法

驾驶员常见的心理问题有心理疲劳、焦虑、抑郁等。

（1）心理疲劳。主要表现：在高强度的运输工作压力下，如驾驶时间过长、外界驾驶环境较差或条件多变等，驾驶员会感到心慌、心绪不宁，对驾驶过程产生一种无力应付的感觉。心理疲劳是一种常见的心理现象，一般来讲，在运输工作结束后经过一段时间的休息，就能恢复。

（2）焦虑。焦虑是典型心理问题，是对运输过程中不确定因素的防御性身心反映，表现为因不可预见运输过程中的危险，而感到紧张不安、忧心忡忡。一般性焦虑是情境性、暂时性的，常会随着危险结束而消除。但是，如果运输危险持续、长时间作用，驾驶员不能及时调节心理状态，就会出现心理障碍，不自觉地紧张、担忧。

（3）抑郁。抑郁是驾驶员在遭受心理挫折以后，如家庭变故、工作待遇不公平、工作分配不合理等，而产生干什么都没有意思的郁闷感觉，表现为无精打采，疲乏无力，情绪消沉，悲观厌世。

心理健康调节方法如下：

（1）自动调节法。培养自己情绪的稳定性（乐观开朗）；学会转移注意力（抽离法）。

（2）目标寻觅法。积极地自我暗示；拓宽兴趣。

（3）合理宣泄法。

（4）身心放松法。

（5）理性认识很重要。

（6）获取社会性支持。

3. 驾驶员生理健康与行车平安

（1）视觉。视觉是指由进入人眼的辐射所产生的光感觉而获得的对外界的认识。与视觉相关的内容包括：

①视力。一般来说，行车中90%左右的有效信息是靠视觉获得的，所以视觉特性对平安行车有重大影响。在行车中，驾驶员的视力要比静止时差，而且随着车速的提高，驾驶员眼睛的有效视野会越来越窄。在黄昏和夜间，物体明暗比照度低，驾驶员视力明显降低，对行驶平安也有重要影。有眼疾或视力障碍时，观察范围会受到影响，甚至产生各种错觉，影响行车平安。

②视觉适应。从亮环境到暗环境，或从暗环境到亮环境，人的视觉需要有一个适应过程，前者称为暗适应，后者称为明适应。

③视野。视野是指当头和眼睛位置不动时，人眼能察觉到空间的范围。

④眩光。眩光是指由于视野中的亮度分布或亮度范围的不适宜，或存在极端的亮度对比，以致引起不舒适感觉或降低观察细部或目标能力的视觉现象。

（2）听觉。听觉是指听觉器官在声波的作用下产生的对声音特性的感觉。

(3)知觉。知觉包括下列类型:

①空间知觉。空间知觉是对物体的形状、大小、方位等特性的知觉。它对驾驶员判断自己车辆和车外物体在空间的位置、方向起主导作用。其包括形状知觉、大小知觉、方位知觉、距离知觉。

②时间知觉。时间知觉是客观现象的连续性和顺序性的反响。驾驶活动要求有精确的知觉时间的能力。

③运动知觉。运动知觉是对物体在空间位移的知觉,它依赖于物体运动的速度,运动物体离驾驶员的距离以及驾驶员本身所处的运动和静止状态等,它与时间知觉和空间知觉存在着不可分割的关系。

(4)反响特性。反响特性是对某种刺激所产生的应激反响,包括:

①感知时间:观察到聚焦目标到大脑识别出危险类型和性质。

②反响时间:大脑识别出危险类型和性质到脚踩下制动踏板。

4. 影响驾驶员生理的主要因素

(1)疲驾驶劳。疲劳驾驶是指驾驶人在长时间连续行车后,产生生理机能和心理机能的失调,而在客观上出现驾驶技能下降的现象。驾驶人睡眠质量差或不足,长时间驾驶车辆,容易出现疲劳。疲劳会影响到驾驶人的注意、感觉、知觉、思维、判断、意志、决定和运动等诸方面。疲劳后继续驾驶车辆,驾驶人会感到困倦瞌睡、四肢无力、注意力不集中、判断能力下降,甚至出现精神恍惚或瞬间记忆消失、动作迟误或过早、操作停顿或修正时间不当等不安全因素,极易发生道路交通事故。

链接

防止驾驶疲劳的有效措施主要有:

①控制速度:高速行驶时易使驾驶员神经紧张,在不影响交通的情况下,以略低于正常速度行驶可减轻精神压力,降低疲劳。同时,行驶时尽量减少超车,减少紧急制动等动作,也可减轻驾驶疲劳。

②行车时多通风:在驾驶过程中感觉困乏时,可以打开车窗通风,播放不同风格的音乐,可保持大脑清醒,减轻疲劳。在不影响安全的前提下,可以活动一下手指、手臂、脖子等,调整视线,也可以减轻疲劳。

③多休息:长途驾驶时,驾驶人应多注意休息,一般情况下每隔 2 小时应下车休息 10 分钟以上;日间连续驾车时间不得超过 4 小时,连续驾车 4 小时后,必须保证有不低于 20 分钟的休息时间;夜间连续驾车时间则不应超过 2 小时。

④调整座椅:合适的驾驶姿势可以减轻驾驶疲劳,因此驾驶人在驾驶前应调整好座椅,让自己在驾驶时保持一个合适的姿势,可以有效地缓解疲劳。

⑤多注意饮食:部分食物具有安神、催眠作用,在驾驶之前应避免食用,如牛奶、香蕉、肥肉及含酒精类食物。而一些食物则可以防止眼睛干燥、疲劳,在驾驶前应适当补充,如含有维生素 A,C,B_1,B_2 的食物。

(2)酒精。根据《车辆驾驶人员血液、呼气酒精含量阈值与检验》,饮酒后驾车是指车辆驾驶人员血液中的酒精含量阈值大于或者等于20 mg/100 mL、小于80 mg/100 mL的驾驶行为;醉酒后驾车是指车辆驾驶人员血液中的酒精含量阈值大于或者等于80 mg/100 mL的驾驶行为。驾驶员饮酒会影响中枢神经系统,导致注意力、记忆力、判断能力下降,容易发生交通事故;饮酒过量,会严重影响行车平安,极易发生交通事故。

链接

《道路交通安全法》第九十一条规定,饮酒后驾驶机动车的,处暂扣6个月机动车驾驶证,并处1 000元以上2 000以下罚款。因饮酒后驾驶机动车被处罚,再次饮酒后驾驶机动车的,处10日以下拘留,并处1 000元以上2 000以下罚款,吊销机动车驾驶证。醉酒驾驶机动车的,由公安机关交通管理部门约束至酒醒,吊销机动车驾驶证,依法追究刑事责任;5年内不得重新取得机动车驾驶证。饮酒后驾驶营运机动车的,处15日拘留,并处5 000元罚款,吊销机动车驾驶证,5年内不得重新取得机动车驾驶证。醉酒驾驶营运机动车的,由公安机关交通管理部门约束至酒醒,吊销机动车驾驶证,依法追究刑事责任;10年内不得重新取得机动车驾驶证,重新取得机动车驾驶证后,不得驾驶营运机动车。饮酒后或者醉酒驾驶机动车发生重大交通事故,构成犯罪的,依法追究刑事责任,并由公安机关交通管理部门吊销机动车驾驶证,终生不得重新取得机动车驾驶证。

(3)疾病。驾驶员在病态下开车,注意力和反响力会大大降低,动作不协调、准确性和速度也会大大下降,会增加发生事故的可能性。

(4)药物。服用对神经系统有影响的药物,如催眠物、止疼药、治疗高血压的药物后,会使驾驶员反应迟钝,注意力下降,容易发生交通事故。

(5)生活方式。不合理饮食、缺乏体育锻炼、吸烟、酌酒、熬夜等都是影响驾驶员生理健康的不良生活方式。

5. 驾驶员常见职业病及其预防措施

驾驶员常见职业病有下列类型:

(1)脊椎病。驾驶员脊椎病的发生率很高,包括脊椎增生、肥大、变形等。脊椎病的主要表现为颈部、肩部、背部、腰部和肢体疼痛、麻木等。

(2)颈椎病、腰痛。长期从事驾驶、长时间连续驾驶或不标准驾驶操作极易诱发该疾病。

(3)肩周炎。

(4)胃病。长期不合理、不规律的饮食习惯,容易诱发消化系统疾病。胃病是驾驶员常见的职业病之一。常见为消化不良、胃部疼痛,严重者会引起胃肠大出血。胃病发作时,绞疼感易使驾驶员分散注意力,影响行车平安。

(5)振动病。

(6)泌尿系统疾病。

驾驶员职业病预防措施如下:

(1)保持正确驾驶姿势。起步前,驾驶员先根据自己的身高、体形调整好座椅的位置;

伸直腰，后背正好轻靠在靠背上；肘部微弯曲，膝盖微弯曲，能够轻松自如地踩踏板。

（2）适当运动。驾驶员在整个运输过程中应注意通过站、坐、卧、走等不同行为状态的变换，促进血液循环，缓解紧张状态和调节情绪，使身体和心理状况始终处于最正确状态。

（3）定时休息。在行车过程中，驾驶员应注意定时休息。连续行车 4 小时，必须停车休息 20 分钟以上，短暂休息可以使驾驶员保持好的精力。夜间长时间行车，应安排多人轮流驾驶，交替休息。

（4）注意车辆保养。

（5）定时、合理饮食，少吸烟。安排好三餐，尤其是早餐；注意补充维生素 A；忌暴饮暴食；及时补充水分。

考点六　车辆安全管理及其措施

1. 车辆安全管理

购置营运车辆应综合考虑各环节的安全保证因素，不使用不符合国家规定的车辆从事道路运输经营，不得擅自改装已取得《道路运输证》的营运车辆。营运车辆改装和报废必须严格按照国家相关规定执行。

对营运车辆实行户籍化管理。掌握动态管理信息，对机动车注册登记，车辆安全技术检验、保险、营运年限安全措施落实情况等建立车辆安全管理档案。

重型货车应安装符合国家标准的行驶记录仪或 GPS 等运行状态监控设备，总质量大于 3.5 t 以上的货车安装侧后防撞装置，有专职人员负责监控车辆行驶动态。营运车辆消防、安全防护措施设备齐全有效，配备必要的通信工具。

企业应依据国家有关技术规范对营运车辆进行定期维护和检测。

车辆综合性能检测，必须由具有相应检测能力、符合国家和交通行业标准要求的车辆综合性能检测站执行，按照国家和交通行业标准规定的技术条件及检测项目定期进行，并做好检测记录备查。

定期上路检查车辆的技术状况，并检查车辆的各种证照是否齐全，做到分清责任，吸取教训，减少和避免机械事故。

对车辆维修中的重大修复及重要部件的更换应做好记录。对重大机械事故由当事人及相关人员参加进行现场分析。

2. 加强车辆安全管理的措施

加强车辆的安全管理可从以下几个方面进行：

（1）完善机制。制定相关车辆管理的规定，生产经营单位各级人员应严格控制车辆使用范围，强化车辆统一派车预约、登记制度，节约用车成本，提高用车效率，强化车辆停放管理制度，夜间车辆按规定停放，确保车辆安全。

（2）强化培训。加强对生产经营单位驾驶员车辆安全的教育培训，严格遵循车辆管理暂行规定和相关交通法规。倡导全体驾驶员要文明行车，礼貌行车，克服麻痹思想，切实增强责任意识、法规意识、安全意识，严格遵守交通规则。同时，提醒驾驶员做好车辆的维护工作，对车辆的维修维护要注重质量，严禁病车上路，确保人车安全。

(3)落实责任。生产经营单位应加大对车辆使用情况的监督检查力度,认真开展自查、自纠与整改。领导干部要带头遵规守纪,认真履行职责,层层建立责任制,严肃处理违反车辆安全管理的责任人,坚决杜绝公车私用现象,确保生产经营单位车辆安全管理制度的落实。

考点七　事故报告和原因分析

事故原因分析除了分析事故发生的原因外,还要综合分析事故类型、事故等级等内容。

1. 事故报告

《道路交通安全法》关于交通事故有如下定义:交通事故是指车辆在道路上因过错或者意外造成的人身伤亡或者财产损失的事件。

《道路运输行业行车事故统计报表制度》关于运输行业行车事故有如下定义:运输行业行车事故是指城市公共交通企业、出租汽车企业及个体运输业户、道路运输企业及个体运输业户(以下简称运输经营者)在运输活动中所发生的行车事故。

道路运输企业在生产过程中发生的伤亡事故,既属于道路交通方面的事故,也属于生产安全事故,因此应按照《道路运输行业行车事故统计报表制度》《生产安全事故报告和调查处理条例》及国家法律法规有关规定进行事故报告、调查和处理。

《道路运输行业行车事故统计报表制度》关于运输行业行车事故报告有如下要求:

(1)运输经营者发生运输行业行车事故后,应当迅速报告事故发生地和运输经营者所属地交通运输主管部门或道路运输管理机构。事故发生地和运输经营者所属地交通运输主管部门或道路运输管理机构接到报告后应当及时报告省级交通运输主管部门或道路运输管理机构。

(2)各省级交通运输主管部门或道路运输管理机构对辖区内所属运输经营者所发生的一次死亡 3 人及以上 10 人以下的行车事故(包括客运班线车辆、旅游车及包车、货运车辆(含危险化学品运输车)、城市公共汽电车、出租汽车、城市轨道交通车辆)、涉及外籍人员(包括港、澳、台)死亡的行车事故、造成重大污染的危险化学品(包括剧毒、放射、爆炸品等)运输事故,应当在接到报告后 12 小时之内按照《道路运输行业行车事故快报》的表式报交通运输部,并及时续报事故伤亡人数变化、事故调查和处理情况。各省级交通运输主管部门或道路运输管理机构对辖区内及所属运输经营者所发生的一次死亡 10 人及以上的行车事故,应当在接到报告后 2 小时之内按照《道路运输行业行车事故快报》的表式报交通运输部,并及时续报事故伤亡人数变化、事故调查和处理情况。

(3)各省级交通运输主管部门或道路运输管理机构对辖区内所属运输经营者发生的一次死亡 1 人及以上的行车事故,应当按照《道路运输行业行车事故统计表》的表式按月汇总后,于每月 15 日之前将上月的统计表报交通运输部。

(4)如以上事故报表存在错、漏,应及时用电话、传真等给予更正并随后报送更正的报表。

(5)上报统计表须标明单位负责人、统计负责人、填表人、联系电话、报出时间,并加盖单位公章。

《生产安全事故报告和调查处理条例》关于生产安全事故报告有如下要求：

（1）事故报告应当及时、准确、完整，任何单位和个人对事故不得迟报、漏报、谎报或者瞒报。

（2）事故发生后，事故现场有关人员应当立即向本单位负责人报告；单位负责人接到报告后，应当于1小时内向事故发生地县级以上人民政府应急管理部门和负有安全生产监督管理职责的有关部门报告。情况紧急时，事故现场有关人员可以直接向事故发生地县级以上人民政府应急管理部门和负有安全生产监督管理职责的有关部门报告。

（3）事故报告后出现新情况的，应当及时补报。自事故发生之日起30日内，事故造成的伤亡人数发生变化的，应当及时补报。道路交通事故、火灾事故自发生之日起7日内，事故造成的伤亡人数发生变化的，应当及时补报。

2. 事故发生的原因分析

导致道路交通事故发生的原因主要有司机、车辆、管理、环境等方面因素，如表1-6所示。

表1-6　交通事故发生的原因

原因	主要表现
司机因素	情绪不好、睡眠不足、开快车、注意力不集中、疲劳驾驶、醉酒驾驶、误操作等
车辆因素	灯光不好、制动不灵、方向失控等
管理因素	派车办私事、派病车上路、派非司机开车、规章制度不严、安全教育不落实、安全事项交代不清楚等
环境因素	气候不良、路面不好等

链接

《道路运输行业行车事故统计报表制度》将道路运输行业行车事故直接原因划分为如下8类：超载；超速；驾驶员操作不当；疲劳驾驶；机械故障；爆胎；公路及设施原因；其他。

3. 事故类型分析

《道路交通事故处理程序规定》第三条规定，道路交通事故分为财产损失事故、伤人事故和死亡事故：

（1）财产损失事故是指造成财产损失，尚未造成人员伤亡的道路交通事故。

（2）伤人事故是指造成人员受伤，尚未造成人员死亡的道路交通事故。

（3）死亡事故是指造成人员死亡的道路交通事故。

《道路运输行业行车事故统计报表制度》关于运输行业行车事故有如下分类：

（1）死亡3人及以上的行车事故。

（2）涉及外籍人员死亡的行车事故。

（3）造成重大污染的危险化学品运输事故。

运输行业行车事故按照事故形态的不同分为碰撞、刮擦、碾压、翻车、坠车、失火、撞固定物、撞静止车辆、其他。

(1)碰撞,是指交通强者的正面部分与他方接触的事故形态。按照碰撞双方的性质不同碰撞又可分为机动车与机动车、机动车与非机动车、非机动车与非机动车、机动车与固定物、非机动车与固定物、机动车与人、非机动车与人等的碰撞。车与车碰撞分为正面碰撞、侧面碰撞、尾随碰撞。正面碰撞是指相向行驶的车辆正前(含前部左右两角)碰撞。侧面碰撞是指车辆的接触部分有一方是车辆侧面的碰撞。尾随碰撞是指同车道同方向行驶的车辆,尾随车辆的前部与前车尾部的碰撞。

(2)刮擦,是指交通强者的侧面部分与他方接触的事故形态。刮擦也可分为机动车与机动车、机动车与非机动车、非机动车与非机动车、机动车与固定物、非机动车与固定物、机动车与人、非机动车与人等的刮擦。车与车刮擦分为同向刮擦和对向刮擦。同向刮擦是指同向行驶的车辆在后车超越前车时发生的两车侧面刮擦。对向刮擦是指相向行驶的车辆在会车时发生的两车侧面刮擦。

(3)碾压,是指交通强者对弱者的推碾或压过的事故形态。在碾压之前,一般有碰撞或刮擦现象。

(4)翻车,是指车辆在行驶中,因受侧向力的作用,使一部分或全部车轮悬空,车身着地的事故形态。翻车分为侧翻、仰翻和滚翻。车身的侧面着地,车轮朝向侧面的形态称为侧翻;车身的顶面着地,车轮朝上的形态称为仰翻;滚翻是一种特殊的翻车形态,是指车身横向翻转角度为360°或360°以上的翻车形态,最后的状态可能是侧翻或者仰翻,侧面或顶面与地面接触。翻车可能由碰撞或其他原因引起,但只要出现了翻车现象,即可认为是翻车。

(5)坠车,是指车辆整体脱离路面,经过一个落体的过程,落于路面高度以下地点的事故形态。坠车与翻车的区别是坠车有一个离开地面的落体过程。

(6)失火,是指车辆在行驶过程中,由于意外原因引起失火的事故形态。失火后可能引发爆炸。

(7)撞固定物,是指汽车在行驶过程中,与固定物(不包括与机动车、非机动车及行人的碰撞)相撞的汽车事故形态。如撞路边景观树、电线杆、防护栏等。

(8)撞静止车辆,是指两车发生碰撞时一方汽车速度为零的汽车事故形态。如碰撞路边停放的汽车。

(9)其他,除碰撞、刮擦、碾压、翻车、坠车、失火、撞固定物、撞静止车辆以外的事故形态。

提示

对于上述2种或2种以上现象并存的事故,在认定事故类型的时候,通常按照现象发生的先后顺序进行确定,但有时也可以按主体现象确定。

按照事故主要责任对象不同,道路交通事故可分为机动车事故、非机动车事故、行人事故、乘车人事故。如果双方负同等责任,则按相对交通强者一方定事故。

4. 事故等级分析

《生产安全事故报告和调查处理条例》第三条规定,根据生产安全事故(以下简称事故)造成的人员伤亡或者直接经济损失,事故一般分为以下等级:

（1）特别重大事故，是指造成30人以上死亡，或者100人以上重伤（包括急性工业中毒，下同），或者1亿元以上直接经济损失的事故。

（2）重大事故，是指造成10人以上30人以下死亡，或者50人以上100人以下重伤，或者5 000万元以上1亿元以下直接经济损失的事故。

（3）较大事故，是指造成3人以上10人以下死亡，或者10人以上50人以下重伤，或者1 000万元以上5 000万元以下直接经济损失的事故。

（4）一般事故，是指造成3人以下死亡，或者10人以下重伤，或者1 000万元以下直接经济损失的事故。

本条第一款所称的“以上”包括本数，所称的“以下”不包括本数。

链接

直接经济损失是指因事故造成人身伤亡及善后处理支出的费用和毁坏财产的价值。

间接经济损失是指因事故导致产值减少、资源破坏和受事故影响而造成其他损失的价值。

直接经济损失的统计范围包括：

（1）人身伤亡后所支出的费用：医疗费用（含护理费用）；丧葬及抚恤费用；补助及救济费用；歇工工资。

（2）善后处理费用：处理事故的事务性费用；现场抢救费用；清理现场费用；事故罚款和赔偿费用。

（3）财产损失价值：固定资产损失价值；流动资产损失价值。

间接经济损失的统计范围包括停产、减产损失价值；工作损失价值；资源损失价值；处理环境污染的费用；补充新职工的培训费用；其他损失费用。

考点八　道路运输中驾驶员劳动防护相关要求

道路运输企业应当保障安全生产投入，提取安全生产专项资金用于配备和更新现场作业人员安全防护用品支出，用于人员安全宣传、教育、培训支出。

涉及特种作业的岗位人员要持证（特种作业操作证）上岗。

驾驶员应持证上岗，严格遵守道路运输相关法律法规、规章制度、标准规范，严格遵守运输企业各项安全生产管理制度，执行行车操作规范，做好出车前的检查、车辆回场后的检查。

驾驶员应文明驾驶，确保行车安全，严禁酒后驾驶、涉毒驾驶、超速驾驶、疲劳驾驶、超载驾驶。

考点九　车辆的消防设施与火灾防护

1. 车辆的消防设施

车辆的消防设施主要是车载灭火装置。

（1）现有车载灭火装置的类型。

按照灭火剂的类型,车载灭火装置主要分为干粉灭火装置和水基型泡沫剂灭火装置,其主要性能如下:

①干粉灭火装置:干粉灭火装置的灭火机理为化学抑制,阻断燃烧的链式反应,功能全,灭火迅速,具有电绝缘性能和较好的低温使用性能,主要使用在发动机舱内。但干粉灭火剂不抗复燃,使用者须经过专门的技术培训。

②水基型泡沫剂灭火装置:水基型泡沫灭火装置的灭火机理是冷却和隔离,具有灭火级别高、使用时水渍损失小、无污染、无毒、抗复燃性能比较好的优点,但水基型泡沫剂储存要求较高,不易储存,难以大范围使用。

(2)灭火装置的设置。

车用灭火装置一般指车用发动机舱专用灭火装置,灭火装置设置在发动机舱内。

一般情况下灭火装置设在后置发动机舱内,数量根据不同厂家或者灭火装置本身的灭火能力设置1~4枚。

灭火装置强制启动按钮设置在驾驶室内,一般在车辆仪表盘上。发动机舱内的灭火装置通过专用支架固定在发动机舱内部、火灾发动机上方或者侧面。灭火装置的感温装置一般为感温热敏线,用专用扎带固定牢固。灭火装置的电启动按钮直接卡在仪表盘的预留孔中,电路按照原始设计将各种接插件接口连接完好。

2. 车辆火灾防护

行驶中的车辆发生火灾大多是在撞击、翻车过程中,燃油被明火点燃或电路故障所致。因此,车辆火灾的预防主要从以下方面采取措施:

(1)燃油供给系统:车辆在日常维护、运行过程中,应做好防止燃油泄漏的措施,并严格控制火源和燃油静电的产生。

(2)排气系统:应保证排气管在各种状态下不漏气、不冒火星,且应将排气管的朝向设置在没有可燃物的方向,危险品运输车辆的排气管应设置在车辆前端。

(3)电气系统:导线接头应紧固,各种保险装置应确保有效并符合相关规定,车辆运行过程中应注意防止静电火源的产生。

考点十 公路工程技术标准

各级公路设计速度应符合表1-7的规定。设计速度的选用应根据公路的功能与技术等级,结合地形、工程经济、预期的运行速度和沿线土地利用性质等因素综合论证确定,并应符合下列规定:

表1-7 设计速度

公路等级	高速公路			一级公路			二级公路		三级公路		四级公路	
设计速度/(km/h)	120	100	80	100	80	60	80	60	40	30	30	30

一条公路应采用同一净高。高速公路、一级公路、二级公路的净高应为5.00 m;三级公路、四级公路的净高应为4.50 m。

链接

公路和城市道路的净高要求不同。根据《城市道路交通工程项目规范》,城市道路最小净高应满足机动车、非机动车和行人的通行要求.并应符合表1-8的规定。建设条件受限时,只允许小客车通行的城市地下道路,最小净高不应小于表1-8括号内规定值。对需要通行设计车辆以外特殊车辆的道路.最小净高应满足特殊车辆通行的要求。

表1-8　道路最小净高

道路种类		通行车辆类型、行人	最小净高/m
机动车道	混行车道	小客车、大型客车、铰接客车	4.5
	小客车专用车道	小客车	3.5(3.2)
非机动车道		自行车、三轮车	2.5
人行道		行人	2.5

车道宽度应符合表1-9的规定,并应符合下列规定:

表1-9　车道宽度设计要求

设计速度/(km/h)	120	100	80	60	40	30	20
车道宽度/m	3.75	3.75	3.75	3.50	3.50	3.25	3.00

(1)八车道及以上公路在内侧车道(内侧第1,2车道)仅限小客车通行时,其车道宽度可采用3.5 m。

(2)以通行中、小型客运车辆为主且设计速度为80 km/h及以上的公路,经论证车道宽度可采用3.5 m。

(3)四级公路采用单车道时,车道宽度应采用3.5 m。

(4)设置慢车道的二级公路,慢车道宽度应采用3.5 m。

(5)需要设置非机动车道和人行道的公路,非机动车道和人行道等的宽度,宜视实际情况确定。

日常交通出行中,由于车辆转弯时产生的内轮差,当车辆在交叉口处右转弯时,车辆会逐步“贴近”右侧非机动车及行人。内轮差是指车辆在交叉口转弯时,内前轮与内后轮的转弯半径不同而形成的不同时刻轨迹差值。车辆越大,内轮差越大。小型车辆最多产生接近0.6~1.0 m的内轮差;中型车辆一般会产生0.9~1.5 m的内轮差;大型车辆一般会产生1.5~2.3 m的内轮差。

考点十一　交通安全设施的作用和使用要求

1. 交通安全设施的作用

交通安全设施是指用来标明公路边缘及线型,诱导驾驶员视线,防止车辆驶出路外,保护行人安全,以及起隔音、遮光等作用的安全设施,主要包括交通标志、交通标线、护栏和栏杆、视线诱导设施、隔离栅、防落网、防眩设施、避险车道、其他交通安全设施(防风栅与防雪栅、积雪标杆、限高架、减速丘、凸面镜、其他设施)。

2. 交通安全设施的使用要求

(1)道路交通标志。道路交通标志是用图形符号、颜色和文字向交通参与者传递特定信息,用于管理交通、保障安全的设施。道路交通标志有警告标志、禁令标志、指示标志、指路标志、旅游区标志、道路施工安全标志、辅助标志。

(2)道路交通标线。道路交通标线是由施划或安装于道路上的各种线条、箭头、文字、图案及立面标记、实体标记、突起路标和轮廓标等所构成的交通设施,它的作用是向道路使用者传递有关道路交通的规则、警告、指引等信息,可以与标志配合使用,也可以单独使用。道路交通标线的分类如表 1-10 所示。

表 1-10 道路交通标线的分类

类别	内容
按功能	指示标线、禁止标线、警告标线
按形态	线条、字符、突起路标、轮廓标
按设置方式	纵向标线、横向标线、其他标线

(3)护栏和栏杆。护栏是指设置在分隔带上或道路边缘的一种安全防护设施。其目的是为避免车辆在行驶过程中因突发情况闯入对向车道或驶出路外。护栏应具有对碰撞车辆的阻挡功能、缓冲功能和导向功能。

(4)视线诱导设施。视线诱导设施是指示公路线性轮廓及行车方向的设施,主要包括轮廓标、合流诱导标、线形诱导标、隧道轮廓带、示警桩、示警墩、道口标柱等。

(5)隔离栅。隔离栅是设置于公路沿线两侧,阻止人、动物进入公路或沿线其他禁入区域,防止非法侵占公路用地的设施,包括钢板网、金属网、常青绿篱、刺铁丝等。

(6)防眩设施。防眩设施是防止夜间行车受对向车辆前照灯眩目影响的设施。防眩设施的用途是遮挡对向车前照灯的眩光,分为植物防眩、防眩网和防眩板 3 种。

考点十二　特殊道路和环境车辆安全运行技术

1. 山区道路安全驾驶

遇上陡坡路(观察到陡坡标志)时,应提前预测坡度、坡长,按以下要求操作:

(1)驶入坡前提前换入合适的低挡位,在坡路时保持加速踏板位置。

(2)当发动机提供的动力不足时,迅速降挡。

(3)驶近坡顶时,稍抬起加速踏板,控制上坡车速。

汽车下短而平缓的坡道时,应提前预测坡度、坡长,并按以下要求操作:

(1)抬起加速踏板,离合器保持接合状态,发动机不熄火。

(2)根据速度情况使用行车制动器间歇制动,控制车速。

汽车下长而陡的坡道（观察到连续下坡标志）时，应提前预测坡度、坡长，并按以下要求操作：

（1）抬起加速踏板，离合器保持接合状态，发动机不熄火。

（2）将变速器操纵杆置于合适的挡位（坡度越大，挂挡位越低）。

（3）根据速度情况使用行车制动器间歇制动控制车速。

（4）装备有缓速器等辅助制动装置的汽车，充分利用辅助制动装置减速。

通过弯道（观察到急弯路标志）时，应按以下要求操作：

（1）进入弯道之前，根据弯道的状况提前降至合适的速度，观察弯道内的情况。

（2）通过右转弯路段时，视线以右侧路肩为参照，适当靠近道路中心线行驶，转弯通过。

（3）通过左转弯路段时，视线以道路中心线为参照，靠近道路的右侧行驶，转弯通过。

（4）在弯道内，根据曲线的弯度及时转动转向盘，沿道路右侧行驶，不应借对向车道行驶。

通过连续急弯路段（观察到反向弯路标志、连续弯路标志）时，应按照以下要求操作：

（1）车辆行驶至弯道前，根据弯道的状况提前降至合适的速度。

（2）鸣喇叭，驶入弯道，靠右行驶。

（3）根据曲线的弯度及时转动转向盘，车轮不应轧弯道中心线或道路边缘线。

（4）不应在弯道内紧急制动、占用对方车道行驶。

通过傍山险路（观察到傍山险路标志）时，应按以下要求操作：

（1）靠近道路中间或靠山体侧低速行驶。

（2）遇对向来车时，按照要求安全会车。

（3）通过易出现塌方、滑坡、泥石流的危险路段，提前观察道路情况，迅速通过，不应在该区域停车。

通过隧道（观察到隧道标志）时，按照以下要求操作：

（1）驶近隧道时，观察隧道处的交通标志，按照标志要求提前降低车速，在距隧道入口 50 m 处，开启近光灯、示廓灯，按照标志要求鸣喇叭。

（2）在隧道内行驶时，根据交通信号灯选择正确的行车道，并按要求与前车保持合适的跟车距离。

（3）在隧道出口前，按照标志要求鸣喇叭，控制好行驶方向，握稳转向盘。

（4）驶出隧道后，关闭近光灯、示廓灯。

（5）驶入和驶出隧道时，预见到明、暗适应的危险，不应加速行驶。

山区公路雨天行驶，按照以下要求操作：驾驶车辆在雨天情况下行驶时，行车间距应为干燥路面时的两倍以上，避免猛踩制动踏板，以及猛打转向盘、突然起动、变向。遇特大暴雨时，不得贸然行驶，应选择安全位置停车，并开启示廓灯和尾灯，以提示来车注意。

山区公路雾天行驶，按照以下要求操作：驾驶车辆应时刻注意车速与可视距离的关系，加大跟车距离。视线模糊不清时，不得跨越道路中线行驶，以避免会车时发生碰撞，也不得超越道路边线行驶，避免驶出道路。雾天行车一定要打开示宽灯和前雾灯，当可视距离小于 50 m 时，打开后雾灯。

山区公路雪天行驶，按照以下要求操作：驾驶车辆在有积雪的路面行驶时，应严格控制车速。转弯时,不得猛打转向盘,不得紧急制动,防止侧滑。

山区公路夜间行驶,按照以下要求操作:驾驶车辆在夜间行驶应正确使用灯光。会车时首先减速,主动让路。距离对向来车约 150 m 以外时,本车应将远光灯改为近光灯;若对方不关闭远光灯,应连续使用变光提示对向来车,同时减速靠右行驶或者停车。

2. 高速公路安全驾驶

从匝道驶入主道时,应按以下要求操作:

(1)车辆行驶至入口匝道后,开启左转向灯。

(2)在加速车道加速至最低速度要求的同时,观察左侧后视镜并向左侧回头观察后侧来车情况,确认安全后,平缓地转动转向盘驶入行车道正常行驶,关闭转向灯。

在高速公路行驶,应按以下要求操作:

(1)按要求控制行车速度,按要求保持足够的安全距离。

链接

应按照以下要求进行速度控制:平缓地踩踏或松抬加速踏板调整速度;减速时,利用带挡滑行减速,必要时用行车制动器制动增加减速强度;不应使用空挡滑行、熄火滑行减速。

按照以下要求保持适当的跟车距离:在普通公路上,跟车距离一般应大于汽车 2~3 s 内驶过的距离;在高速公路上,跟车距离一般应大于汽车 4 s 内驶过的距离。

(2)根据车型、速度选择正确的行车道,驾驶大型客车、牵引车、中型客车、大型货车等类型车辆,不应占用内侧车道行驶。

(3)在高速公路上长时间行驶,按要求做好车辆运行途中的安全检查。

(4)超车时,按要求操作。

车辆在高速公路行驶出现故障需要停车时,应按以下要求进行操作:

(1)选择安全路段停车,将人员疏散到来车方向 150 m 护栏外侧的安全区域。

(2)开启危险报警闪光灯,在来车方向 150 m 外摆放危险警告标志。

驶出高速公路时,应按以下要求操作:

(1)观察到出口预告标志后,提前减速,开启右转向灯,观察右侧后视镜并向右侧回头观察后侧来车情况。

(2)确认安全后,按要求变更至减速车道,将速度降低至规定速度以下后,平稳地转动转向盘驶入出口匝道,关闭转向灯。

3. 通过漫水桥

通过漫水桥(观察到过水路面或漫水桥标志)时,应按以下要求进行操作:

(1)停车观察和判断桥面水的深度、流速等情况。

(2)确认安全后,车辆在引导下选择低挡位,低速通过。

(3)涉水后,对车辆进行检查,清除轮胎和底盘的异物,反复踩踏制动踏板,恢复制动效能。

(4)河水漫过桥面情况严重时,选择其他路线绕行。

4. 特殊天气条件下的安全驾驶

雨天行车，应按以下要求操作：

（1）按要求控制车速，保持足够的安全距离。

（2）按要求使用车辆灯光信号。

（3）根据雨量大小使用刮水器挡位，使用车内空调清除风挡玻璃水雾。

（4）遇暴雨时，按要求靠边停车，待雨量变小或雨停时再继续行驶。

链接

靠路侧临时停车时，应按照以下要求进行操作：预先选择平坦、坚实、视线良好且不妨碍交通又允许停车的地点；开启右转向灯，松抬加速踏板，并通过内、外后视镜观察右侧和后方道路交通情况；确认安全后，轻踩制动踏板，使汽车平稳地停在预定地点，按要求做好停车后的安全处置。

（5）连续下雨或者久旱暴雨后，不应靠近路侧行驶。

（6）遇积水路段时，按照通过漫水桥的要求操作。

链接

雨天行驶存在的不安全因素有：视线受影响，无法清晰观察路况；雨天常伴有雷电、大风；路面湿滑、泥泞，车辆易发生侧滑；使车辆制动距离延长；水网地区路面积水反光，视线受影响等。

雾天行车，应按以下要求操作：

（1）按要求控制车速，保持足够的安全距离。

（2）按要求使用车辆灯光信号，适当鸣喇叭示意。

（3）在高速公路上行驶，遇浓雾能见度小于 50 m 时，从最近的出口尽快驶离高速公路。

冰雪天行车，应按以下要求操作：

（1）使用防滑链，按要求控制车速，保持足够的安全距离。

（2）加速时，缓踩加速踏板。

（3）减速时，利用抢挂低挡减速，不应紧急制动。

（4）转向时，平缓转动转向盘，不应急转向。

（5）路面被雪覆盖后，循车辙行驶，并利用道路两侧的树木、电杆和交通标志等判断行驶路线。

考点十三　紧急情况的应对处理基本技能

1. 紧急情况处置能力

应掌握前方出现紧急情况时的应急处置原则：

（1）沉着冷静，观察车辆前方和两侧的交通情况。

（2）立即减速，同时握稳转向盘，控制行驶方向。

（3）待充分减速后，采取避重就轻措施，操控车辆向道路情况简单或人员、障碍物较少的一侧避让。

应掌握紧急情况下的避让操作方法：

(1)在高速行驶状态下，不应采取转向避让措施。

(2)在转动转向盘的同时，不应采取紧急制动措施。

(3)在低速状态下采取避让措施时，向道路右侧转动转向盘避让，左侧有安全空间除外。

(4)急转转向盘时，转向幅度不应太大，且急转转向盘后，及时回正转向盘。

应掌握轮胎更换的安全操作方法：

(1)按要求安全停车。

(2)使用专用工具卸下备胎，放置于待更换轮胎附近的安全位置。

(3)按顺序旋松待更换轮胎的螺母，在待更换轮胎附近的支撑标记处安放千斤顶，举升千斤顶，直至轮胎离开地面。

(4)旋下螺母，卸下轮胎，放置于附近的安全位置。

(5)安装备胎，两轮轮辋通风口应对准，两胎气门嘴应错开。

(6)旋上轮胎螺母，按对角顺序预紧固定轮胎螺母。

(7)放下千斤顶后，逐一将轮胎螺母再紧固一遍，使旋紧力矩达到规定数值。

(8)将更换下来的轮胎安装到备胎支架上，将工具放回原位。

高速行驶遇后车突然超车并道，按照以下要求操作：行驶过程中应观察左后视镜，看是否有车辆准备超车，左侧车辆超车时，应适当降低车速，并保持好车道，待其超车成功后，再正常行驶；如遇与超车并道车辆发生碰撞时，应立即采取紧急制动，稳住方向，不得猛打转向盘，待车速明显下降后，观察后方无车辆跟随时，平稳向紧急停车带或硬路肩停靠。

高速行驶遇突发大雾，按照以下要求操作：行驶过程突发大雾时，应打开雾灯、前后位灯及示廓灯，不得打开远光灯，降低车速(参照不同能见度下最小安全车速)，并保持 100 m 以上的跟车距离，发现前方有停止车辆，减速并仔细观察，鸣笛，保持车道行驶。

2. 事故现场处置能力

应掌握事故现场的应急处置方法：

(1)立即停车，按要求做好停车后的安全处置。

链接

停车后，应按照以下要求做好安全处置：手动变速器汽车，将发动机熄火，将变速器操纵杆置于“1”挡(下坡路段停车时，将变速器操纵杆置入“R”挡)，拉紧驻车制动；自动变速器汽车，将发动机熄火，将变速器操纵杆置于“P”挡，拉紧驻车制动；开启危险报警闪光灯(夜间还应开启示廓灯和后位灯)，摆放危险警告标志(一般道路在车后 50 ~ 100 m 处设危险警告标志，高速公路在来车方向 150 m 外设危险警告标志)；坡路停车时，将车辆前轮适当转向安全的一侧(路肩、路侧山体)，并用三角木垫在成斜对角的两侧轮胎下(上坡垫在轮胎的后侧，下坡垫在轮胎的前侧)。

(2)现场有人员伤亡或与道路危险货物运输车辆发生事故,立即呼叫110等报警电话。

(3)组织人员疏散到安全地带(高速公路上将人员疏散到来车方向150 m护栏外侧的安全区域)。

(4)按有关要求组织伤员救护,因抢救受伤人员变动现场的,标记伤员的原始位置。

(5)车辆起火以及出现易燃气体或液体泄漏时,隔离现场,尽可能采取降温、灭火措施。

应掌握伤员止血、包扎、搬运和心肺复苏抢救等自救与急救方法。

同步自测

单项选择题(每题的备选项中,只有1个最符合题意)

1. 我国现行的安全管理体制是(　　)。

A. 生产经营单位负责、政府监管、国家监察、政府监督

B. 行业负责、政府监管、国家监察、政府监督

C. 生产经营单位负责、政府监管、职工参与、行业自律和社会监督

D. 行业负责、政府监管、职工参与、行业自律和社会监督

2. 作为交通强者的机动车对交通弱者(如骑车人或行人)的推碾或滚压的现象,称为(　　)。

A. 翻车　　B. 坠落

C. 碾压　　D. 碰撞

3. 高速行驶的汽车属于(　　)。

A. 根源危险源　　B. 过程危险源

C. 状态危险源　　D. 稳定危险源

4. 为预防疲劳驾驶,一般驾驶员在夜间连续驾驶不宜超过(　　)小时。

A. 2　　B. 4

C. 6　　D. 8

5. 下列属于重大事故的是(　　)。

A. 10人以上30人以下死亡

B. 50人以上100人以下受伤

C. 1 000万元以上5 000万元以下直接经济损失

D. 10人以上30人以下死亡,同时损失1亿元以上的事故

6. 水基型泡沫灭火装置的优点不包括(　　)。

A. 无毒无污染　　B. 抗复燃性好

C. 水渍损失小　　D. 经济易储存

7. 运输行业行车事故按照事故形态的不同分类不包括(　　)。

A. 碰撞　　B. 爆炸

C. 失火　　D. 撞固定物

答案详解

单项选择题

1. C。【解析】我国现行的安全管理体制是生产经营单位负责、政府监管、职工参与、行业自律和社会监督。安全生产工作应当以人为本，坚持人民至上、生命至上，把保护人民生命安全摆在首位，树牢安全发展理念，坚持安全第一、预防为主、综合治理的方针，强化和落实生产经营单位主体责任与政府监管责任，建立生产经营单位负责、职工参与、政府监管、行业自律和社会监督的机制。

2. C。【解析】碾压是指交通强者对弱者的推碾或压过的事故形态。在碾压之前，一般有碰撞或刮擦现象。

3. A。【解析】通常情况下，危险源分为第一类危险源、第二类危险源和第三类危险源。其中，第一类危险源又称根源危险源，是指具有危险性的物体或物质本身，如炸药、高速移动的物体。

4. A。【解析】为预防疲劳驾驶，驾驶员在日间不宜连续驾驶 4 小时以上，夜间不宜连续驾驶 2 小时以上，每次休息应在 20 分钟以上。

5. A。【解析】重大事故，是指造成 10 人以上 30 人以下死亡，或者 50 人以上 100 人以下重伤，或者 5 000 万元以上 1 亿元以下直接经济损失的事故。所称的“以上”包括本数，“以下”不包括本数。

6. D。【解析】水基型泡沫灭火装置具有灭火级别高、使用时水渍损失小、无污染、无毒、抗复燃性能比较好等优点，但水基型泡沫剂储存要求较高，不易储存，难以大范围使用。

7. B。【解析】运输行业行车事故按照事故形态的不同分为碰撞、刮擦、碾压、翻车、坠车、失火、撞固定物、撞静止车辆、其他。

第二章　道路旅客运输安全

考情解读 

考纲要求

掌握道路旅客运输安全生产基本特点，运用道路旅客运输安全技术和相关法律法规、规章制度、标准规范，分析客运驾驶员、车辆技术状况及动态监控、运输经营行为等方面的安全技术和管理要求，组织实施驾驶人安全培训教育；针对不同道路旅客运输各环节的风险隐患，提出相应的安全技术措施，制定道路旅客运输各岗位操作规程和安全管控措施。了解新时期道路旅客运输安全管理要求。

命题分析

本章内容主要包括道路旅客运输安全生产基本特点，道路旅客运输相关法律法规、规章制度、标准规范，客运驾驶员相关要求，道路运输驾驶员行车操作规范，客运车辆管理，运输车辆动态监控，道路旅客运输中人的不安全行为及预防措施措施，道路旅客运输中车辆的不安全状态及预防措施，典型道路的不安全因素及控制措施，道路运输各岗位操作规程，新时期道路旅客运输安全管理要求。

历年考试主要考查了客运企业专职安全管理人员的配备，定制客运的营运客车核定载客人数要求，不同道路上的车辆最高速度，道路运输经营者和驾驶人使用卫星定位装置的要求，车辆超载的后果，车辆轮胎爆破的主要原因和应急处置等内容。

除了已考查知识点，本章重点内容还包括安全生产基础保障，建立驾驶员岗前培训制度，驾驶员安全教育培训及考核制度，规范驾驶员诚信考核，规范驾驶员继续教育，道路运输驾驶员行车操作规范，建立车辆维护制度，运输车辆动态监控，道路旅客运输中人的不安全行为及预防措施措施，道路旅客运输中车辆的不安全状态及预防措施，典型道路的不安全因素及控制措施，驾驶员操作规程，GPS 监控人员操作规程等。

考点解读 

考点一　道路旅客运输安全生产基本特点

道路旅客运输的安全生产基本特点主要有以下 2 点：

(1) 相关风险因素较多，重特大事故发生概率大。道路旅客运输过程中，车辆往往承载的乘客较多，一旦发生事故，一般都会造成大量人员伤亡，后果较为严重。道路旅客运输过程中涉及安全的风险因素众多，例如道路旅客运输涉及的人员包括驾驶员，乘客，客运站安检、监控、调度等各类人员，管理难度较大。此外，用于运送旅客的车辆种类较多且道路环境复杂多变,都会增加道路运输企业安全管理的难度。

(2)面临较大压力与危机。随着高铁和互联网+模式的兴起,传统道路旅客运输企业面临着巨大的冲击,一方面面临旅客分流的危机,另一方面旅客也对企业的服务提出了更高的要求。

考点二　道路旅客运输安全相关法律法规、规章制度、标准规范

《道路旅客运输企业安全管理规范》是加强和规范道路旅客运输企业安全生产工作,提高企业安全管理水平,全面落实客运企业安全主体责任,有效预防和减少道路交通事故的基本规范。以下主要介绍此规范的主要内容。

1. 安全生产基础保障

客运企业及分支机构应当依法设置安全生产领导机构。安全生产领导机构应当包括企业主要负责人(包括法定代表人和实际控制人、其他负责人),运输经营、安全管理、车辆技术管理、从业人员管理、动态监控等业务负责人及分支机构的主要负责人。

拥有20辆(含)以上客运车辆的客运企业应当设置安全生产管理机构,配备专职安全管理人员,并提供必要的工作条件。拥有20辆以下客运车辆的客运企业应当配备专职安全管理人员,并提供必要的工作条件。

专职安全管理人员配备数量原则上按照以下标准确定:

(1)对于300辆(含)以下客运车辆的,按照每30辆车1人的标准配备,最低不少于1人。

(2)对于300辆以上客运车辆的,按照每增加100辆增加1人的标准配备。

客运企业主要负责人和安全管理人员应当具备与本企业所从事的道路旅客运输生产经营活动相适应的安全生产知识和管理能力,并经县级以上交通运输管理部门对其安全生产知识和管理能力考核合格,或者取得注册安全工程师(道路运输安全)执业资格并经属地县级以上交通运输管理部门报备。

客运企业应当对从业人员进行安全生产教育培训,未经安全生产教育培训合格的从业人员,不得上岗作业。客运企业使用实习学生的,应当将实习学生纳入本企业从业人员统一进行安全生产教育培训。企业采用新工艺、新技术、新材料或者使用新设备,应当对从业人员进行专门的安全生产教育培训。从业人员的安全生产教育培训应当以客运企业自主培训为主,也可委托、聘请具备对外开展安全生产教育培训业务的机构或其他客运企业进行安全生产教育培训。客运企业主要负责人和安全管理人员初次安全生产教育培训时间不得少于24学时,每年再培训时间不少于12学时。

客运企业应当定期召开安全生产工作会议和安全例会。

安全生产工作会议至少每季度召开1次,研究解决安全生产中的重大问题,安排部署阶段性安全生产工作。安全例会至少每月召开1次,通报和布置落实各项安全生产工作。拥有20辆(含)以下客运车辆的客运企业,安全生产工作会议可与安全例会一并召开。

客运企业发生造成人员死亡、3人(含)以上重伤、恶劣社会影响的生产安全事故后,应当及时召开安全生产工作会议或安全例会进行分析和通报。

安全生产工作会议和安全例会应当有会议记录，会议记录应建档保存，保存期不少于36个月。

客运企业应当保障安全生产投入，依据有关规定，按照不低于上年度实际营业收入1.5%的比例提取、设立安全生产专项资金，建立独立的台账，专款专用。安全生产专项资金主要用于：

（1）完善、改造、维护安全运营设施和设备支出。

（2）道路运输车辆动态监控平台、视频监控系统的建设、运行、维护和升级改造，以及具有行驶记录功能的卫星定位装置、视频监控装置的购置、安装和使用等支出。

（3）配备、维护、保养应急救援器材、设备和开展应急演练支出。

（4）开展安全风险管控和事故隐患排查、评估、监控和整改支出。

（5）安全生产检查、评价、咨询和安全生产标准化建设支出。

（6）配备和更新现场作业人员安全防护用品支出。

（7）安全宣传、教育、培训和安全奖励等支出。

（8）安全生产适用的新技术、新标准、新工艺、新装备的推广应用支出。

（9）安全设施设备检测检验支出。

（10）其他与安全生产直接相关的支出。

客运企业应当按照有关法律法规要求，投保承运人责任险、工伤保险等安全生产责任保险和机动车交通事故责任强制保险。

链接

交通运输企业安全生产费用应当用于以下支出：

（1）完善、改造和维护安全防护设施设备支出（不含“三同时”要求初期投入的安全设施），包括道路、水路、铁路、城市轨道交通、管道运输设施设备和装卸工具安全状况检测及维护系统、运输设施设备和装卸工具附属安全设备等支出。

（2）购置、安装和使用具有行驶记录功能的车辆卫星定位装置、视频监控装置、船舶通信导航定位和自动识别系统、电子海图等支出。

（3）铁路和城市轨道交通防灾监测预警设备及铁路周界入侵报警系统、铁路危险品运输安全监测设备支出。

（4）配备、维护、保养应急救援器材、设备支出和应急救援队伍建设、应急预案制修订与应急演练支出。

（5）开展重大危险源检测、评估、监控支出，安全风险分级管控和事故隐患排查整改支出，安全生产信息化、智能化建设、运维和网络安全支出。

（6）安全生产检查、评估评价（不含新建、改建、扩建项目安全评价）、咨询和标准化建设支出。

（7）配备和更新现场作业人员安全防护用品支出。

（8）安全生产宣传、教育、培训和从业人员发现并报告事故隐患的奖励支出。

(9)安全生产适用的新技术、新标准、新工艺、新装备的推广应用支出。

(10)安全设施及特种设备检测检验、检定校准、铁路和城市轨道交通基础设备安全检测支出。

(11)安全生产责任保险及承运人责任保险支出。

(12)与安全生产直接相关的其他支出。

典型例题

【单选题】客运企业的安全生产专项资金投入原则上按不低于上年度实际营业收入(　　)的比例提取。

A. 1%　　　　B. 1.2%

C. 1.5%　　　　D. 2%

C。【解析】客运企业应当保障安全生产投入,依据有关规定,按照不低于上年度实际营业收入1.5%的比例提取、设立安全生产专项资金,建立独立的台账,专款专用。

2. 安全生产职责

客运企业应当依法建立健全全员安全生产责任制,将本企业的安全生产责任分解到各部门、各岗位,明确责任人员、责任内容和考核标准。

安全生产责任制内容应当包括:

(1)主要负责人的安全生产责任、目标及考核标准。

(2)分管安全生产和运输经营的负责人的安全生产责任、目标及考核标准。

(3)管理科室、分支机构及其负责人的安全生产责任、目标及考核标准。

(4)车队和车队队长的安全生产责任、目标及考核标准。

(5)岗位从业人员的安全生产责任、目标及考核标准。

客运企业应当实行安全生产一岗双责。客运企业的法定代表人和实际控制人为安全生产的第一责任人,负有安全生产的全面责任;分管安全生产的负责人协助主要负责人履行安全生产职责,对安全生产工作负组织实施和综合管理及监督的责任;其他负责人对各自职责范围内的安全生产工作负直接管理责任。企业党委、工会、各职能部门、各岗位人员在职责范围内承担相应的安全生产职责。

客运企业的主要负责人对本单位安全生产工作负有下列职责:

(1)严格执行安全生产法律、法规、规章、规范和标准,组织落实相关管理部门的工作部署和要求。

(2)建立健全本单位安全生产责任制,组织制定本单位安全生产规章制度、客运驾驶员和车辆安全生产管理办法以及安全生产操作规程。

(3)依法建立适应安全生产工作需要的安全生产管理机构,确定符合条件的分管安全生产的负责人,配备专职安全管理人员。

(4)按规定足额提取安全生产专项资金,保证本单位安全生产投入的有效实施。

(5)督促、检查本单位安全生产工作,及时消除生产安全隐患。

(6)组织开展本单位的安全生产教育培训工作。

(7)组织开展安全生产标准化建设。

(8)组织制定并实施本单位生产安全应急预案,开展应急救援演练。

(9)定期组织分析本单位的安全生产形势,研究解决重大安全生产问题。

(10)按相关规定报告道路客运生产安全事故,落实生产安全事故处理的有关工作。

(11)实行安全生产绩效管理,定期公布本单位安全生产情况,认真听取和积极采纳工会、职工关于安全生产的合理化建议和要求。

客运企业的安全生产管理机构及安全管理人员对本单位安全生产工作负有下列职责:

(1)严格执行安全生产法律、法规、规章、规范和标准,参与企业安全生产决策,提出改进和加强安全生产管理的建议。

(2)组织或者参与制定本单位安全生产规章制度、客运驾驶员和车辆安全生产管理制度、动态监控管理制度、操作规程和相关技术规范,明确各部门、各岗位的安全生产职责,督促贯彻执行。

(3)组织或参与制定本单位安全生产年度管理绩效目标和安全生产管理工作计划,组织实施考核工作。

(4)组织或参与制定本单位安全生产经费投入计划和安全技术措施计划,组织实施或监督相关部门实施。

(5)组织开展本单位的安全生产检查,对检查出的安全隐患及其他安全问题应当及时督促处理;情况严重的,应当依法停止生产活动。对相关管理部门抄告、通报的车辆和客运驾驶员交通违法行为,应当进行及时处理,制止和纠正违章指挥、冒险作业、违反操作规程的行为。

(6)督促落实本单位安全隐患排查和安全风险管理措施,组织或者参与本单位生产安全应急预案的制定和应急演练,督促落实本单位安全生产整改措施。

(7)组织或参与本单位安全生产宣传、教育和培训,加强事故案例警示教育,总结和推广安全生产工作的先进经验,如实记录安全生产教育和培训情况。

(8)发生生产安全事故时,按照有关规定,及时报告相关管理部门;组织或者参与本单位生产安全事故的调查处理,承担生产安全事故统计和分析工作。

(9)其他安全生产管理工作。

考点三　客运驾驶员相关要求

1. 制定驾驶员聘用制度

为严格驾驶员准入管理,道路旅客运输企业应严格根据《中华人民共和国道路运输条例》《道路旅客运输及客运站管理规定》《道路运输从业人员管理规定》和《道路旅客运输企业安全管理规范》等相关规定来制定企业车辆驾驶员的聘用制度。

《中华人民共和国道路运输条例》规定,从事客运经营的驾驶人员,应当符合下列条件:

(1)取得相应的机动车驾驶证。

(2)年龄不超过60周岁。

(3)3年内无重大以上交通责任事故记录。

(4)经设区的市级人民政府交通运输主管部门对有关客运法律法规、机动车维修和旅客急救基本知识考试合格。

道路旅客运输企业在聘用驾驶员时,应按下列要求开展工作:

(1)雇用的机动车驾驶员,必须经驾驶技术考核合格才能办理雇用手续。

(2)持有汽车驾驶执照未从事过职业驾驶工作的员工,因工作需要调到车队驾驶车辆时,必须经过驾驶技术考核合格才能安排驾驶车辆。

(3)持有机动车驾驶证的员工及新调入或雇用的机动车驾驶员,均须到企业安全技术部门填表登记建立驾驶档案。

(4)被雇用的临工驾驶员,在报到上班前必须与用工单位签订用工合同,按规定缴交合同和安全责任金,并由用工单位做好岗前教育培训工作,否则不准安排驾车。

驾驶员存在下列情况之一的,客运企业不得聘用其驾驶客运车辆:

(1)无有效的、适用的机动车驾驶证和从业资格证件,以及诚信考核不合格或被列入黑名单的。

(2)36个月内发生道路交通事故致人死亡且负同等以上责任的。

(3)最近3个完整记分周期内有1个记分周期交通违法记满12分的。

(4)36个月内有酒后驾驶、超员20%以上、超速50%(高速公路超速20%)以上或12个月内有3次以上超速违法记录的。

(5)有吸食、注射毒品行为记录,或者长期服用依赖性精神药品成瘾尚未戒除的,以及发现其他职业禁忌的。

提示

各类情况的时间应记忆清楚,避免混淆。

2. 建立驾驶员岗前培训制度

《中华人民共和国安全生产法》规定,未经安全生产教育和培训合格的从业人员,不得上岗作业。

客运企业应当建立客运驾驶员岗前培训制度,培训合格方可上岗。

岗前培训的主要内容包括:道路交通安全和安全生产相关法律法规、安全行车知识和技能、交通事故案例警示教育、职业道德、安全告知知识、交通事故法律责任规定、防御性驾驶技术、伤员急救常识等安全与应急处置知识、企业有关安全运营管理的规定等。

客运驾驶员岗前培训不少于24学时,并应在此基础上实际跟车实习,提前熟悉客运车辆性能和客运线路情况。

3. 建立驾驶员安全教育培训及考核制度

客运企业应当建立客运驾驶员安全教育培训及考核制度。

(1)客运企业对客运驾驶员进行统一培训,安全教育培训应当每月不少于1次,每次不少于2学时,安全教育培训内容应当包括:法律法规、典型交通事故案例、技能训练、安全驾驶经验交流、突发事件应急处置训练等。

(2)客运企业应当组织和督促本企业的客运驾驶员参加继续教育,保证客运驾驶员参加教育培训的时间,提供必要的学习条件。客运企业可依托互联网技术积极创新、改进安全培训教育手段,丰富培训方式。

(3)客运企业应在客运驾驶员接受安全教育培训后,对客运驾驶员教育培训的效果进行统一考核。客运驾驶员安全教育培训考核的有关资料应纳入客运驾驶员教育培训档案。客运驾驶员教育培训档案的内容应包括:培训内容、培训时间、培训地点、授课人、参加培训人员签名、考核人员和安全管理人员签名、培训考试情况等。档案保存期限不少于36个月。

(4)客运企业应当每月分析客运驾驶员的道路交通违法信息和事故信息,及时进行针对性的教育和处理。

4. 建立驾驶员从业行为定期考核制度

客运企业应当建立客运驾驶员从业行为定期考核制度。

考核内容主要包括客运驾驶员违法违规情况、交通事故情况、道路运输车辆动态监控平台和视频监控系统发现的违规驾驶情况、服务质量、安全运营情况、安全操作规程执行情况以及参加教育培训情况等。考核周期应不大于3个月。

客运驾驶员从业行为定期考核结果应与企业安全生产奖惩制度挂钩。

5. 建立驾驶员信息档案管理制度

客运企业应当建立客运驾驶员信息档案管理制度。客运驾驶员信息档案实行一人一档,及时更新。客运驾驶员信息档案应当包括:客运驾驶员基本信息、体检表、安全驾驶信息、交通事故信息、交通违法信息、内部奖惩、诚信考核信息等。

6. 建立驾驶员安全告诫、调离、辞退制度

客运企业应当建立客运驾驶员安全告诫制度。客运企业应指定专人或委托客运站对客运驾驶员出车前进行问询、告知,预防客运驾驶员酒后、带病、疲劳、带不良情绪上岗驾驶车辆或者上岗前服用影响安全驾驶的药物,督促客运驾驶员做好车辆的日常维护和检查。

客运企业应当建立客运驾驶员调离和辞退制度。客运企业发现客运驾驶员存在不符合聘用条件的,应当严肃处理并及时调离驾驶岗位;情节严重的,客运企业应当依法予以辞退。

7. 驾驶员身心健康管理

客运企业应当关心客运驾驶员的身心健康,每年组织客运驾驶员进行体检,对发现客运驾驶员身体条件不适宜继续从事驾驶工作的,应及时调离驾驶岗位。

客运企业应当建立防止客运驾驶员疲劳驾驶制度,为客运驾驶员创造良好的工作环境,合理安排运输任务,保障客运驾驶员落地休息,防止客运驾驶员疲劳驾驶。

8. 规范驾驶员诚信考核

对取得从业资格的道路运输驾驶员,道路运输管理机构应当在其上岗从业期间开展诚信考核。对取得两种及以上从业资格的道路运输驾驶员,应根据其在岗的从业类别开展诚信考核。道路运输驾驶员变更从业类别或服务单位时,当前诚信考核周期内已形成的计分记录应予以认可。

诚信考核是指对道路运输驾驶员在道路运输活动中的安全生产、遵守法规和服务质量等情况进行的综合评价。

道路运输驾驶员诚信考核等级分为优良、合格、基本合格和不合格，分别用 AAA 级、AA 级、A 级和 B 级表示。

道路运输驾驶员诚信考核内容包括：

(1)安全生产情况：安全生产责任事故情况。

(2)遵守法规情况：违反道路运输相关法律、行政法规、规章的有关情况。

(3)服务质量情况：服务质量事件和有责投诉的有关情况。

9. 规范驾驶员继续教育

道路旅客运输驾驶员继续教育周期为 2 年。道路运输驾驶员在每个周期接受继续教育的时间累计应不少于 24 学时。

驾驶员继续教育以接受道路运输企业组织并经县级以上道路运输管理机构备案的培训为主。不具备条件的运输企业和个体运输驾驶员的继续教育工作，由其他继续教育机构承担。继续教育还包括以下形式：

(1)经许可的道路运输驾驶员从业资格培训机构组织的继续教育。

(2)交通运输部或省级交通运输主管部门备案的网络远程继续教育。

(3)经省级道路运输管理机构认定的其他继续教育形式。

积极推广应用网络远程形式组织实施继续教育，缓解道路运输驾驶员工学矛盾，促进优质教育资源均等化。

10. 规范从业资格考试申请受理和证件管理

道路运输驾驶员从业资格证因超过有效期 180 日而被注销的，在原证件超过有效期 2 年内(含 2 年)，可在完成 24 学时的继续教育后，申请参加相应类别从业资格考试大纲规定的理论科目考试。考试合格的，恢复其原有从业资格，初始领证日期以原证件为准，原证件作为考试报名申请材料之一存入档案。

典型例题

【单选题】道路货物运输驾驶员继续教育周期为(　　)年，在每个周期内接受继续教育的时间累计应不少于(　　)学时。

A. 1,24　　　　B. 2,12

C. 2,24　　　　D. 1,12

C。【解析】《道路运输驾驶员继续教育办法》第八条规定，道路运输驾驶员继续教育周期为 2 年。道路运输驾驶员在每个周期接受继续教育的时间累计应不少于 24 学时。

考点四　道路运输驾驶员行车操作规范

1. 一般要求

(1)驾驶员的视力、辨色力、听力、肢体运动功能等身体条件应符合机动车驾驶证使用的要求，应持有合法有效、与驾驶车辆车型相符的机动车驾驶证和道路运输驾驶员从业资格证件。

(2)所驾驶车辆除应有合法有效的机动车行驶证、道路运输证、车辆检验合格标志、车辆保险证明外,还应满足以下要求:

①客运车辆有以下合法有效的牌证:

a. 班线客运车辆有班车客运标志牌。

b. 包车客运车辆有包车客运标志牌、包车票或包车合同。

c. 旅游客运车辆有旅游客运标志牌。

②超限货物运输车辆有合法有效的超限运输车辆通行证。

(3)驾驶员在每日首次出车前应保证不少于 6 小时的睡眠;连续驾驶时间超过 4 小时,应停车休息不少于 20 分钟;行车中感到疲倦时,应及时选择停车场、服务区等区域停车休息。

(4)客车驾驶员除满足上述(3)的要求外,还应遵守以下规定:

①24 小时内驾驶时间累计不超过 8 小时。

②夜间 22 时至凌晨 6 时连续驾驶时间不超过 2 小时,每次停车休息不少 20 分钟。

③长途客运车辆在凌晨 2 时 ~5 时停止运行,或实行接驳运输,做到停车换人、落地休息。

④从事高速公路单程运行 600 km 以上、其他公路单程运行 400 km 以上的客运任务时,有至少 2 名驾驶员轮流驾驶、轮换休息。

(5)班线客运车辆应按许可的线路、站点运行,在规定的途经站点进站上下乘客,不应随意改变行驶线路;包车客运车辆应按约定的起始地、目的地和线路运行。

(6)因发生自然灾害、公共事件、交通事故或其他原因,按原路线行驶会使乘客的安全受到威胁时,客车驾驶员应报告所属单位,在得到允许的条件下,可选择安全的路线行驶。

2. 出车前准备

(1)熟悉行车路线和行车计划。

①应提前熟悉高速公路出入口、沿线服务区或其他中途休息场所、备用行车路线等信息。

②应按以下要求提前了解运行路线沿线的道路情况、交通环境和气候特点。

a. 沿线道路等级、道路线形及中央隔离带、护栏的设置等情况。

b. 沿线桥梁对通行车辆的总质量、轴重等限值,沿线涵洞、隧道对通行车辆的高度和宽度的限制。

c. 沿线地区台风、暴雨、暴雪、寒潮、沙尘暴、泥石流、山体塌方等天气和地质灾害预警信息。

d. 沿线道路容易出现团雾、结冰、横风的路段信息。

③根据运行路线沿线的道路交通环境,提前做好以下准备:

a. 应根据沿线地区的季节性气候变化情况,及时更换相适应的冷却液、机油、燃油等。

b. 冬季行经严寒地区时,宜随车携带防滑链、垫木等防滑材料。

c. 行经高原地区时,宜提前备好应急药物和器材。

(2)驾驶员生理、心理状况自我检查。

①身体应处于健康状态,精力充沛。有疲劳、头晕、恶心、乏力、幻象等现象时,不应驾

驶车辆上道路行驶。

②情绪应处于心平气和、不急不躁的状态。情绪不良时,不应驾驶车辆上道路行驶。

③宜每年进行一次身体健康检查,按医嘱要求做好行车安全防范措施。

(3)车辆安全技术状况检查。

①应按照《机动车驾驶员安全驾驶技能培训要求》的要求做好出车前检查,并如实填写车辆日常检查表;按照《汽车维护、检测、诊断技术规范》的要求做好车辆日常维护。

②安装有卫星定位系统车载终端设备、行车记录设备、视频监控设备等,确认设备齐全、工作正常。

③除满足上述①和②的要求外,客车驾驶员还应按以下要求做好出车前的安全检查:

a. 确认乘客座椅的安全带齐全,能正常调节长度和锁止,无破损。

b. 确认应急门、应急窗能正常开启和锁止;安全锤齐全、有效、位置正确;设有撤离舱口的,撤离舱口能正常开启和锁止。

c. 确认灭火器齐全、有效,放置于明显、便于取用的位置。

d. 车辆起步前,做好以下检查:在临时停靠站点,对上车乘客进行实名验票,检查乘客所携带的物品,防范携带、夹带危险物品或国家规定的违禁物品上车;确认乘客行包摆放整齐稳妥,安全出口和通道畅通、无行包物品;清点乘客人数,确认无超员情况,督促乘客系好安全带;确认行李舱门和车门关闭锁止。

链接

货车驾驶员除满足上述①和②的要求外,还应按以下要求做好出车前的安全检查:

a. 确认无擅自改变车辆类型或用途、车辆外廓尺寸、轮胎数量或尺寸、车轴数量、承载限值等情形,无擅自更换车辆燃料类型、发动机、变速器、车架、车桥、悬架、罐车罐体等主要总成部件的情形。

b. 确认装载货物包装完好、捆绑固定牢固,无载客、人货混装、超载、超限、装载货物质量分布失衡等现象。

c. 冷藏车驾驶员确认车辆的制冷设备、温湿度记录仪工作正常,门封严密,车厢保温。

d. 罐式车辆驾驶员确认罐式容器内预留膨胀空间。

e. 大型物件运输车辆驾驶员确认车辆的标志旗或标志灯齐全、有效,位置合适。标志灯包括灯体和安装件,标志灯按车辆载质量、安装方式分为磁吸式(A 型)、顶檐支撑式(B 型)、金属托架式(C 型)。

f. 车辆起步前,确认车厢关闭锁止,罐式车辆还应确认灌装软管拆除,阀门关闭。

(4)发车前安全告知和安全承诺。

①班线客车和旅游客车驾驶员应口头或通过播放宣传片、在车内明显位置标示等方式,对乘客进行安全告知,告知内容包括:

a. 客运公司名称、客车号牌、驾驶员及乘务员姓名和监督举报电话。

b. 车辆核定载客人数、行驶线路、经批准的停靠站点、中途休息站点。

提示

开展定制客运的营运客车核定载客人数应当在 7 人及以上。

c. 车辆安全出口及应急出口的逃生方法，安全带和安全锤的使用方法。

d. 法律法规规定的其他事项。

②客车驾驶员应向乘客进行安全承诺，承诺内容包括：

a. 不超速，严格按照道路限速要求行驶。

b. 不超员，车辆乘员不得超过核定载客人数。

c. 不疲劳驾驶，日间连续驾驶时间不超过 4 小时，夜间 22 时至凌晨 6 时连续驾驶时间不超过 2 小时，每次停车休息时间不少于 20 分钟。

d. 不接打手机，在驾驶过程中保持注意力集中。

e. 不关闭动态监控系统，做到车辆运行实时在线。

f. 确保提醒乘客系好安全带，全程按要求佩戴使用。

g. 确保乘客生命安全，为旅途平安保驾护航。

3. 行车中安全驾驶操作

（1）基本要求。

①应按照《机动车驾驶员安全驾驶技能培训要求》的要求规范操作车辆操纵装置；车辆行驶方向、速度等变化时，提前观察内、外后视镜，视线不应持续离开行驶方向超过 2 s。

②应根据道路条件、道路环境、天气条件、车辆技术性能、车辆装载质量等，合理控制行驶速度和跟车距离。行驶速度与跟车距离应满足以下要求：

a. 按照道路限速标志、标线标明的速度行驶。

b. 在没有限速标志、标线且没有施画道路中心线的城市道路上，最高速度为 30 km/h；在没有限速标志、标线且同方向只有一条机动车道的城市道路上，最高速度为 50 km/h。

c. 在没有限速标志、标线且没有施画道路中心线的公路上，最高速度为 40 km/h；在没有限速标志、标线且同方向只有一条机动车道的公路上，最高速度为 70 km/h。

d. 遇有下列情形之一的，及时降低车速，行驶速度不超过 30 km/h：进出非机动车道，通过铁路道口、急弯路、窄路和窄桥时；掉头、转弯、下陡坡时；遇雾、雨、雪、沙尘、冰雹，能见度在 50 m 以内时；在冰雪、泥泞的道路上行驶时；牵引发生故障的机动车时。

e. 在高速公路上行驶，车速超过 100 km/h 时，与同车道前车保持 100 m 以上的距离；车速低于 100 km/h 时，与同车道前车保持 50 m 以上的距离。

f. 在高速公路上行驶，遇有雾、雨、雪、沙尘、冰雹等能见度较低时，应遵守以下要求：能见度小于 500 m 且大于或等于 200 m 时，速度不超过 80 km/h，与同车道前车保持 150 m 以上的距离；能见度小于 200 m 且大于或等于 100 m 时，速度不超过 60 km/h，与同车道前车保持 100 m 以上的距离；能见度小于 100 m 且大于或等于 50 m 时，速度不超过 40 km/h，与同车道前车保持 50 m 以上的距离；能见度小于 50 m 时，速度不超过 20 km/h，并从最近的出口尽快驶离高速公路。

③行车中应遵守道路交通安全法律、法规的规定，不应有以下不安全驾驶行为：

a. 车门、行李舱门或车厢未关闭锁止时行车。

b. 下陡坡时熄火或空挡滑行。

c. 占用应急车道行驶。

d. 长时间骑轧车道分界线行驶。

e. 在高速公路停车上下乘客。

f. 驾驶时聊天、使用手持电话等妨碍安全驾驶的行为。

g. 带不良情绪驾驶车辆。

(2)行驶位置和路线选择。

应按照以下要求选择合适的行驶路线，并操控车辆保持正确的行驶位置：

①在道路同方向施划有两条以上机动车道的路段行驶时，靠右侧的慢速车道行驶，不得长时间占用左侧的快速车道行驶。

②在未施划道路中心线的路段行驶时，靠道路中间偏右位置行驶。

③在交叉路口右转弯时，按照以下要求进行操作：

a. 通过后视镜观察右侧后轮的行驶轨迹，为右侧后轮与路肩之间预留足够的转弯空间，同时观察两侧盲区内的交通情况，确认安全后，缓慢向右侧转向。

b. 在施划两条以上右转弯车道的交叉路口时，选择靠左侧的右转弯车道转弯。

④在交叉路口左转弯时，按照以下要求进行操作：

a. 靠路口中心点的左侧转向。

b. 在施划两条以上左转弯车道的交叉路口时，选择靠右侧的左转弯车道转弯。

⑤在交叉路口转弯需要借用对向车道时，做好让车准备，为对向驶来的车辆预留足够的转弯空间。

⑥通过弯道时，提前降低车速，根据道路曲线的弯度调整转向盘，沿道路右侧行驶，不得借用对向车道行驶；通过急弯路段时，还要注意内侧后轮的行驶轨迹，为内侧后轮与路肩之间预留足够的转弯空间。

(3)上坡路段行驶。

观察到上陡坡标志或上长而陡的坡路时，应按照以下要求操作：

①提前预测坡度、坡长，选择右侧的慢车道或爬坡车道行驶。

②提前将变速器操纵杆置于合适的低挡位，在坡路时保持加速踏板位置。

③当发动机提供的动力不足时，及时降挡。

④不定时察看水温表，当冷却液温度超过 95 ℃时，及时选择安全区域停车降温。

⑤在坡路临时停车时，拉紧驻车制动器，挂入低速挡，开启危险报警闪光灯，将车辆前轮适当转向路肩、路侧山体等安全的一侧，并在成斜对角的两侧轮胎的后侧垫三角木，正确摆放危险警告标志。

(4)下坡路段行驶。

观察到下陡坡标志、连续下坡标志或通过陡坡、连续转弯下坡路段时，应按照以下要求操作：

①提前检验车辆制动性能是否正常,若制动性能异常,应及时停车检查处理。

②离合器保持接合状态,发动机不熄火,视坡度大小将变速器操纵杆置于合适的挡位,坡度越大,挡位越低。

③根据速度情况,间歇使用行车制动器制动控制车速;装备有缓速器、排气制动等辅助制动装置的车辆,应充分利用辅助制动装置减速。

④不占用对向车道行驶。

⑤通过后视镜观察后侧来车情况,发现后侧来车出现制动失效等异常情况时,及时根据道路情况采取避让措施。

⑥在坡路临时停车时,拉紧驻车制动器,挂入倒车挡,开启危险报警闪光灯,将车辆前轮适当转向路肩、路侧山体等安全的一侧,并在成斜对角的两侧轮胎的前侧垫三角木,正确摆放危险警告标志。

(5)急弯路段行驶。

①观察到急弯标志或通过急弯路段时,应提前减速,不占用对向车道行驶,在缓慢驶近弯道的过程中观察并判断弯道内的道路路面、转弯空间等情况,确认安全后低速通过。

②通过有视线障碍的急弯路段,无法确认安全时,应按以下要求操作:

a. 在入弯道前的安全区域停车,拉紧驻车制动器,必要时在车轮下垫三角木,开启危险报警闪光灯,放置危险警告标志。

b. 查看弯道处的转弯空间、路基坚实情况,确认安全后,低速平稳通过弯道,必要时由随车人员指挥通过。

(6)傍山险路行驶。

①观察到傍山险路标志或通过傍山险路时,应按照以下要求操作:

a. 靠近道路中间或靠山体侧低速行驶。

b. 遇对向来车时,判断对向来车的车型、速度、装载、拖挂等情况,选择道路较宽、视线良好、无障碍物的路段交会;对向来车不靠山体时,让对向来车先行。

②观察到注意落石标志或通过易出现塌方、山体滑坡、泥石流的危险路段时,应按照以下要求操作:

a. 靠近道路中间低速行驶。

b. 观察前方路侧及山坡的情况,确认安全后迅速通过,不应在该区域停车。

c. 观察到以下异常情形时,及时选择安全区域停车:山坡土体出现变形、鼓包、裂缝,坡上物体出现倾斜;山坡有落石,且伴有树木摇晃;动物惊恐异常;山坡上出现“沙沙”或“轰轰”等异常声音。

(7)高速公路行驶。

①从匝道驶入高速公路时,应开启左转向灯,在加速车道加速至最低速度要求的同时,观察左后侧来车情况,确认安全后,平缓地变更至行车道行驶,关闭转向灯。

②行车速度与跟车距离应符合上述“行车中安全驾驶操作的基本要求”的要求。

③不应长时间占用内侧快速车道行驶,不应在应急车道或硬路肩上行驶。

④车辆在高速公路行驶出现故障需要停车时,应按照以下要求操作:

a. 选择安全区域停车，开启危险报警闪光灯，夜间同时开启示廓灯和后位灯，在来车方向距车辆 150 m 以外摆放危险警告标志。

b. 将人员疏散到来车方向距车辆 100 m 以外的护栏外侧的安全区域。

c. 报警或向所属单位报告。

(8)客运站内行驶。

在客运站内，应按照以下要求操作：

①服从工作人员指挥，按站内限速规定行驶，按规定停放。

②关闭车门，确认乘客已坐稳、系好安全带，再起步。

③依次有序进出客运站，若出入口为同一个通道，进站车辆让出站车辆先行。

④停车后，先确认车辆已停稳，再打开车门。

(9)夜间驾驶。

夜间驾驶时，应按照以下要求正确使用车辆灯光：

①开启示廓灯，在路侧紧急停车时同时开启危险报警闪光灯，放置危险警告标志。

②在有路灯、照明良好的道路上行驶时，开启近光灯。

③在没有路灯、照明不良的道路上行驶，速度超过 30 km/h 时，开启远光灯；遇以下情况时，及时改用近光灯：

a. 与同车道前车的距离小于 50 m 时。

b. 与相对方向来车的距离小于 150 m 时。

c. 在窄路、窄桥与非机动车会车时。

④通过急弯、坡路、拱桥、人行横道或没有交通信号灯控制的路口时，交替使用远、近光灯示意。

夜间驾驶时，应按照要求适当降低车速，加大跟车距离；客车夜间 22 时至凌晨 6 时行驶速度不应超过该路段限速的 80%。

(10)恶劣气象条件下的行驶。

①在雾、雨、雪、沙尘、冰雹等低能见度气象条件下行驶时，应按照以下要求正确使用车辆灯光：

a. 开启近光灯、示廓灯。

b. 能见度小于 200 m 时，同时开启雾灯和前后位灯。

c. 能见度小于 100 m 时，同时开启雾灯、前后位灯和危险报警闪光灯。

②在雾、雨、雪、沙尘、冰雹等恶劣气象条件下行驶时，应按照要求适当降低行驶速度，加大跟车距离。

③雨天行车时，除满足规定的操作要求外，还应按照以下要求操作：

a. 根据雨量大小使用刮水器挡位，使用车内空调清除风窗玻璃和车门玻璃上的水雾。

b. 遇暴雨时，及时选择空旷、安全区域停车，待雨量变小或雨停后再继续行驶。

c. 遇大风时，握稳转向盘，保持低速行驶，在避让障碍物或转弯时缓转转向盘，轻踩制动踏板；若感觉车辆行驶方向受大风影响时，立即选择空旷、安全区域停车。

d. 遇连续下雨或久旱暴雨时，不应靠近路侧行驶。

e. 遇积水路段，先观察和判断积水的深度、流速等情况，确认安全后，低速平稳通过；通过积水路段后，轻踩制动踏板；遇路段积水严重时，选择其他安全路线行驶。

④雾天行车时，除满足规定的操作要求外，还应按照以下要求操作：

a. 开启车窗，适当鸣喇叭提醒。

b. 发现后侧来车的跟车距离过近时，在保持与前车足够的跟车距离的情况下，适当用制动减速提醒后车。

⑤冰雪天行车时，除满足规定的操作要求外，还应按照以下要求操作：

a. 加速时，轻踩加速踏板；减速时，轻踩制动踏板或利用低速挡减速，不应紧急制动。

b. 转向时，缓转转向盘，不应急转向。

c. 遇路面被冰雪覆盖时，循车辙行驶，并利用道路两侧的树木、电杆、交通标志等判断行驶路线。

⑥高温天行车时，按照以下要求操作：

a. 不定时察看水温表，当冷却液温度超过 95 ℃时，应及时选择阴凉、安全区域停车降温。

b. 宜每隔 2 小时或每行驶 150 km 停车检查轮胎压力、温度，发现胎温、胎压过高时，选择阴凉，安全区域停车降温，不可采取放气或泼冷水方式降压、降温。

c. 连续频繁使用行车制动器时，宜每行驶 3 ~ 4 km 选择阴凉、安全区域停车，检查行车制动器状况，采取自然降温方式降低行车制动器温度。

(11)行车中检查。

①应不定时查看车上各种仪表，察听发动机及底盘声音，辨识车辆是否出现异常状况。出现以下情况时，应立即选择安全区域停车检查：

a. 仪表报警灯亮起时。

b. 操纵困难、车身跳动或颤抖、机件有异响或有异常气味、冷却液温度异常时。

c. 发动机动力突然下降时。

d. 转向盘的操纵变得沉重并偏向一侧时。

e. 制动不良时。

f. 车辆灯光出现故障时。

②中途停车时，应逆时针绕车辆一周，按照《机动车驾驶员安全驾驶技能培训要求》的要求检查车辆仪表、轮胎、悬架系统、螺栓等重点安全部件是否齐全、技术状况是否正常，车辆有无油液泄漏，尾气颜色是否正常，并如实填写车辆日常检查表。

③中途在服务区休息时，在车辆重新起步前，客车驾驶员应清点乘客人数，确认无漏员情况。

货车驾驶员应随时通过后视镜观察货物的捆绑、覆盖情况；中途停车时，应检查货物捆绑、固定是否牢固，覆盖是否严实，货厢栏板锁止机构有无松动。

4. 应急处置与交通事故现场处置

交通事故现场处置时，应按照以下要求组织现场人员疏散：

(1)若在一般道路上,组织现场人员转移到道路以外的安全区域;若在高速公路上,转移到来车方向距车辆100 m以外的道路或护栏外侧的安全区域;不应让现场人员滞留在行车道上。

(2)若事故车辆出现起火或与道路危险货物运输车辆发生碰撞产生泄漏等情况时,立即隔离现场,组织现场人员转移至安全区域,采取降温、灭火等措施,必要时设法将车辆驶离现场。

(3)若隧道内事故车辆出现起火或与道路危险货物运输车辆发生碰撞产生泄漏等情况时,立即组织现场人员沿远离事故车辆或从距隧道出入口、安全通道较近的方向逃生。

5. 车辆回场后检查

(1)应按照《机动车驾驶员安全驾驶技能培训要求》的要求检查车辆轮胎、转向系统、制动系统、悬架系统、灯光、螺栓、安全锤、座椅安全带等重点安全部件是否齐全、技术状况是否正常,车辆有无漏油、漏水、漏气现象,并如实填写车辆日常检查表。

(2)应对当天车辆运行中出现的异常情况填写报修单,交由专业维修人员开展维修作业。

(3)客车驾驶员应如实填写行车日志。

考点五　营运客车安全技术条件

1. 整车安全技术条件

营运客车车顶不应布置压缩天然气(CNG)、液化天然气(LNG)、液化石油气(LPG)燃气瓶。

营运客车地板下置行李舱净高应不大于1.2 m,行李舱内应设置行李约束装置。

营运客车驾驶区上方不应布置地板。

营运客车应装备电子稳定性控制系统(ESC),总质量不大于3 500 kg的营运客车装备的ESC应符合《轻型汽车电子稳定性控制系统性能要求及试验方法》的要求,其他营运客车装备的ESC应符合要求。ESC的电磁兼容性应符合规定。

车长大于9 m的营运客车应装备符合《营运车辆行驶危险预警系统 技术要求和试验方法》规定的车道偏离预警系统(LDWS),还应装备自动紧急制动系统(AEBS)。AEBS的前撞预警功能应符合《营运车辆行驶危险预警系统 技术要求和试验方法》的规定,其他功能应符合相关标准规定。

营运客车出厂时应装备具有存储和上传功能的车内外视频监控系统,以及具有行驶记录功能的卫星定位系统车载终端:视频监控系统应符合《道路运输车辆卫星定位系统 车载视频终端技术要求》和《道路运输车辆卫星定位系统 视频通讯协议》的规定,视频监控覆盖范围至少应包含驾驶区、乘客门区、乘客区及车外前部区域;卫星定位系统车载终端应符合《汽车行驶记录仪》《道路运输车辆卫星定位系统 车载终端技术要求》和《道路运输车辆卫星定位系统 终端通讯协议及数据格式》的规定。

营运客车应配备安全标志,安全标志应符合《客车用安全标志和信息符号》的规定。

营运客车应在乘客门附近车身外部易见位置,用高度大于或等于100 mm的中文及阿拉伯数字标明该车提供给乘员(包括驾驶员)的座位数。

营运客车侧倾稳定性应符合《机动车运行安全技术条件》的规定。

最大设计车速大于100 km/h的营运客车应具有限速功能,否则应配备符合《车辆车速限制系统技术要求及试验方法》要求的限速装置,且限速功能或限速装置调定的最大车速不得大于100 km/h。

2. 转向系安全技术条件

转向轴最大设计轴荷大于4 000 kg时,应装有转向助力装置。转向时其转向助力功能应连续有效,且转向助力装置失效时仍应具有用转向盘控制车辆的能力。

营运客车应具有不足转向特性,按《汽车操纵稳定性试验方法》进行试验,不足转向度应符合《汽车操纵稳定性指标限值与评价方法》的规定。

营运客车应按《汽车操纵稳定性试验方法》规定的试验条件和方法进行蛇形试验,其平均横摆角速度峰值应高于《汽车操纵稳定性指标限值与评价方法》对应标桩间距和基准车速下的下限值要求,且应符合《机动车安全技术检验项目和方法》规定的行驶稳定性要求。

营运客车在平坦、硬实、干燥和清洁的水泥或沥青路面上行驶,以10 km/h的速度在5 s之内沿螺旋线从直线行驶过渡到外圆直径为25 m的车辆通道圆行驶,施加于转向盘外缘的最大切向力应小于或等于245 N。

3. 制动系安全技术条件

营运客车应安装符合《机动车和挂车防抱制动性能和试验方法》规定的防抱制动装置,并配备防抱制动装置失效时用于报警的信号装置。

营运客车所有车轮应安装盘式制动器。

营运客车所有的行车制动器应具备制动间隙自动调整功能。盘式行车制动器的衬片需要更换时,应采用声学或光学报警装置向在驾驶座上的驾驶员报警,报警信号符合《商用车辆和挂车制动系统技术要求及试验方法》的要求。

车长大于9 m的营运客车应装备缓速装置,其性能除应满足《商用车辆和挂车制动系统技术要求及试验方法》规定的ⅡA型试验要求外,发动机缓速器、液力缓速器及电涡流缓速器装车性能还应分别满足《客车发动机缓速器装车性能要求和试验方法》《客车液力缓速器装车性能要求和试验方法》和《客车电涡流缓速器装车性能要求和试验方法》的要求。

采用气压制动的营运客车应安装气压显示装置、限压装置,并可实现报警功能。气压制动系统应安装保持压缩空气干燥、油水分离装置。

采用气压制动系统的营运客车制动储气筒内工作气压应大于或等于1 000 kPa。

营运客车应满足弯道制动稳定性要求。满载车辆在附着系数不大于0.5、车道中心线半径150 m、宽3.7 m的平坦圆弧车道上,以50 km/h的初始车速进行全力制动的过程中,车辆应保持在车道内。

链接

根据《机动车运行安全技术条件》，汽车、汽车列车在规定的初速度下急踩制动时充分发出的平均减速度及制动稳定性要求应符合规定，且制动协调时间对液压制动的汽车应小于或等于0.35 s，对气压制动的汽车应小于或等于0.60 s，对汽车列车、铰接客车和铰接式无轨电车应小于或等于0.80 s。

制动性最基本的评价指标是制动效能。提高和改善制动效能包括ABS、BAS、ASR、EBD、AEBS、ESC等。ABS表示制动防抱死系统；BAS表示制动辅助系统；ASR表示驱动防滑控制系统；EBD表示电子制动力分配系统；AEBS表示自动紧急制动系统；ESC表示电子稳定性控制系统。

4. 传动系安全技术条件

发动机前置后驱的营运客车，应有防止传动轴滑动连接（花键或其他类似装置）脱离或断裂等故障而引起危险的防护装置。

5. 行驶系安全技术条件

营运客车应装用无内胎子午线轮胎。

营运客车安装单胎的车轮应安装胎压监测系统或胎压报警装置，并能通过仪表台向驾驶员显示相关信息。

车长大于9 m的营运客车前轮应安装符合《营运车辆爆胎应急安全装置技术要求和试验方法》规定的爆胎应急安全装置，并能通过仪表台向驾驶员显示。

6. 车身结构、强度、出口安全技术条件

（1）上部结构强度。营运客车上部结构强度应符合《客车上部结构强度要求及试验方法》的规定。按《客车上部结构强度要求及试验方法》进行试验后，座椅的调整和锁止装置应能保持锁止状态，座椅与车辆固定件不应失效；以汽油为燃料的营运客车，其燃油箱不应发生泄漏。

（2）座椅及其车辆固定件强度。营运客车座椅及其车辆固定件强度应符合《客车座椅及其车辆固定件的强度》的规定。按《客车座椅及其车辆固定件的强度》进行试验后，将假人从约束系统中解脱时，约束系统在不使用其他工具情况下应能被正常打开。

（3）出口。每个分隔舱的出口最少数量应符合表2-1的规定，但卫生间或烹调间不视为分隔舱。不论撤离舱口数量有多少，只能计为1个应急出口。

表2-1 出口的最小数量

乘客及车组人员的数量/人	出口的最小数量/个
1～8	2
9～16	3
17～30	5
31～45	7
>45	8

车长大于 9 m 的营运客车右侧应至少配置两个乘客门。后置发动机的营运客车后轮后方不应设置乘客门。

车长大于 9 m 的营运客车，无论车身左侧是否设置驾驶员门，均应在车身左侧设置符合《客车结构安全要求》要求的应急门。

在紧急情况下，当营运客车静止或以小于或等于 5 km/h 的速度运行时，每扇动力控制乘客门无论是否有动力供应，都应能从车内打开，当车门未锁住时，也能通过应急控制器从车外打开。应急控制器应符合《客车结构安全要求》的要求。

操作乘客门应急控制器 8 s 内应使乘客门自动打开或用手轻易打开到相应的乘客门引道量规能通过的宽度。

车长大于 9 m 的营运客车，左右两侧应至少各配置 2 个外推式应急窗；车长大于 7 m 且小于或等于 9 m 的营运客车，左右两侧应至少各配置 1 个外推式应急窗。外推式应急窗应符合《客车外推式应急窗》的要求，其安全标志颜色应符合《客车用安全标志和信息符号》的规定。

未配置内外开启式尾门的营运客车后围，应配置 1 个外推式应急窗或击碎玻璃式应急窗。当配置击碎玻璃式应急窗时，其附近应配置具有自动破窗功能的装置，该装置的破窗功能应符合《客车电磁击窗器》的规定。最后一排乘客座椅头枕可设计为快速翻转式或可快速拆卸式，以满足其通过性符合《客车结构安全要求》后围应急窗的要求。最后一排座椅安装非固定式头枕时，在乘客易见位置应有头枕操作方法的清晰说明。

车长大于 9 m 的营运客车，应至少配置 2 个安全顶窗；车长大于 7 m 且小于或等于 9 m 的营运客车，应至少配置 1 个安全顶窗。开启式安全顶窗应符合《开启式客车安全顶窗》的要求。

营运客车应急窗附近应安装符合《客车应急锤》要求的应急锤，应急锤取下时应能通过声响信号实现报警。

驾驶员座位附近应配置 1 个应急锤。若配置动力控制乘客门，应设置易于驾驶员操作的乘客门应急开关；若配置自动破窗器，应设置自动破窗器开关。

营运客车踏步区不应设置座椅。通道中不应设置折叠座椅。应急门引道宽度应符合《客车结构安全要求》的规定，应急门引道处前排的座椅靠背应不可调节。

7. 安全防护装置安全技术条件

营运客车应装备单燃油箱，且单燃油箱的额定容量应小于或等于 260 L，并满足如下要求：

（1）燃油箱应固定牢靠，其安装位置应使其在车辆前、后碰撞事故中受到车身结构的保护。燃油箱任何部位距车辆前端应不小于 600 mm（对于发动机后置的营运客车，其燃油箱前端面应位于前轴之后），距车辆后端应不小于 300 mm。

（2）燃油箱侧面未受到车身纵梁保护的营运客车，应安装侧面防护装置。燃油箱侧面防护装置应能对燃油箱起到可靠的侧面防护作用并满足如下静强度试验要求：通过高度 250 mm、宽度 200 mm 的加载装置对燃油箱侧面防护装置施加静载荷；载荷加载中心高度距离地面 500 mm，加载点分别位于燃油箱侧面防护装置的两端及其正中间部位；各加载点水平载荷大小均为 25 kN（B 级营运客车为相当于车辆最大总质量的 12.5%）；加载顺序为先进行两端位置加载,然后进行中间部位加载;试验过程中及试验后,防护装置的任何部件不应与燃油箱本体发生接触。

营运客车 CNG,LNG,LPG 燃气专用装置的安装要求应符合《机动车运行安全技术条件》的规定,CNG、LPG 燃气专用装置的安装要求还应符合《燃气汽车燃气系统安装规范》的规定。加气口、控制仪表和阀件应设置安全防护装置。

营运客车所有座椅均应装备符合《机动车乘员用安全带、约束系统、儿童约束系统ISOFIX 儿童约束系统》规定的安全带,其固定点应符合《汽车安全带安装固定点、ISOFIX固定点系统及上拉带固定点》的规定。驾驶员座椅、前排乘客座椅、驾驶员和乘客门后第一排座椅、最后一排中间座椅及应急门引道后方座椅,装备的安全带应为三点式。

营运客车在车内乘客易见位置应设置安全带佩戴提醒标识。应装备乘客安全带佩戴提醒装置,当乘客未按规定佩戴安全带时,对乘客至少应有声学信号报警。

营运客车发动机舱内和其他热源附近的线束应采用耐温不低于 125 ℃的阻燃电线,其他部位的线束应采用耐温不低于 100 ℃的阻燃电线,波纹管阻燃特性应满足《塑料 燃烧性能的测定 水平法和垂直法》规定的 V-0 级。线束穿孔洞时应装设阻燃耐磨绝缘套管。

营运客车用内饰材料性能应符合《营运客车内饰材料阻燃特性》的规定。

装备电涡流缓速器的营运客车,安装部位的上方应装具有阻燃性的隔热装置,并应加装温度报警系统。

营运客车在设计和制造上应保证发动机或采暖装置的排气不会进入客舱,营运客车应有通风换气装置。

营运客车应装备至少两个停车楔(如三角垫木)。

考点六　客运车辆管理

1. 车辆技术管理一般要求

道路运输车辆技术管理应当坚持分类管理、预防为主、安全高效、节能环保的原则。

道路运输经营者是道路运输车辆技术管理的责任主体,负责对道路运输车辆实行择优选配、正确使用、周期维护、视情修理、定期检测和适时更新,保证投入道路运输经营的车辆符合技术要求。

道路运输经营者应当遵守有关法律法规、标准和规范,认真履行车辆技术管理的主体责任,建立健全管理制度,加强车辆技术管理。

道路运输经营者应当加强车辆维护、使用、安全和节能等方面的业务培训,提升从业人员的业务素质和技能,确保车辆处于良好的技术状况。

道路运输经营者应当根据有关道路运输企业车辆技术管理标准,结合车辆技术状况和运行条件,正确使用车辆。

鼓励道路运输经营者依据相关标准要求,制定车辆使用技术管理规范,科学设置车辆经济、技术定额指标并定期考核,提升车辆技术管理水平。

2. 建立车辆选用管理制度

客运企业应当建立客运车辆选用管理制度。

客运企业应当按照相关法规和标准要求,统一选型、统一车身标识、统一购置符合道路旅客运输技术要求的车辆从事运营。鼓励客运企业选用安全、节能、环保型客车。

客运企业不得使用已达到报废标准、检测不合格、非法拼(改)装等不符合运行安全技术条件的客车以及其他不符合国家规定的车辆从事道路旅客运输经营。

从事道路运输经营的车辆技术等级应当达到二级以上。危货运输车、国际道路运输车辆、从事高速公路客运以及营运线路长度在 800 km 以上的客车,技术等级应当达到一级。技术等级评定方法应当符合国家有关道路运输技术等级划分和评定的要求。

汽车综合性能检测机构对新进入道路运输市场车辆应当按照《道路运输车辆燃料消耗量达标车型表》进行比对。对达标的新车和在用车辆,应当按照相关规定实施检测和评定,出具全国统一式样的道路运输车辆综合性能检测报告,评定车辆技术等级,并在报告单上标注。车籍所在地县级以上道路运输管理机构应当将车辆技术等级在《道路运输证》上标明。

申请从事道路客运经营的,应当具有与其经营业务相适应并经检测合格的客车:

(1)客车技术要求应当符合《道路运输车辆技术管理规定》有关规定。

(2)客车类型等级要求:从事一类、二类客运班线和包车客运的客车,其类型等级应当达到中级以上。

(3)客车数量要求:

①经营一类客运班线的班车客运经营者应当自有营运客车 100 辆以上,其中高级客车 30 辆以上;或者自有高级营运客车 40 辆以上。

②经营二类客运班线的班车客运经营者应当自有营运客车 50 辆以上,其中中高级客车 15 辆以上;或者自有高级营运客车 20 辆以上。

③经营三类客运班线的班车客运经营者应当自有营运客车 10 辆以上。

④经营四类客运班线的班车客运经营者应当自有营运客车 1 辆以上。

⑤经营省际包车客运的经营者,应当自有中高级营运客车 20 辆以上。

⑥经营省内包车客运的经营者,应当自有营运客车 10 辆以上。

3. 设置车辆技术管理机构

拥有 20 辆(含)以上客运车辆的客运企业应当设置车辆技术管理机构,配备专业车辆技术管理人员,提供必要的工作条件。拥有 20 辆以下客运车辆的客运企业应当配备专业车辆技术管理人员,提供必要的工作条件。

专业车辆技术管理人员原则上按照每 50 辆车 1 人的标准配备,最低不少于 1 人。

4. 建立车辆技术档案管理制度

客运企业应当建立客运车辆技术档案管理制度。按照规定建立客运车辆技术档案,实行一车一档,实现车辆从购置到退出运输市场的全过程管理。

客运车辆技术档案应当包括:车辆基本信息,机动车检验检测报告(含车辆技术等级),道路运输达标车辆检查记录表,客车类型等级审验、车辆维护和修理(含《机动车维修竣工出厂合格证》)、车辆主要零部件更换、车辆变更、行驶里程、对车辆造成损伤的交通事故等。

5. 建立车辆维护制度

(1)客运企业应当建立客运车辆维护制度。

(2)客运企业应当依据国家有关标准和车辆维修手册、使用说明书等,结合车辆运行状况、行驶里程、道路条件、使用年限等因素，科学合理制定客运车辆维护计划，保证客运车辆按照有关规定、技术规范以及企业的相关规定进行维护。

(3)车辆维护分为日常维护、一级维护和二级维护。日常维护由驾驶员实施，一级维护和二级维护由道路运输经营者组织实施，并做好记录。

(4)道路运输经营者应当依据国家有关标准和车辆维修手册、使用说明书等，结合车辆类别、车辆运行状况、行驶里程、道路条件、使用年限等因素，自行确定车辆维护周期，确保车辆正常维护。

(5)道路运输经营者可以对自有车辆进行二级维护作业，保证投入运营的车辆符合技术管理要求，无须进行二级维护竣工质量检测。

(6)道路运输经营者不具备二级维护作业能力的，可以委托二类以上机动车维修经营者进行二级维护作业。机动车维修经营者完成二级维护作业后，应当向委托方出具二级维护出厂合格证。

链接

汽车维修经营业务、其他机动车维修经营业务根据经营项目和服务能力分为一类维修经营业务、二类维修经营业务和三类维修经营业务。道路运输经营者不具备一级维护作业能力的，可以委托一类机动车维修经营者进行一级维护作业。

车辆的停驶与封存应符合下列规定：

(1)长期停驶或封存的车辆，应指定专人负责保管。

(2)车辆停驶或封存期间，应根据整车制造厂的要求或当地实际情况，做好车辆技术防护。

(3)车辆停驶或封存 4 个月以上的，投入运输生产前应进行二级维护作业。

6. 建立车辆技术检查和年审制度

客运企业应当建立客运车辆技术状况检查制度。

客运企业应当配合客运站做好车辆安全例检，对未按规定进行安全例检或安全例检不合格的车辆不得安排运输任务。

对于不在客运站进行安全例检的客运车辆，客运企业应当安排专业技术人员在每日出车前或收车后按照相关规定对客运车辆的技术状况进行检查。对于一个趟次超过1 日的运输任务，途中的车辆技术状况检查由客运驾驶员具体实施。

客运企业应主动排查并及时消除车辆安全隐患，每月检查车内安全带、应急锤、灭火器、三角警告牌以及应急门、应急窗、安全顶窗的开启装置等是否齐全、有效，安全出口通道是否畅通，确保客运车辆应急装置和安全设施处于良好的技术状况。

客运企业配备新能源车辆的，应该根据新能源车辆种类、特点等，建立专门的检查制度，确保车辆技术状况良好。

客运企业不得要求客运驾驶员驾驶技术状况不良的客运车辆从事运输作业。发现客运驾驶员驾驶技术状况不良的客运车辆时，应及时采取措施纠正。

客运企业应当按照有关规定建立车辆安全技术状况检测和年度审验、检验制度。严格执行道路运输车辆安全技术状况检验、综合性能检测和技术等级评定制度，确保车辆符合安全技术条件。逾期未年审、年检或年审、年检不合格的车辆禁止从事道路旅客运输经营。

链接

交通运输主管部门应当每年对客运车辆进行一次审验。审验内容包括：

(1)车辆违法违章记录。

(2)车辆技术等级评定情况。

(3)车辆类型等级评定情况。

(4)按照规定安装、使用符合标准的具有行驶记录功能的卫星定位装置情况。

(5)客运经营者为客运车辆投保承运人责任险情况。

审验符合要求的,交通运输主管部门在《道路运输证》中注明;不符合要求的,应当责令限期改正或者办理变更手续。

7. 建立车辆改型和报废管理制度

客运企业应当建立客运车辆改型和报废管理制度。

客运车辆改型与报废应当严格执行国家有关规定。对达到国家报废标准或者检测不符合国家强制性要求的客运车辆,不得继续从事客运经营。客运企业应当按规定将报废车辆交售给机动车回收企业,并及时办理车辆注销登记。车辆报废相关材料应至少保存24个月。

已注册机动车有下列情形之一的应当强制报废,其所有人应当将机动车交售给报废机动车回收拆解企业。由报废机动车回收拆解企业按规定进行登记、拆解、销毁等处理,并将报废机动车登记证书、号牌、行驶证交公安机关交通管理部门注销:

(1)达到规定使用年限的。

(2)经修理和调整仍不符合机动车安全技术国家标准对在用车有关要求的。

(3)经修理和调整或者采用控制技术后,向大气排放污染物或者噪声仍不符合国家标准对在用车有关要求的。

(4)在检验有效期届满后连续3个机动车检验周期内未取得机动车检验合格标志的。

考点七　运输车辆动态监控

道路运输车辆动态监督管理应当遵循企业监控、政府监管、联网联控的原则。道路运输管理机构、公安机关交通管理部门、应急管理部门依据法定职责,对道路运输车辆动态监控工作实施联合监督管理。

1. 系统建设

道路运输车辆卫星定位系统平台和车载终端应当通过有关专业机构的标准符合性技术审查。对通过标准符合性技术审查的系统平台和车载终端,由交通运输部发布公告。

道路旅客运输企业、道路危险货物运输企业和拥有50辆及以上重型载货汽车或者牵引车的道路货物运输企业应当按照标准建设道路运输车辆动态监控平台,或者使用符合条件的社会化卫星定位系统监控平台(以下统称监控平台),对所属道路运输车辆和驾驶员运行过程进行实时监控和管理。

道路运输企业新建或者变更监控平台,在投入使用前应当向原发放《道路运输经营许可证》的道路运输管理机构备案。

旅游客车、包车客车、三类以上班线客车和危险货物运输车辆在出厂前应当安装符合标准的卫星定位装置。重型载货汽车和半挂牵引车在出厂前应当安装符合标准的卫星定位装置,并接入全国道路货运车辆公共监管与服务平台(以下简称道路货运车辆公共平台)。

道路运输经营者应当选购安装符合标准的卫星定位装置的车辆,并接入符合要求的监控平台。道路运输企业应当在监控平台中完整、准确地录入所属道路运输车辆和驾驶人员的基础资料等信息,并及时更新。

道路旅客运输企业和道路危险货物运输企业监控平台应当接入全国重点营运车辆联网联控系统(以下简称联网联控系统),并按照要求将车辆行驶的动态信息和企业、驾驶人员、车辆的相关信息逐级上传至全国道路运输车辆动态信息公共交换平台。

道路货运企业监控平台应当与道路货运车辆公共平台对接,按照要求将企业、驾驶人员、车辆的相关信息上传至道路货运车辆公共平台,并接收道路货运车辆公共平台转发的货运车辆行驶的动态信息。

道路运输管理机构在办理营运手续时,应当对道路运输车辆安装卫星定位装置及接入系统平台的情况进行审核。对新出厂车辆已安装的卫星定位装置,任何单位和个人不得随意拆卸。

2. 车辆监控

道路运输企业是道路运输车辆动态监控的责任主体。

道路旅客运输企业、道路危险货物运输企业和拥有 50 辆及以上重型载货汽车或牵引车的道路货物运输企业应当配备专职监控人员。专职监控人员配置原则上按照监控平台每接入 100 辆车设 1 人的标准配备,最低不少于 2 人。

监控人员应当掌握国家相关法规和政策,经运输企业培训、考试合格后上岗。

道路货运车辆公共平台负责对个体货运车辆和小型道路货物运输企业(拥有 50 辆以下重型载货汽车或牵引车)的货运车辆进行动态监控。道路货运车辆公共平台设置监控超速行驶和疲劳驾驶的限值,自动提醒驾驶员纠正超速行驶、疲劳驾驶等违法行为。

道路运输企业应当建立健全并严格落实动态监控管理相关制度,规范动态监控工作:

(1)系统平台的建设、维护及管理制度。

(2)车载终端安装、使用及维护制度。

(3)监控人员岗位职责及管理制度。

(4)交通违法动态信息处理和统计分析制度。

(5)其他需要建立的制度。

道路运输企业应当根据法律法规的相关规定以及车辆行驶道路的实际情况,按照规定设置监控超速行驶和疲劳驾驶的限值,以及核定运营线路、区域及夜间行驶时间等,在所属车辆运行期间对车辆和驾驶员进行实时监控和管理。

设置超速行驶和疲劳驾驶的限值,应当符合客运驾驶员 24 小时累计驾驶时间原则上不超过 8 小时,日间连续驾驶不超过 4 小时,夜间连续驾驶不超过 2 小时,每次停车休息时间不少于 20 分钟,客运车辆夜间行驶速度不得超过日间限速 80% 的要求。

监控人员应当实时分析、处理车辆行驶动态信息,及时提醒驾驶员纠正超速行驶、疲劳驾驶等违法行为,并记录存档至动态监控台账;对经提醒仍然继续违法驾驶的驾驶员,应当及时向企业安全管理机构报告,安全管理机构应当立即采取措施制止;对拒不执行制止措施仍然继续违法驾驶的,道路运输企业应当及时报告公安机关交通管理部门,并在事后解聘驾驶员。

动态监控数据应当至少保存6个月,违法驾驶信息及处理情况应当至少保存3年。对存在交通违法信息的驾驶员,道路运输企业在事后应当及时给予处理。

道路运输经营者应当确保卫星定位装置正常使用,保持车辆运行实时在线。卫星定位装置出现故障不能保持在线的道路运输车辆,道路运输经营者不得安排其从事道路运输经营活动。任何单位和个人不得破坏卫星定位装置以及恶意人为干扰、屏蔽卫星定位装置信号,不得篡改卫星定位装置数据。

3. 监督检查

道路运输管理机构应当充分发挥监控平台的作用,定期对道路运输企业动态监控工作的情况进行监督考核,并将其纳入企业质量信誉考核的内容,作为运输企业班线招标和年度审验的重要依据。

公安机关交通管理部门可以将道路运输车辆动态监控系统记录的交通违法信息作为执法依据,依法查处。应急管理部门应当按照有关规定认真开展事故调查工作,严肃查处违反规定的责任单位和人员。道路运输管理机构、公安机关交通管理部门、应急管理部门监督检查人员可以向被检查单位和个人了解情况,查阅和复制有关材料。被监督检查的单位和个人应当积极配合监督检查,如实提供有关资料和说明情况。

道路运输车辆发生交通事故的,道路运输企业或者道路货运车辆公共平台负责单位应当在接到事故信息后立即封存车辆动态监控数据,配合事故调查,如实提供肇事车辆动态监控数据;肇事车辆安装车载视频装置的,还应当提供视频资料。

鼓励各地利用卫星定位装置,对营运驾驶员安全行驶里程进行统计分析,开展安全行车驾驶员竞赛活动。

4. 法律责任

道路运输管理机构对未按照要求安装卫星定位装置,或者已安装卫星定位装置但未能在联网联控系统(重型载货汽车和半挂牵引车未能在道路货运车辆公共平台)正常显示的车辆,不予发放或者审验《道路运输证》。

道路运输企业有下列情形之一的,由县级以上道路运输管理机构责令改正。拒不改正的,处1 000元以上3 000元以下罚款:

(1)道路运输企业未使用符合标准的监控平台、监控平台未接入联网联控系统、未按规定上传道路运输车辆动态信息的。

(2)未建立或者未有效执行交通违法动态信息处理制度、对驾驶员交通违法处理率低于90%的。

(3)未按规定配备专职监控人员的,或监控人员未有效履行监控职责的。

道路运输经营者使用卫星定位装置出现故障不能保持在线的运输车辆从事经营活动的,由县级以上道路运输管理机构责令改正。拒不改正的,处800元罚款。

考点八　道路旅客运输中人的不安全行为及预防措施

1. 驾驶员心理原因

驾驶员在驾驶过程中容易产生自信、麻痹、逞强、急躁、叛逆等不利于安全行车的心理,从而形成安全隐患。不良的心理问题可能导致驾驶员放松警惕,不能客观、正确地判断周围环境,注意力不集中,容易操作失误,最终导致事故的发生。

针对驾驶员的心理问题,客运企业可从以下方面进行安全管理:

(1)开展安全教育,培养驾驶员良好的心理素质。

(2)要求驾驶员正确看待自己的业务技术水平,不高估自己的技能,低估客观困难,克服盲目乐观、胆大心粗的缺点。

(3)严防部分驾驶员争强好胜,追求面子和虚荣,失去自控而违章肇事。

2. 驾驶员生理异常

驾驶员主要的生理异常及控制措施如表 2-2 所示。

表 2-2　驾驶员主要的生理异常及控制措施

生理异常情形	主要表现	控制措施
疲劳	长时间工作使驾驶员出现瞌睡、注意力不集中、反应变慢等疲劳状态,容易使驾驶员无意识操作和误操作,甚至昏睡	(1)坚持劳逸结合,注意休息,保证足够的睡眠。 (2)作息正常,原则上夜间娱乐时间不超过 23 点。 (3)连续驾驶车辆 4 小时必须停车休息,休息时间不得少于 20 分钟;24 小时内累计驾驶不超过 8 小时。 (4)夜间高速公路客运驾驶员每驾驶 2 小时必须到途中服务区停车休息 20~30 分钟。 (5)过度疲劳影响安全驾驶的,不得驾驶机动车
药物不良反应	服用某些药物后会出现反应迟钝、嗜睡、兴奋等不良反应,不利于安全行车	(1)驾驶员服用国家管制的精神药品、麻醉药品或其他妨碍驾驶安全的药品的,不得驾驶机动车。 (2)加强源头管理,认真落实“五不出站”管理规定
疾病	驾驶员在行车过程中出现心脏病、脑淤血、耳病、头痛头晕、急性肠胃炎等疾病,失去对车辆的操控能力	(1)驾驶员患有妨碍安全驾驶机动车的疾病时,不得驾驶机动车。 (2)适当休息、加强锻炼、定期体检。 (3)加强源头管理,认真落实“五不出站”管理规定
饮酒	驾驶员饮酒后驾车上路行驶,因眩晕、恶心、反应迟钝、精神恍惚等原因对路况的观察和判断能力减弱而导致车辆失控	严格控制驾驶人员饮酒、醉酒驾驶

3. 驾驶员违规操作、错误操作

(1)驾驶员违规操作。常见的客运驾驶员违规操作的危险行为有:

①载客量超过车辆核定载客人数。

②驾车时,接打手机、吸烟、饮食等。

③超速行车、强行超车、随意变更车道。

④违法停车、违法倒车、占道行驶、逆行。

⑤开“带病”车和未检验车上路。

⑥闯红灯、抢黄灯通过路口。

针对上述行为,可以采取以下主要控制措施:

①客运企业应加强宣传教育,提高驾驶员法律、安全、责任意识。

②客运企业应加强路检,遏制超载行为。

③客运企业应建立群众广泛参与的有奖举报制度,让驾驶员自觉接受群众监督。

④客运企业应加强对营运车辆的监控管理。

⑤客运企业应强制车辆定期进行一、二级维护,督促驾驶员坚持日常维护和“一日三检”工作,发班前应认真检查车辆和各部件,保持车辆技术状况良好。

⑥驾驶员应做到驾车时不吸烟,饮食,接听、拨打手机,查看信息等影响驾驶安全的行为。

⑦严格要求驾驶员遵守交通规则,杜绝随意变更车道、强行超车、占道行驶等违规行为。

(2)驾驶员错误操作。常见的驾驶员错误操作行为有:

①未按规定通过有交通信号或标示控制的交通路口、交叉口、铁路道口等。

②在湿滑的路面上紧急制动,或车辆侧滑时紧急制动,急打方向盘。

③车辆转弯时未制动,与其他行驶的车辆或行人相撞。

④掉头时忽视后面的车辆和行人。

⑤超车时发生碰撞和侧滑。

⑥未保持安全车距。

⑦有紧急情况时,错把加速踏板当制动踏板。

⑧变更车道,没有观察后视镜。

针对上述行为,可以采取以下主要控制措施:

①通过有交通信号或标示控制的交通路口、交叉口、铁路道口时,应严格按照交通信号或交通警察的指挥通过,减速慢行。

②雨天行车,需严格控制车速,保持安全车距。有侧滑或横滑现象,切不可急转方向或紧急制动,需利用发动机制动减速。

③车辆转弯时必须减速、鸣号,靠右行驶;遇到急转弯路段时,时速不得超过 20 km/h。

④超车、掉头时应提前打开转向灯,注意周围环境,择机进行超车、掉头。

⑤会车时,除注意对方来车外,应随时做好停车准备,防止来车后视线盲区有行人或自行车突然跑出。

⑥严格控制车速,保持车距。在高速公路上行驶,车速超过 100 km/h 时,应当与同车道前车保持 100 m 以上的距离。

⑦驾驶员应养成良好的驾驶习惯,严格执行安全操作规程。

除驾驶员自身原因之外,交通的其他参与者也会对安全行车造成威胁,如行人、非机动车违反交通规则闯红灯、逆向行驶等,对于此类情况,驾驶员应当提高注意力,适当减速慢行,随时做好停车准备。

考点九　道路旅客运输中车辆的不安全状态及预防措施

1. 车辆减震系统失效

减震系统失效的情况下,车辆进入坑洼路面时会颠簸严重,使驾驶员或乘客感觉不适,可能引起撞击伤害。对此,驾驶员应做好以下安全措施:

(1)遇到坑洼路面应减速慢行。

(2)有耐心,不要急躁,保持正确的驾驶姿势,上体紧贴靠背,两手握牢方向盘,尽量不使上身摆动或跳动。

2. 车速表故障

车速表故障,驾驶员难以准确掌握车辆行驶速度,造成安全隐患。对此,驾驶员应做好以下安全措施:

(1)高速公路保持 100 m 安全车距,普通公路保持 50 m 安全车距。

(2)合理选择参照物,避免速度错觉。

3. 轮胎磨损或不符合要求

轮胎磨损严重时,车辆在行驶中附着力不够,制动距离延长,从而引发事故。对此,驾驶员应做好以下安全措施:

(1)注重轮胎维护保养,要求轮胎不得有严重磨损(转向轮的胎冠花纹深度不得小于 3.2 mm,其余轮胎的胎冠花纹深度不得小于 1.6 mm),否则应更换新轮胎。

(2)前轮禁止使用翻新胎。

(3)充气要适量,气压符合要求,胎压不能太高或太低。

(4)行车中要保持中速行驶。

(5)后轮爆胎时,车轮摇摆,但不会失控,只要双手握紧转向盘,车辆还能保持直线行驶;前轮爆胎时,危险较大,但一定要极力控制转向盘,迅速抢挂低挡。

车辆轮胎选配不符合技术要求时,容易发生爆胎、漏气,引起车辆失控造成事故。对此,驾驶员应做好以下安全措施:

(1)根据车型选用高一个速度等级代码、无内胎、纵向花纹一致的子午线轮胎,定期进行平衡测试和配重校验。

(2)上公路前,检查全部车轮气压是否符合本车型标准,轮胎有无破损。

(3)夏季高温时行车,要按时停车休息,给轮胎降温,避免长时间高速行车。

4. 车辆抛锚或中途熄火

遇到车辆抛锚时,驾驶员应做好以下安全措施:

(1)立即打开右转向灯,利用汽车惯性,操纵转向盘,使汽车缓慢驶向路边停车。

(2)查明原因,排除隐患后再继续行驶。

车辆中途熄火时,驾驶员应做好以下安全措施:

(1)汽车在高速路上熄火停车时,必须开启危险报警闪光灯,并在车后 150 m 处设置警示标志(夜间还应开启示宽灯和尾灯),将车上乘客迅速转移到安全地带。

(2)车辆途中熄火无法启动时,应转动点火开关,尝试重新启动。启动成功后不要贸然继续行驶,应立即靠边停车检查,排除隐患后再行驶。若不成功,应打开转向灯,利用车辆的惯性靠边停车检修。

5. 临时停车检修时发生碰撞、侧滑

车辆因故障不能行驶,应将车辆转移至安全地点,在车前和车后放置警示牌和开启警示灯。在高速公路上警示标志应当设置在故障车来车方向 150 m 以外,其他道路上警示牌应设置在故障车来车方向 50 ~ 100 m 处。在更换轮胎使用千斤顶时,应垂直地面放置,并垫以硬木板,以免发生歪斜和滑动。

6. 车辆在检修及行驶中发生燃料溢漏,电器和线路短路等产生火灾

常见的预防及应急措施如下:

(1)禁止使用直接供油的方式发动车辆或行驶。

(2)禁止使用汽油擦车或清洗发动机。

(3)机动车内应配备有效的防火设备及灭火器材。

(4)驾驶员应经常检查燃料系统的密封情况,如发生泄漏应立即处理。

(5)运输易燃易爆等危险品时,严禁乘车人员吸烟和使用明火,并设专人负责车辆的安全。停车时,安全负责人不准离开车辆。

(6)乘车人在车内吸烟,不准向车外和车厢内扔烟头和火种。

(7)驾驶员应保证车辆电路的完好,不准用短路的方式检查电路的通断,电瓶及裸露的电器接头附近不准放置金属工具和其他物品。

(8)停车后驾驶员应检查油、电路是否可靠,电源开关是否关闭。

7. 安全装置损坏

道路旅客运输过程中,常发生后视镜、刮水器、喇叭、遮阳板、制动防抱死系统等安全装置失效,影响驾驶员正常操作;安全带、保险杠、风窗玻璃、灭火器、警告标志、安全锤、应急门开关等损毁或缺失,会导致无法有效处理事故等现象,危及行车安全。

对此,驾驶员应做好以下安全措施:

(1)严格执行日常维护和"一日三检"制度。

(2)发班前,认真检查车辆和各部件,发现问题及时排除,防止车辆"带病"上路行驶。

(3)按照二级维护计划时间,定期对车辆进行二级维护,保持车辆技术状况良好。

(4)汽车客运站加强源头管理,严格执行"五不出站"管理规定,确保安全装备齐全有效。

8. 乘客物品掉落或携带危险品上车

行车过程中,可能会出现放在行李架上的物品掉落,砸伤乘客;放置在椅子下的行李部分露出,绊倒乘客等事故,也可能出现乘客携带危险品上车,未被发现,从而产生危险后果。对此,应采取的主要控制措施有:

(1)发车前,驾驶员或乘务员要检查乘客行李放置情况。

(2)汽车客运站加强"三不进站"管理,严防旅客携带危险品进站上车。

(3)驾驶员、乘务员要认真履行安全工作职责,对中途上车的乘客的行车物品进行检查,发现有携带危险品的要及时处理。

考点十　典型道路的不安全因素及控制措施

1. 道路自身特点导致的不安全

(1)连续上下坡。车辆连续上下坡转弯,频繁制动,易导致制动失效。对此,可采取以下预防措施:

①下坡前,应检查车况、强制休息,下坡后为刹车装置加水冷却。

②连续下坡1小时,应安全停车休息10分钟,检查车辆技术状况。

③下长坡时,应挂入低挡,采用间歇制动(点刹),并充分利用发动机转速控制车速。

车辆上下坡,易造成发动机温度过高;换挡不当可能引起发动机熄火或溜车。对此,可采取以下预防措施:

①上坡时,提前换中速挡或低速挡,保持车辆有足够动力,切不可等车辆惯性消失后再换挡,以防停车或后溜。

②下坡时,不得脱挡滑行。

(2)路窄弯急。车辆通过急弯时存在的风险及控制措施如表2-3所示。

表2-3　车辆通过急弯时存在的风险及控制措施

主要表现	控制措施
山体遮拦,无法全面观察来车情况	(1)最高行驶速度不得超过30 km/h。 (2)变换使用远、近光灯或者鸣喇叭。 (3)做到提前减速、鸣号、靠右行。 (4)禁止占道、超车、逆行、调头
车速控制不合适,车辆驶出路外	(1)谨慎驾驶,尽量靠右而不要占道行驶,在弯道前要控制好车速,做到减速、鸣号、靠右行,随时做好停车准备。 (2)采用“入弯减速,出弯加速”的办法控制车速。 (3)避免使用急刹车、急转向
超车、会车危险性大	(1)注意观察。 (2)鸣号缓行或提前停车让行。 (3)尽量避免超车

(3)安全设施不完善。道路安全设施不完善,车辆在行车过程中容易冲出道路。对此,驾驶员应集中精力,谨慎驾驶,尽量在道路中央行驶,缓慢加油,平稳加速;需要刹车时,多使用点刹。

2. 路面通行情况不良

(1)道路施工。道路施工中,容易出现的风险有:

①道路中断或变窄,行车道减少,车辆急减速发生事故。

②通行车辆多,通行速度突然减慢,车辆减速不及时发生追尾。

③路面有砂石,车辆制动距离延长或过弯道时侧滑。

④未设置施工标志或施工设置不明显,距离施工地点很近时才发现道路有施工,应急处置不当引发事故。

⑤道路上有掉落或卸载的货物。

⑥故障车未及时移开或交通事故车辆同在路中。

对此，驾驶员应做好以下安全措施：

①行车中注意观察道路施工标志，按照路标和指示牌通行。

②注意观察前后车辆情况，保持足够安全车距。

③遇前方道路施工交通受阻或者前方车辆排队等候时应缓慢行驶。

④进入施工区域前应注意观察车道上前后车辆情况，道路中断或变窄，应提前减速，依次缓行或停车，不要盲目抢行。

⑤避免急加速、急减速、急转向和大转弯。

⑥禁止随意变线或强行超车。

⑦尽量在公路中央行驶，保持中速行驶，行车中注意观察道路情况，发现道路有施工应立即减速依次缓行。

⑧遇到障碍物最好的办法，绕行通过或者停车清除后再通过；如已经来不及避开，在降低车速的前提下，正确判断障碍物与车辆接触的位置，按避重就轻原则处理。

（2）涉水路面。涉水路面如漫水桥、过河路、积水道路，常见的风险有：

①水过深，未查清水情即涉水行驶，造成车辆熄火、电气设备受潮。

②水下有泥沙，车辆打滑或陷入水中。

③水中有尖锐物，车辆轮胎被尖锐物扎破。

④水流速度过快，车辆行驶轨迹发生偏移或被冲走。

对此，驾驶员应做好以下安全措施：

①合理选择路线，选择水面开阔且有较均匀的碎浪花处，一般水浅且水底多为碎石。

②检查车辆，对裸露的电器与连线接头最好密封包裹。

③停车观察水深，积水不超过轮胎的2/3或排气管时可通行。

④提前开启雨刷，慢速入水。

⑤稳住油门，低挡匀速行驶，一次通过，尽量避免中途停车、换挡或急转弯。

⑥如果熄火，切忌强行点火。

⑦遇车辆陷于水中，不可勉强进退或半联动地猛踩油门踏板，应保持发动机不熄火，组织人力或其他车辆将车推、拖出来，避免越陷越深。

⑧车辆陷于水中无法启动时，要及时组织乘员从安全窗逃生。

⑨水流速度快，能见度极低时，应开启大灯及前后雾灯和危险警示灯，最好能靠路边停车，待形势好转再行，严禁载客冒险通行。

（3）凹凸路面。凹凸路面常见的风险有：

①车辆长时间在凹凸不平的路面行驶，不仅会使驾驶员和乘客感到不适，更会使车辆的性能下降，造成车辆损坏及人员受伤。

②由于道路失修或局部地壳活动使路面出现凸起和深坑，躲避不及引发事故。

对此，驾驶员应做好以下安全措施：

①驾驶员应保持正确的驾姿，上体紧贴靠背，两手握住方向盘，尽量不使上身摆动或者跳动。

②路面较短时滑行通过。

③左右轻轻地转动方向盘，利用前轮斜进斜出的方法，使两前轮先后跃过不平处，使车辆顺利通过。

④合理选择行驶线路，使用低速挡平稳驶过。

⑤行驶中，驾驶员应集中注意力，仔细观察并提前预防，行车中遇道路上有凹凸沟槽时，应及时减速，低速缓慢通过。

⑥遇面积比较小的凹凸路面，可保持适当的速度匀速行驶，并尽量选择相对平坦的地面缓慢通过；遇路面较大凸起或深坑无法通行时应立即停车。

3. 特殊路段的不安全因素

(1)临时修建道路。临时修建的道路一般存在以下风险：

①建设等级较低、压实度低，沉降不足、平整度差，导致车辆倾翻、沉陷。

②周边地形复杂及交通情况混乱。

对此，驾驶员应做好以下安全措施：

①遇临时修建道路应降低行驶速度，并与其他车辆、行人保持必要的安全距离。

②合理选择车辆行驶线路，最好按照前车压实的轨迹缓慢行驶，避免急加速或急刹车。

③不要靠近路边行驶，应尽量在道路中央行驶，缓慢、平稳加速。

④禁止超车和停车，尽量避免会车。

⑤驾车时应集中精力，遇行人、畜力车、人力车、低速汽车、摩托车正在通过时，应停车让行。

(2)交叉路口。交叉路口一般存在以下风险：

①车辆行人汇集，交通流量大，行驶轨迹交叉。

②驾驶员有时忽视盲区，易发生碰撞，刮擦交叉路口其他车辆、行人等。

对此，驾驶员应做好以下安全措施：

①减速慢行，注意交通信号，遵守交通规则，保持安全车距。

②黄灯亮时，禁止车辆、行人通行，但已越过停止线的车辆和行人可以通行。

③注意视线盲区。

④依次停车不抢行。

⑤避免发动机熄火。

(3)隧道。隧道通行时，常见的风险有：

①隧道内光线不足，可见度低，驾驶员未开启前照灯或车辆抛锚、随意停车引发碰撞事故。

②隧道较窄、限制高度；隧道内超速、强行超车或频繁变更车道引发碰撞事故。

③客车行李架载货超高碰撞出入口。

④隧道口结冰，车辆失控，发生侧翻。

⑤隧道口出入明暗变化，驾驶员出现短暂“失明”，无法观察道路信息。

⑥出口横风，影响驾驶员对车辆的操控。

对此，驾驶员应做好以下安全措施：

①提前减速，当行至隧道入口前50 m左右时，打开前照灯、示宽灯、尾灯，及时查看车速表。

②根据隧道口标志上规定的速度行车，进入隧道提前减速、鸣号、开灯、靠右行，禁止在隧道内倒车、掉头或随意停车。

③通过双行隧道应靠道路右侧行驶，视情况开启灯光，注意交会车辆，保持车速，尽量避免超车。

④保持安全车距，禁止随意急转方向、紧急制动。

⑤隧道内禁止停车，若汽车发生故障，应开启示宽灯和尾灯，设法将车移至隧道外。

⑥进入隧道后，将视线注意点移到隧道的远处，不要看两侧隧道壁。

⑦注意车辆的装载高度是否在交通标志的允许范围内，必要时应下车查看，确认无误后方可驶入。

⑧到达出口时，握稳转向盘，以防隧道口处的横向风引起车辆偏离行驶路线。

⑨驶出隧道时，要注意观察隧道口处的交通情况，在出口处及时鸣喇叭。

(4)立交桥、环岛。立交桥、环岛方向多，出口多、车流量大，易发生事故。对此，驾驶员应做好以下安全措施：

①注意观察交通标志、标线。

②认真观察指示标志或交通信号，不可贸然通过，以防迷失方向或选错道路。

③通过环岛路口时，一律按“左进右出”绕岛做逆时针单向行驶。

④会车、超车、换道、转弯时，要提前发出示意信号，并按有关规定选择正确的路线或车道行驶。

(5)桥涵。桥涵行车时，常见的风险有：

①路宽限制，车流量大或路面情况不良(如湿滑、结冰等)，车辆易驶出桥面，坠落桥下。

②限制轴重，重载大型车辆载重超过限制，桥梁发生垮塌。

③横风影响，较大的横风会影响车辆的正常行驶轨迹。

对此，驾驶员应做好以下安全措施：

①注意交通标志，与前车保持安全距离，提前减速上桥。

②尽量不要在桥上停车，以免阻塞交通。

③遇窄桥要做好“礼让三先”。

④通过拱形桥时，往往看不清对方来车和道路情况，要减速鸣号，靠左行驶，随时注意对方情况，做好制动准备，切勿冒险高速冲坡。

⑤通过吊桥、浮桥、便桥时，如无管理人员指挥，应下车查看，确认没有问题时，再行通过。必要时，可让乘车人员下车步行过桥。不可在桥上变更车道。

⑥行车中应注意预防大型载重货车的伤害，特别在桥梁、涵洞路段，不要与大型货车同时上桥梁或涵洞行驶。

⑦如突遇狂风，发现车辆产生偏移时，感到汽车发飘时应微量修正方向，将车辆行驶方向回正。遇到横风袭来，双手要用力握紧方向盘，稍微向逆风方向修正，逐渐减速，不得急打方向和猛踩制动。

(6)路旁有高大的建筑、树木的道路。遇到路旁有高大的建筑、树木的道路，常见的风险有：

①驾驶员视线被遮挡，易忽略路口拐入的车辆或行人，发生碰撞事故。

②交通信号灯、标志等被遮挡，驾驶员未注意到被遮挡的信号灯，误闯红灯。

对此，驾驶员应做好以下安全措施：

①集中精力,注意交通标志,如果驾驶员视线被遮挡应首先推断可能潜伏的危险,提前减速、鸣喇叭并做好随时刹车准备。

②通过交叉路口时,应提前鸣号减速慢行,防止路口突然跑出的车辆或行人,同时观察周围情况。

③服从交通警察指挥,不占道、不抢行。

④禁止强行通过。

(7)城乡接合部。城乡接合部行车时,常见的风险有:

①各种交通工具汇聚,人车混杂。

②交通安全设施不完善,车辆行驶不规范。

③临时市场占道经营,买卖双方不注意来往车辆易造成事故。

④交通岗参与者安全意识差,交通参与者不懂交通规则,或没有遵守交通规则的习惯,给安全行车带来威胁。

对此,驾驶员应做好以下安全措施:

①驶近城乡接合部应提前减速慢行,与前车保持一定安全距离。

②注意路上车辆及行人的动向。

③无信号灯时注意礼让行人。

④安全通过施工地段。

⑤减少超车次数或不超车。

链接

对各种不同路段的驾驶技术要求可参考本章考点解读相关内容进行学习。

典型例题

【单选题】关于夜间行驶的说法,错误的是(　　)。

A. 发生故障时,开启示廓灯,在路侧紧急停车时同时开启危险报警闪光灯,放置危险警告标志

B. 在遇到对方不改变远光灯时,应立即减速并使用远光灯

C. 在没有路灯、照明不良的道路上行驶,开启远光灯

D. 通过急弯时,交替使用远、近光灯示意

B。【解析】遇到对向来车持续使用远光灯并不改变车灯的情况,驾驶员应靠右减速行驶并变换灯光或鸣笛示意对向车辆变灯。故选项 B 错误。

考点十一　道路运输各岗位操作规程

操作规程,一般是指有权部门为保证本部门的生产、工作能够安全、稳定、有效运转而制定的相关人员在操作设备或办理业务时必须遵循的程序或步骤。

1. 安全员操作规程

安全员应熟悉掌握安全生产法律法规、公司的各项安全生产管理制度,认真执行安全生产指示、指令,履行自己的岗位职责;熟悉掌握分管范围的安全生产情况,持证上岗,对

车辆运行的各个环节、生产过程,全面、认真、仔细地进行安全监督检查。

安全员做好行车前提醒驾驶员的工作,并按计划做好安全教育培训工作。

安全员应做好定期的安全检查工作,对日常安全检查工作中发现的问题及隐患进行记录,并监督相关人员对问题的整改情况,在指定时间内向主管领导汇报。

2. 驾驶员操作规程

驾驶员必须自觉遵守法律法规和公司制度,严格执行操作规程,做到“三不进站,六不出站”。

驾驶员应随身携带“三证”,不得将车辆交给无证人驾驶,做好车辆保养及安全运输。

驾驶员应认真执行“三查四漏”制度。

链接

“三查”是指出车前检查、行车中检查、行车后检查;“四漏”是指防止漏水、漏油、漏气、漏电。

客运驾驶员上岗“十不准”:

(1)不准无证、证照不齐或持无效证照驾车。

(2)不准超载、超速和超时疲劳驾车或让车不让速、让速不让道。

(3)不准酒后驾车或在早晨行车前 12 小时内从事影响休息的娱乐活动。

(4)不准驾驶检测不合格的车辆或防滑、消防等安全设施设备不齐的车辆上路。

(5)不准强行超车,在弯道、坡道、桥梁或繁华路段严禁超车。

(6)不准在雨雾天气视线不清的情况下冒险开车。

(7)不准车辆在涉水、水毁、塌方、泞滑、车渡等危险路段载客通过。

(8)不准驾车时使用手持电话、戴耳塞听音乐或穿拖鞋、高跟鞋,赤脚、赤膊驾车,饮食、抽烟和闲谈及其他妨碍安全行驶的行为。

(9)不准擅自将车交给他人驾驶。

(10)不准在车未停稳时打开乘客门以及夜间 22 时至次日早晨 6 时期间在山区三级(含三级)以下道路上行驶。执行长途业务的班线客运车辆和包租车不准在凌晨 2 时至 5 时上路运行。

链接

《道路运输条例》第三十四条规定,道路运输车辆运输旅客的,不得超过核定的人数,不得违反规定载货;运输货物的,不得运输旅客。

车辆在道路上发生故障或发生交通事故,妨碍交通又难以移动时,应当按照规定开启危险报警闪光灯并在车后 50 ~ 100 m 处设置警告标志,夜间还应同时开启示宽灯和后位灯。

车辆在行驶中发生交通事故,应立即停车,保护现场;造成人员伤亡的,应立即抢救受伤人员。在抢救受伤人员变动现场的,应当标明位置,并迅速报告执勤的交通警察或者公安机关交通管理部门及公司安全管理机构或者公司有关负责人。

驾驶员出车前,应进行日常检查和保养,以保证车辆安全要求(车辆安全例检):

(1)检查所需证件和随车工具是否齐全、有效。

(2)检查车辆的安全技术状况:制动、转向、传动、灯光信号及轮胎、悬挂等装置是否完好。

(3)检查车容、车貌是否整洁。

(4)检查车辆油箱的油、水箱的水是否充足。

(5)车辆启动时,检查各种仪表、气压是否正常。

(6)检查车辆随车配备的灭火器、防滑链、三角木、消防锤、防滑铲等是否齐全有效。

驾驶员在发车前必须向旅客作出安全告知和安全承诺,要求各位旅客系好安全带。

驾驶员在行车中应注意以下安全事项(驾驶员自检):

(1)行驶中要经常注意仪表盘,仪表指示有异常时应立即停车检查。

(2)根据道路条件及时换挡,不要抢挡行驶或用低速挡行驶过久。

(3)换挡时必须用"两脚离合器"的操纵方法,严禁越挡换挡。

(4)若遇障碍时,必须先松油门再刹车,尽量使用点刹,绝不允许同时踩踏制动器和油门。

(5)发现转向、制动、传动、灯光、雨刮、轮胎等发生异响和故障时,应立即停车检查。

(6)在行驶过程中,应保持足够的车距。

(7)通过急弯时,应减速、鸣号、靠右行,绝不允许占中线行驶。

(8)经常观察旅客乘车情况,发现旅客有头、手伸出窗外或其他不安全行为时,应及时提醒和纠正,消除安全隐患。

驾驶员行车后的检查(驾驶员自检):

(1)做好车辆的清洁卫生。关闭电源,推进低档位置(有手刹,拉紧手刹;在有坡度的地方推进反方向低速挡,打好三角木)。

(2)车辆有故障的应及时报修,保证车辆技术状况良好。

(3)车辆停放好后做好防火、防盗、防洪、防碰撞等预防工作。

3. 乘务员安全服务操作规程

车站乘务员应遵循以下安全操作规程:

(1)持证上岗,做好安全宣传和组织协调工作。

(2)开车前,做好车内卫生清洁工作,检查座椅、安全带及应急安全设施是否完好有效,做好出车前的准备工作。

(3)防止旅客携带禁运物品和超限量物品及危险"三品(易燃易爆品、危险品、毒害品)"上车,维护好站、车治安秩序。

(4)坚持乘车查票工作,杜绝无票及闲杂人员乘车。

(5)行车中必须关好车门,及时制止乘客的不安全行为。

(6)运行途中做好安全宣传及各项服务工作,及时提醒中途下车的旅客应注意的事项。

(7)乘务员在车辆运行过程中应随时巡视,检查并帮助旅客系好安全带,放下座椅扶手,检查行李架上行李安置是否稳妥,并随时给予有困难的乘客帮助。

(8)遇有危险地段,要同驾驶员保持联系,主动协助驾驶员倒车、转向,及时提醒驾驶员需要注意的情况。

(9)对旅客的抱怨、不满和意见,乘务员要立即改进或尽量满足旅客的要求,对不能立即改进或满足旅客要求的,要耐心做好解释,及时化解矛盾。

(10)对旅客之间发生的矛盾和纠纷,乘务员要及时调解,不能使矛盾和纠纷激化。

(11)在行车中一旦发生事故,应协助驾驶员积极救治伤者,并立即将事故情况上报有关部门。

(12)停车后,检查车上有无旅客遗失的物品,收回线路牌等其他物品,检查有无火种,检查灭火器,关好车辆门窗,清扫车上卫生。

4. GPS 监控人员操作规程

监控人员进行监控时,应认真填写交接班记录,对监控平台数据进行更新,随时保持最新数据。监控人员应提前半个小时进行岗位交接班。在交接班时,当班人员应将本班遗留问题向接班人认真交代清楚,并进行记录,使问题能够及时得到处理,保证系统正常运行。

通过 GPS 平台监控,对车辆异常停车、超速行驶、疲劳驾驶、逆向行驶、不按规定线路行驶等违法、违规行为及时给予警告和纠正,对上线违章车辆通过违章行为以短信方式发送警告命令,对盲区违章通过违章行为以电话方式发送警告命令予以纠正,并事后进行处理。

按规定对公司营运车辆限速进行设定,并对公司车辆全天候进行监控,并及时发送重特大道路交通事故通报、安全提示、预警信息。

对公司的车载终端负责报修,指导驾驶员正确使用车载终端,如出现故障及时向维修人员报修,并在监控平台的预约维修录入公司需维修的车台,以便今后查询。

正确录入公司安装了 GPS 车载终端的车辆基本资料、维修信息、保险信息。

及时准确向分管领导反映平台问题,及时报送违章车辆超速信息资料,每月定期将上月的超速报表报分管领导并上报总公司。

正确、安全使用 GPS 监控平台,及时了解监控软件的信息,有升级版本的软件及时升级,并注意计算机的病毒防护。

利用监控平台的系统统计数据对车载终端故障和人为破坏车载终端提供依据。

考点十二　新时期道路旅客运输安全管理要求

随着互联网+模式的兴起,网约车、顺风车等共享出行成为道路旅客运输的新兴模式。网约车、顺风车在蓬勃发展过程中也存在安全风险和挑战。此前,社会上已发生多起网约车司机在运送乘客途中对乘客实施违法犯罪案件,教训深刻。安全是网约车、顺风车最基本的服务,网约车、顺风车平台企业实施安全管理也应有据可依、规范实施,全面提升共享出行行业安全工作水平。

1. 网络预约出租汽车平台公司安全运营

网络预约出租汽车平台公司(以下简称"平台公司")提供网络预约出租汽车服务,应遵守规范规定,为乘客提供安全、可靠的服务。

(1)安全功能。

平台公司所提供 APP 软件的功能设计符合以下要求:

①应具备驾驶员和车辆的信息显示功能,驾驶员信息包括姓氏、照片、星级评价,车辆信息包括车型、颜色、车牌。

②应具备行程分享功能,引导驾驶员和乘客分享行程信息,便于紧急联系人或其他指定分享人实时掌握被分享人的行程情况。

③应具备110报警功能，在APP显著位置设置“110报警”，方便驾驶员和乘客遇到意外紧急情况时及时报警，报警后，系统会向求助者设置的所有紧急联系人发送求助短信，并保存行程信息，以便警方调证。

④应具备行程录音功能，收集行程中车内录音，保证行程录音实时录制、加密上传，并按规定用于投诉调查判责、警方调取证据等业务流程。

⑤应具备电话号码保护功能，隐藏驾驶员和乘客的真实手机号码，保护驾驶员和乘客的隐私安全。

⑥应具备位置偏移、异常停留预警功能，实时监测订单中的车辆位置、订单状态等，通过大数据识别行程是否存在长时停留、路线偏移、提前结束订单等异常情况，并及时进行安全提示。

⑦应具备紧急联系人功能，引导驾驶员和乘客设定紧急联系人，便于行程分享、110报警等产品功能扩大触达范围。

⑧应具备未成年人安全提醒功能，具体是指在乘客端APP增加“请勿让未成年人独自乘车”提醒与确认环节。

⑨应具备添加临时联系人功能，具体是指乘客报备酒后乘车后，平台会引导乘客添加临时联系人，系统会将实时位置及行程结束等信息及时通知到临时联系人，在本单行程结束后，临时联系人即失效。

⑩应具备醉酒叫醒服务功能，具体是指乘客报备酒后乘车后，当乘客达到目的地时，通过联系紧急联系人，协助乘客安全下车。

⑪应具备司乘“黑名单”功能，乘客和驾装员可在取消订单、投诉、评价页面选择将对方加入黑名单，“屏蔽”后的12个月内平台不再为双方匹配订单。

(2)驾驶员安全管理。

平台公司应建立驾驶员电子或纸质安全管理档案，实行一人一档，档案保存期限应不少36个月，具体包括如下内容：驾驶员基本信息，包括姓名、年龄、驾龄、准驾车型等；驾驶员证件信息；驾驶员背景审查结果，并按年度更新；驾驶员安全教育培调情况，按季度更新；驾驶员服务评价和安全投诉情况；驾驶员安全事故统计记录，按季度更新。

平台公司应对驾驶员每年进行背景审查，对于不符合审查条件的，平台公司应及时停止派单。

平台公司应开展驾驶员安全教育培训，要求如下：

①应制定线上和线下培训安全教育方案。线上培训采用视频、音频、图片、文字等形式，在手机端开展；线下培训采用会议、讨论、论坛等形式，逐月组织开展。

②驾驶员安全教育培训内容应包括安全运营、文明服务、驾驶安全、冲突安全、情绪管理、突发性应急急救、突发事件处理、应急预案等方面内容，并设置对应考试考核。

③应实施驾驶员安全培训考核机制，记录安全培调学习与考核情况。

(3)车辆安全管理。

车辆应符合安全要求，车辆上道行驶应悬挂机动车号牌，放置检验合格标志、保险标志，配备警示牌、有效灭火器等安全设备，并随车携带机动车行驶证。

平台公司应建立车辆电子或纸质技术档案，实行一车一档，档案保存期限应不少于36

个月，具体包括如下内容：车辆基本信息，包括车牌号、注册日期、车身颜色、车辆品牌等；车辆证件信息；运营安全信息，包括行驶证异常状态情况、车辆事故情况等。

平台公司应对车辆行驶状态信息进行定期核查，发现存在异常状态的暂停其服务资质：逾期未检验；嫌疑车、被盗抢、事故逃逸；注销、扣留、查封。

2. 私人小客车合乘信息服务平台公司安全运行

(1)安全管理机构与人员。

私人小客车合乘信息服务平台公司（以下简称“平台公司”）应依法设立安全管理机构，机构成员应当包括平台公司主要负责人及安全管理、产品技术等业务主要负责人，并配备专职的安全管理人员。

安全管理机构职责至少应包括以下内容：统筹协调安全管理工作；决策中长期安全规划和投入；研究解决重大安全问题；开展日常安全管理工作；督导落地执行情况。

平台公司主要负责人和安全管理人员应具备与经营活动相适应的安全运行知识和管理能力，并取得培训合格证明。

(2)安全管理制度。

平台公司应建立健全安全管理工作制度，规范安全运行管理相关工作，包括但不限于：安全责任制度；安全绩效管理制度；安全法律法规识别获取落实制度；安全检查管理制度；安全会议管理制度；安全教育制度；安全隐患排查制度；安全记录档案管理制度。

平台公司应及时开展安全管理制度的宣传和培训工作。

案例分析

案例场景

孙某、王某等5名工友共同出资购置长途卧铺客车，运营某省A市与B市的客运路线。某年3月一次运营过程中，长途卧铺客车从A市出发后，拉载乘客、配置货物。当日晚上，该客车行驶至途中某村庄路段时，爆胎失控撞坏高速隔离护栏，坠入高速桥下渠内。事故发生时该客车载有32人，其中25人在此次事故中死亡。

事故调查发现，该车爆胎的主要原因为车胎磨损严重没有及时更换，车辆超员、超速导致车胎不堪重负。

知识点讲解

考点一　道路运输中的不安全因素

道路运输过程中常见的不安全行为包括超速、超载、疲劳驾驶、酒后驾驶、开车接打手机、开车抽烟等。本案例中，出现的不安全行为有超员、超速、载货、没有更换磨损严重的车胎。

链接

车辆超载导致的主要后果是制动距离增加，无法快速及时地将车速降下，导致灾难的发生。此外，超载还会对车辆产生以下影响：缩短汽车使用寿命并且加速零部件的老化；加速轮胎的磨损和变化；加速发动机的损坏；转向沉重，离心力增加，影响汽车的操纵性能；缩短弹簧钢板寿命，减少车辆的通过力等。

考点二　从事客运经营应当具备的条件

申请从事道路客运经营的,应当具备下列条件:

(1)有与其经营业务相适应并经检测合格的客车。

(2)从事客运经营的驾驶员,应当符合《道路运输从业人员管理规定》有关规定。

(3)有健全的安全生产管理制度,包括安全生产操作规程、安全生产责任制、安全生产监督检查、驾驶员和车辆安全生产管理的制度。

考点三　车辆爆胎时的应急处置

发生爆胎的主要原因:轮胎气压过高或过低;轮胎遭到损坏、催化和干裂等严重磨损;轮胎突然被扎破或受到猛烈撞击。

车辆发生爆胎时,应按照以下要求进行应急处置:

(1)遇前轮爆胎,立即握稳转向盘,尽量控制车辆直线滑行,不可踩踏制动踏板;若已有方向偏离,控制行驶方向时,不可过度矫正;待车速明显降低后,就近选择安全区域停车。

(2)遇后轮爆胎,立即握稳转向盘,轻踩制动踏板,选择安全区域停车。

同步自测

一、单项选择题(每题的备选项中,只有1个最符合题意)

1. 某拥有280辆客运车辆的企业,按照相关规定应配备(　　)名专职的安全管理人员。

A. 7　　B. 8

C. 9　　D. 10

2. 从事客运经营的驾驶员,其年龄应(　　)。

A. 不超过55周岁　　B. 不超过60周岁

C. 不超过65周岁　　D. 不超过70周岁

3. 客运驾驶员岗前培训的时间应不少于(　　)学时。

A. 12　　B. 24

C. 48　　D. 72

4. 车辆的二级维护作业应由(　　)进行。

A. 驾驶员　　B. 道路运输经营者

C. 专业检测机构　　D. 专业维护机构

5. 下列行为中,(　　)会导致驾驶员注意力分散。

A. 驾驶员在驾驶过程中打电话　　B. 在滑湿的路面上紧急刹车

C. 使劲按喇叭　　D. 强行变更车道

6. 道路运输车辆动态监控的责任主体是(　　)。

A. 政府管理部门　　B. 道路运输企业

C. 第三方社会化监控平台　　D. 交通运输行业协会

7. 安全生产专项资金应保证专款专用，一般不用于(　　)。
A. 安全设施设备检测检验支出
B. 完善、改造、维护安全运营设施和设备支出
C. 安全宣传、教育、培训支出
D. 车辆的日常检测与维修支出

8. 驾驶员安全教育培训的主要内容不包括(　　)。
A. 安全有关法律法规　　B. 职业道德
C. 典型交通事故案例　　D. 技能训练

9. 道路运输车辆动态监督管理应遵循的原则是(　　)。
A. 企业监控、政府监管、联网联控　　B. 企业监管、政府监控、联网联控
C. 企业监控、群众监管、联网联控　　D. 个人监控、政府监控、联网联控

二、案例分析题

某年7月30日上午10时，某市张某自驾私家车载全家4口回老家度假探亲，在某十字交叉路口，张某的私家车和一辆长安面包车发生碰撞，面包车撞到私家车的侧面，私家车当即被撞侧翻，事故发生时正值高温，面包车前部着火。当场造成私家车1人死亡，3人重伤。

据警方调查，主要原因是张某驾驶私家车时连续打电话、发短信向亲戚、朋友报告行车信息，由南向北行驶时闯红灯造成两车碰撞。记录显示，在车祸发生前数分钟手机正在通话；车祸发生前2分钟，手机刚发出1条问候朋友的短信。由此可见，开车时使用手机，驾驶员的注意力分散，极易造成事故。

根据以上场景，回答下列问题：

1. 简述驾驶员张某接打电话的驾驶行为会造成的影响。
2. 简述常见的因违反机动车驾驶员规定而造成事故的违法行为。
3. 简述机动车通过交叉路口应注意的事项。
4. 简述高温天气行车的危险和安全措施。

答案详解

一、单项选择题

1. D。**【解析】**对于300辆(含)以下客运车辆的企业，按照每30辆车1人的标准配备，最低不少于1人。本题中，按每30辆车配备1人的标准，应配备10人。

2. B。**【解析】**从事道路旅客运输的驾驶员应当符合下列条件：(1)取得相应的机动车驾驶证。(2)年龄不超过60周岁。(3)3年内无重大以上交通责任事故记录。(4)经设区的市级道路运输管理机构对有关客运法律法规、机动车维修和旅客急救基本知识考试合格。

3. B。**【解析】**《道路旅客运输企业安全管理规范》第二十一条规定，客运驾驶员岗前培训不少于24学时，并应在此基础上实际跟车实习，提前熟悉客运车辆性能和客运线路情况。

4. B。**【解析】**道路运输经营者可以对自有车辆进行二级维护作业，保证投入运营的车辆符合技术管理要求，无须进行二级维护竣工质量检测。道路运输经营者不具备二级维护

作业能力的，可以委托二类以上机动车维修经营者进行二级维护作业。机动车维修经营者完成二级维护作业后，应当向委托方出具二级维护出厂合格证。

5. A。【解析】驾驶员在开车时接打电话，会导致注意力分散，进而影响行车安全。驾车过程中，时常会遇到各种突发状况和不良的通行路段，都需要高度集中注意力，因此在驾车过程中严禁接打电话。

6. B。【解析】道路运输企业是道路运输车辆动态监控的责任主体。车辆监控主体责任是国家有关交通运输的法律、法规要求车辆监控在道路交通运输方面应当执行的有关规定、应当履行的工作职责、应当具备的生产条件、应当执行的行业标准、应当承担的法律责任。

7. D。【解析】安全生产专项资金主要用于：完善、改造、维护安全运营设施和设备支出；道路运输车辆动态监控平台、视频监控系统的建设、运行、维护和升级改造，以及具有行驶记录功能的卫星定位装置、视频监控装置的购置、安装和使用等支出；配备、维护、保养应急救援器材、设备和开展应急演练支出；开展安全风险管控和事故隐患排查、评估、监控和整改支出；安全生产检查、评价、咨询和安全生产标准化建设支出；配备和更新现场作业人员安全防护用品支出；安全宣传、教育、培训和安全奖励等支出；安全生产适用的新技术、新标准、新工艺、新装备的推广应用支出；安全设施设备检测检验支出；其他与安全生产直接相关的支出。

8. B。【解析】安全教育培训内容应当包括：法律法规、典型交通事故案例、技能训练、安全驾驶经验交流、突发事件应急处置训练等。职业道德是驾驶员岗前培训的内容。

9. A。【解析】《道路运输车辆动态监督管理办法》第四条规定，道路运输车辆动态监督管理应当遵循企业监控、政府监管、联网联控的原则。第五条规定，道路运输管理机构、公安机关交通管理部门、应急管理部门依据法定职责，对道路运输车辆动态监控工作实施联合监督管理。

二、案例分析题

【答案】

1. 驾驶时接打电话会造成的影响有：

(1) 妨碍驾驶。

(2) 分散精力。

(3) 视野狭窄。

(4) 堵塞交通。

2. 违反机动车驾驶员规定而导致交通事故的违法行为，常见的有：

(1) 超速超载。

(2) 疲劳驾驶。

(3) 酒后或服用影响安全驾驶的药物驾驶。

(4) 驾驶与准驾车型不相符合的车辆。

(5) 驾驶车辆时吸烟、接打电话、饮食、攀谈（精力不集中）或做其他有碍安全行车的动作。

(6) 将车辆交给没有驾驶证的人驾驶等。

3. 通过交叉路口时，驾驶员应做好以下安全措施：

(1) 减速慢行，注意交通信号，遵守交通规则，保持安全车距。

(2)黄灯亮时,禁止车辆、行人通行,但已越过停止线的车辆和行人可以通行。

(3)注意视线盲区。

(4)依次停车不抢行。

(5)避免发动机熄火。

4. 高温天气行车时,驾驶员易疲惫、困倦、脾气暴躁,影响行车安全,且发动机、轮胎散热较慢,长时间驾驶易引发事故。

驾驶员在高温天气中行车时,应注意时常进行通风,保持车内空气湿润,避免长时间行车,必要时采取适当的手段使车辆降温。

【解析】

1. 本案例第1问主要考查开车接打电话的危害。驾驶时接打电话的影响包括妨碍驾驶、分散精力、视野狭窄、堵塞交通等。(1)妨碍驾驶:驾驶员开车接打电话时会单手把握转向盘,对驾驶车辆形成较大阻碍,对车速控制、车距把握,以及驾驶员视线均有影响,易引发交通事故。(2)分散精力:开车接打电话,驾驶员精力分散,影响驾驶员对路面情况和周围环境的观察,一旦遇到紧急或突发情况,将会大大减弱驾驶员的应变能力和反应时间。(3)视野狭窄:开车时接打电话会使驾驶员的视野变得狭窄,降低外围视觉的感知能力。(4)堵塞交通:开车接打电话会因注意力分散,导致车速降低,影响其他车辆的通行率,引起交通堵塞。

2. 本案例第2问主要考查造成交通事故的机动车常见的违法行为。本题需要考生结合实际情况进行作答。驾驶员在驾驶过程中容易产生自信、麻痹、逞强、急躁、叛逆等不利于安全行车的心理,缺少警惕性,不能客观正确地判断周围环境,注意力不集中,容易操作失误,不按交通规范驾驶,最终导致交通事故的发生。常见的导致交通事故的原因包括超速超载、疲劳驾驶、酒后驾驶、无证驾驶、开车接打电话、聊天、不看交通指示等。

3. 本案例第3问主要考查通过交叉路口时的注意事项。交叉路口处车辆行人汇集,交通流量大,行驶轨迹交叉,交通参与者较多,且常有行人乱穿马路的情形,容易发生交通事故。因此,车辆在通过交叉路口时,驾驶员应提高注意力,减速慢行,严格遵守交通规则,不抢黄灯,遇到突然出现的交通参与者应立即停车,避免与之发生碰撞和刮擦。

4. 本案例第4问主要考查高温天气驾驶应注意的事项。高温天气行车常见的风险有:驾驶员易疲惫、困倦、脾气暴躁,影响行车安全;车辆电器元件、货物易自燃引发车辆火灾事故;轮胎压力高,容易发生爆胎;水温过高,损坏发动机;制动易失效对行车安全构成威胁。在日常驾驶过程中,应注意保持车内空气畅通、温度和湿度适宜,驾驶员开车前应保证有充足的睡眠,驾驶过程中,时常调整局部疲劳部位的坐姿并深呼吸,以促进血液循环,停车休息时下车活动腰、腿,放松全身肌肉,预防驾驶疲劳。时常观察水温表、胎压表,必要时及时停车休息,采用自然降温的方式降低车辆各部件的温度。

第三章　道路货物运输安全

考情解读 

考·纲·要·求

掌握道路货物运输安全生产基本特点，运用道路货物运输安全技术和相关法律法规、规章制度、标准规范，分析运输车辆装备的安全技术要求、货物运输安全管理的基本内容和要求，组织实施从业人员安全培训教育；分析货物运输安全检查和隐患排查特点及要求，针对重大安全隐患提出治理措施，尤其是典型危险货物运输风险管控相关内容和要求。了解新时期道路货物运输安全生产管理要求。

命·题·分·析

本章内容主要包括道路货物运输安全生产基本特点，道路货物运输经营许可与管理，道路货物运输安全管理，道路货物运输车辆的基础知识，道路货物运输车辆管理，道路货物运输车辆的技术要求，从业人员安全培训教育，货物包装标志，危险货物道路运输安全生产管理要求，危险货物的定义与分类，危险货物的包装及标记、标志，危险货物道路运输运单，危险货物道路运输与装卸要求，例外数量与有限数量危险货物运输的特别规定，危险货物道路运输车辆装备管理，危险货物道路运输从业人员管理，危险货物道路运输各方参与人员的安全要求，危险货物道路运输安全隐患及排查，新时期道路货物运输安全生产管理要求。

历年考试主要考查了危险货物道路运输安全生产基本特点，货运场站安全生产资金的提取比例，货车车辆营运证，普通货物运输驾驶员从业资格证有效期，普通货物运输企业车辆技术管理机构及人员配备要求，重型运输车辆二级维护周期要求，道路货物运输车辆基本技术条件，危险货物运输车辆技术等级，危险货物道路运输企业应急救援的修订，危险货物包装要求，危险货物正式运输名称，危险货物装货人在充装或者装载货物前应查验的事项，危险货物运输企业道路运输经营许可，例外数量或有限数量道路运输的适用判断，道路货物运输驾驶员诚信考核计算周期等内容。

除了已考查知识点，本章重点内容还包括安全生产责任要求，道路货物运输车辆审验与检测，道路货物运输车辆维护管理，车身反光标识和车辆尾部标志板技术要求，轮胎技术要求，驾驶员的岗位培训和继续教育，危险货物的分类，危险货物的特殊包装规定，危险货物托运的相关规定，危险货物承运的相关规定，危险货物道路运输作业要求，危险货物装卸作业要求，车辆运输防护装备，危险货物从业人员安全培训教育，驾驶员诚信考核，托运人安全要求，承运人安全要求，装货人安全要求，卸货人安全要求，危险货物道路运输过程常见的安全隐患等。

考点解读

考点一　道路货物运输安全生产基本特点

道路货物运输不同于其他生产经营活动，是一种流动、开放、复杂、跨地域的生产活动，具有自身特有的安全生产特点，其安全生产基本特点如下：

（1）道路货物运输行业风险高。因道路运输时间长、距离远、范围广，驾乘人员对交通环境不熟悉等原因，导致事故发生的概率较高，且一旦发生事故，不仅会造成自身人员伤亡，还极可能导致第三方群众伤亡，社会影响较为恶劣。尤其是危险品运输车辆所载货物具有较大的危险性，事故后果危害性大，一旦发生事故，极易导致群死群伤。

（2）运输货物、承运车辆、事故原因均具有多样性，事故发生概率大。道路运输行业整体存在小、散、弱（即规模小、分布较分散、集约化程度弱）等特点，违法违规问题较多。根据公安部交通管理局统计数据显示，货车责任道路交通事故占汽车责任事故总量的比例远高于货车保有量占汽车总量的比例。因此，货车是交通事故多发高发的主要原因，成为严重的交通安全隐患。

（3）开放动态的工作环境增加了道路运输安全的管理难度。货物道路运输过程中，车辆周围的道路、自然环境及气候环境都在不断变化，而且基于道路运输的动态、开放性，其他非运营车辆参与道路运输，会增加事故发生的可能性从而增加了货物运输安全管理的难度。

（4）从业人员综合素质较低，安全意识较差，是事故发生的主要因素。根据目前法规规定，普通货运驾驶员没有学历要求，危险货物运输驾驶员仅要求初中以上学历，因此整个驾驶员群体文化水平和综合素质较低，普遍不愿学习岗位技术，不具备相应的安全意识和操作技术。

（5）企业安全生产主体责任不落实是运输事故的主要原因。道路货物运输企业大多“小散乱”，主要领导安全意识淡薄，追求经济效益，违规运输生产，安全投入不足，安全管理人员配备不符合规定，安全管理形式主义严重，规章制度落实不到位等因素致使运输事故频发。

典型例题

【单选题】关于危险货物道路运输安全生产基本情况的说法，错误的是（　　）。

A. 危险货物种类繁多，危险特性复杂多样

B. 危险货物道路运输行业整体存在小、散、弱等特点

C. 危险货物道路运输企业经营状况普遍较好，风险低

D. 危险货物道路运输事故主要原因是人的因素

C。【解析】危险货物道路运输企业安全生产主体责任不落实，存在较高风险。

考点二　道路货物运输相关义务

承运人应当在约定期限或者合理期限内将货物安全运输到约定地点。

承运人应当按照约定的或者通常的运输路线将货物运输到约定地点。

托运人或者收货人应当支付票款或者运输费用。承运人未按照约定路线或者通常路

线运输增加票款或者运输费用的，托运人或者收货人可以拒绝支付增加部分的票款或者运输费用。

货物运输到达后，承运人知道收货人的，应当及时通知收货人，收货人应当及时提货。收货人逾期提货的，应当向承运人支付保管费等费用。

收货人提货时应当按照约定的期限检验货物。

承运人对运输过程中货物的毁损、灭失承担赔偿责任。但是，承运人证明货物的毁损、灭失是因不可抗力、货物本身的自然性质或者合理损耗以及托运人、收货人的过错造成的，不承担赔偿责任。

货物的毁损、灭失的赔偿额，当事人有约定的，按照其约定；没有约定或者约定不明确，依据《民法典》的规定仍不能确定的，按照交付或者应当交付时货物到达地的市场价格计算。法律、行政法规对赔偿额的计算方法和赔偿限额另有规定的，依照其规定。

两个以上承运人以同一运输方式联运的，与托运人订立合同的承运人应当对全程运输承担责任；损失发生在某一运输区段的，与托运人订立合同的承运人和该区段的承运人承担连带责任。

货物在运输过程中因不可抗力灭失，未收取运费的，承运人不得请求支付运费；已经收取运费的，托运人可以请求返还。法律另有规定的，依照其规定。

考点三　道路货物运输经营许可与管理

1. 基本概念

道路货物运输经营是指为社会提供公共服务、具有商业性质的道路货物运输活动。道路货物运输包括道路普通货运、道路货物专用运输、道路大型物件运输和道路危险货物运输。

道路货物专用运输是指使用集装箱、冷藏保鲜设备、罐式容器等专用车辆进行的货物运输。

2. 道路货物运输经营许可条件

申请从事道路货物运输经营的，应当具备下列条件：

(1)有与其经营业务相适应并经检测合格的运输车辆：

①车辆技术要求应当符合《道路运输车辆技术管理规定》有关规定。

②从事大型物件运输经营的，应当具有与所运输大型物件相适应的超重型车组。

③从事冷藏保鲜、罐式容器等专用运输的，应当具有与运输货物相适应的专用容器、设备、设施，并固定在专用车辆上。

④从事集装箱运输的，车辆还应当有固定集装箱的转锁装置。

(2)有符合规定条件的驾驶人员：

①取得与驾驶车辆相应的机动车驾驶证。

②年龄不超过60周岁。

③经设区的市级道路运输管理机构对有关道路货物运输法规、机动车维修和货物及装载保管基本知识考试合格，并取得从业资格证(使用总质量4 500 kg及以下普通货运车辆的驾驶人员除外)。

(3)有健全的安全生产管理制度，包括安全生产责任制度、安全生产业务操作规程、安全生产监督检查制度、驾驶员和车辆安全生产管理制度等。

3. 道路货物运输经营许可程序

申请从事道路货物运输经营的，应当依法向市场监督管理机关办理有关登记手续后，向县级道路运输管理机构提出申请，并提供以下材料：

(1)《道路货物运输经营申请表》。

(2)负责人身份证明，经办人的身份证明和委托书。

(3)机动车辆行驶证、车辆技术等级评定结论复印件；拟投入运输车辆的承诺书，承诺书应当包括车辆数量、类型、技术性能、投入时间等内容。

(4)聘用或者拟聘用驾驶员的机动车驾驶证、从业资格证及其复印件。

(5)安全生产管理制度文本。

(6)法律、法规规定的其他材料。

道路运输管理机构对道路货运经营申请予以受理的，应当自受理之日起20日内作出许可或者不予许可的决定；道路运输管理机构对货运站经营申请予以受理的，应当自受理之日起15日内作出许可或者不予许可的决定。

道路运输管理机构对符合法定条件的道路货物运输经营申请作出准予行政许可决定的，应当出具《道路货物运输经营行政许可决定书》，明确许可事项。在10日内向被许可人颁发《道路运输经营许可证》，在《道路运输经营许可证》上注明经营范围。

对道路货物运输经营不予许可的，应当向申请人出具《不予交通行政许可决定书》。

被许可人应当按照承诺书的要求投入运输车辆。购置车辆或者已有车辆经道路运输管理机构核实并符合条件的，道路运输管理机构向投入运输的车辆配发《道路运输证》。

使用总质量4 500 kg及以下普通货运车辆从事普通货运经营的，无须按照上述规定申请取得《道路运输经营许可证》及《道路运输证》。

道路货物运输经营者设立子公司的，应当向设立地的道路运输管理机构申请经营许可；设立分公司的，应当向设立地的道路运输管理机构报备。

从事货运代理(代办)等货运相关服务的经营者，应当依法到市场监督管理机关办理有关登记手续，并持有关登记证件到设立地的道路运输管理机构备案。

道路货物运输经营者需要终止经营的，应当在终止经营之日30日前告知原许可的道路运输管理机构，并办理有关注销手续。

道路货物运输经营者变更许可事项、扩大经营范围的，按有关许可规定办理。

道路货物运输经营者变更名称、地址等，应当向作出原许可决定的道路运输管理机构备案。

4. 货运经营管理要求

(1)道路货物运输经营者应当按照《道路运输经营许可证》核定的经营范围从事货物运输经营，不得转让、出租道路运输经营许可证件。

(2)道路货物运输经营者应当对从业人员进行经常性的安全、职业道德教育和业务知识、操作规程培训。

(3)道路货物运输经营者应当按照国家有关规定在其重型货运车辆、牵引车上安装、使用行驶记录仪，并采取有效措施，防止驾驶人员连续驾驶时间超过4小时。

(4)道路货物运输经营者应当要求其聘用的车辆驾驶员随车携带按照规定要求取得

的《道路运输证》。《道路运输证》不得转让、出租、涂改、伪造。

(5)道路货物运输经营者应当聘用按照规定要求持有从业资格证的驾驶人员。

链接

道路运输从业人员从业资格证件有效期为6年。道路运输从业人员应当在从业资格证件有效期届满30日前到原发证机关办理换证手续。

道路运输从业人员有下列情形之一的,由发证机关注销其从业资格证件:

(1)持证人死亡的。

(2)持证人申请注销的。

(3)经营性道路客货运输驾驶员、道路危险货物运输从业人员年龄超过60周岁的。

(4)经营性道路客货运输驾驶员、道路危险货物运输驾驶员的机动车驾驶证被注销或者被吊销的。

(5)超过从业资格证件有效期180日未申请换证的。

凡被注销的从业资格证件,应当由发证机关予以收回,公告作废并登记归档;无法收回的,从业资格证件自行作废。

(6)营运驾驶员应当按照规定驾驶与其从业资格类别相符的车辆。驾驶营运车辆时,应当随身携带按照规定要求取得的从业资格证。

(7)运输的货物应当符合货运车辆核定的载质量,载物的长、宽、高不得违反装载要求。禁止货运车辆违反国家有关规定超限、超载运输。禁止使用货运车辆运输旅客。

(8)道路货物运输经营者运输大型物件,应当制定道路运输组织方案。涉及超限运输的应当按照交通运输部颁布的《超限运输车辆行驶公路管理规定》办理相应的审批手续。

(9)道路货物运输经营者不得运输法律、行政法规禁止运输的货物。

(10)道路货物运输经营者在受理法律、行政法规规定限运、凭证运输的货物时,应当查验并确认有关手续齐全有效后方可运输。货物托运人应当按照有关法律、行政法规的规定办理限运、凭证运输手续。

(11)道路货物运输经营者不得采取不正当手段招揽货物、垄断货源。不得阻碍其他货运经营者开展正常的运输经营活动。

(12)道路货物运输经营者应当采取有效措施,防止货物变质、腐烂、短少或者损失。

(13)国家鼓励实行封闭式运输。道路货物运输经营者应当采取有效的措施,防止货物脱落、扬撒等情况发生。

(14)道路货物运输经营者应当制定有关交通事故、自然灾害、公共卫生以及其他突发公共事件的道路运输应急预案。应急预案应当包括报告程序、应急指挥、应急车辆和设备的储备以及处置措施等内容。

(15)发生交通事故、自然灾害、公共卫生以及其他突发公共事件,道路货物运输经营者应当服从县级以上人民政府或者有关部门的统一调度、指挥。

考点四　道路货物运输安全管理

1. 安全生产责任要求

货物运输企业应认真贯彻执行"安全第一、预防为主"的方针,遵守国家法律法规和安全生产操作规程,守法经营,落实各级交通主管部门的安全生产管理规定,组织学习安全生产知识,最大限度地控制和减少道路交通事故的发生。

道路货物运输经营者负责经营许可范围内的安全生产工作,是安全生产第一责任人,对安全生产工作负总责。

货物运输企业应聘请符合道路运输经营条件的驾驶人员,并与驾驶员签订安全生产责任书,将责任书内容分解到每个工作环节和工作岗位,职责明确,责任分清,层层落实安全生产责任制。

安全生产管理机构应积极参与各项安全生产活动,设立安全生产专项经费,保证安全生产工作的开展。落实事故处理“四不放过”的原则(即事故原因不查清不放过;事故责任者没处理不放过;整改措施不落实不放过;教训不吸取不放过)。建立营运车辆维护、检修工作制度,督促车辆按时做好综合性能检测及二级维护,确保车辆技术状况良好。

道路货物运输生产经营单位的主要负责人对本单位安全生产工作负有下列职责:

(1)建立健全并落实本单位全员安全生产责任制,加强安全生产标准化建设。

(2)组织制定并实施本单位安全生产规章制度和操作规程。

(3)组织制定并实施本单位安全生产教育和培训计划。

(4)保证本单位安全生产投入的有效实施。

(5)组织建立并落实安全风险分级管控和隐患排查治理双重预防工作机制,督促、检查本单位的安全生产工作,及时消除生产安全事故隐患。

(6)组织制定并实施本单位的生产安全事故应急救援预案。

(7)及时、如实报告生产安全事故。

道路货物运输生产经营单位的安全生产管理机构以及安全生产管理人员履行下列职责:

(1)组织或者参与拟订本单位安全生产规章制度、操作规程和生产安全事故应急救援预案。

(2)组织或者参与本单位安全生产教育和培训,如实记录安全生产教育和培训情况。

(3)组织开展危险源辨识和评估,督促落实本单位重大危险源的安全管理措施。

(4)组织或者参与本单位应急救援演练。

(5)检查本单位的安全生产状况,及时排查生产安全事故隐患,提出改进安全生产管理的建议。

(6)制止和纠正违章指挥、强令冒险作业、违反操作规程的行为。

(7)督促落实本单位安全生产整改措施。

生产经营单位可以设置专职安全生产分管负责人,协助本单位主要负责人履行安全生产管理职责。

链接

交通运输企业安全生产资金投入以上年度实际营业收入为计提依据,按照以下标准平均逐月提取:

(1)普通货运业务按照1%提取。

(2)客运业务、管道运输、危险品等特殊货运业务按照1.5%提取。

2. 安全生产监督检查要求

安全生产管理机构及相关人员应做好以下监督管理制度:

(1)每月至少进行1次全面安全检查,重点检查安全生产责任制、规章制度的建立和完善、安全隐患整改、应急预案、有关法律法规及会议精神的学习贯彻落实情况,并做好记录。

(2)做好出车前、停车后的准备、检查工作,确保行车安全,发现隐患要及时处理,修复后方可出车。

(3)装货时严查超载和擅自装载危险品。

(4)不定期检查车辆的安全装置、灯光信号、证件。

(5)检查驾驶员是否带病或疲劳开车,是否违反安全生产操作规程。

(6)检查消防设施是否安全有效。

(7)建立安全生产奖惩制度,依制度进行奖惩。

3. 安全生产事故隐患处理要求

为落实安全生产责任制,加强道路运输安全生产监督管理,遏制交通事故发生,须做到:

(1)交通主管部门检查发现的安全生产隐患整改事项,按时逐项予以整改、落实。

(2)每月至少开展1次全面安全检查,发现存在安全隐患立即通知整改,并将整改落实到位,及时消除隐患。

(3)驾驶员要定期做健康体检及心理的职业适应性检查。

(4)每趟次出车前,要对车辆的安全性能进行全方位检查,发现问题及时排除,不消除隐患不得出车。

(5)装载货物时,须检查超载及危险品等情况,确认无误后方可出车。

(6)要不定时检查驾驶员及车辆是否符合安全管理规定。

(7)车辆经检测、二级维护,查出的隐患要及时整改,整改不到位不得出车。

(8)定期对车辆和办公场所的消防器材、电路、车辆机件等进行自查自纠。

(9)对安全隐患不及时整改的责任者给予从严追究。

(10)建立健全安全生产事故隐患档案,吸取经验教训,举一反三,组织研究和探讨新技术应用。

考点五　道路货物运输车辆的基础知识

1. 车辆的总体构造

车辆从总体上划分为发动机、底盘、车身和电器设备4个组成部分。

载货车辆车身由驾驶室和载货装置2个部分构成:

(1)驾驶室有平头型、长头型和短头型3种结构形式。

(2)载货装置的常见类型主要有栏板式、厢式、罐式、平板式、仓栅式等结构形式。

2. 车辆的主要技术参数

车辆的主要质量参数:整车整备质量、最大总质量、最大装载质量、最大轴载质量、平均燃料消耗量。

车辆的主要尺寸参数:车长、车宽、车高、轴距、轮距、最小转弯半径。

车辆的主要性能参数:发动机标定功率、最高车速、最大爬坡度。

3. 车辆的分类

载货车辆按照车辆最大总质量划分为以下四类:

(1)微型货车,最大总质量小于1.8 t。

(2)轻型货车,最大总质量为1.8～6 t。

(3)中型货车,最大总质量为6～14 t。

(4)重型货车,最大总质量大于14 t。

4. 运输车辆选用

货物运输车辆的选用主要从以下2个方面进行考虑:

(1)合理选择车辆吨位级别。

(2)合理选择车辆结构形式。

考点六 道路货物运输车辆管理

1. 道路货物运输车辆技术管理一般要求

道路货物运输车辆技术管理是指对道路货物运输车辆在保证符合规定的技术条件和按要求进行维护、修理、综合性能检测方面所做的技术性管理。

道路货物运输车辆技术管理遵循坚持分类管理、预防为主、安全高效、节能环保的原则。

道路货物运输车辆技术管理的主要职责包括:

(1)贯彻执行国家及地方道路运输有关法律法规、方针政策和标准规范。

(2)制定车辆技术管理规章制度、标准规范和操作规程。

(3)建立车辆技术管理岗位责任制,明确车辆技术管理人员的职责和权限。

(4)建立车辆技术管理考核体系,制定各类定额标准和技术质量指标。

(5)制订车辆技术管理计划(包括人员培训计划、车辆维护计划等),并定期组织实施。

(6)建立车辆技术管理档案,实时更新档案信息和数据记录。

(7)制作管理台账、原始记录及统计报表,定期统计分析车辆技术管理状况。

(8)推广应用信息化技术以及新产品、新材料、新技术和新工艺。

(9)组织开展各种技术协作、技术交流、技术培训、技能竞赛等活动。

(10)做好运输生产和技术管理的衔接,解决生产过程中出现的车辆技术问题。

道路货物运输车辆技术管理机构及人员配备要求:

(1)危险货物运输企业、拥有10辆(含)以上营运车辆的道路旅客运输企业和拥有30辆(含)以上营运车辆的普通货物运输企业应设置专门的车辆技术管理机构,配备技术负责人和车辆技术管理人员。

(2)拥有10辆以下营运车辆的道路旅客运输企业和拥有30辆以下营运车辆的普通货物运输企业应配备车辆技术管理人员。

(3)车辆技术管理人员的配备要求为:

①道路危险货物运输车辆、道路旅客运输车辆每50辆车应配1人,不足50辆的至少配1人。

②道路普通货物运输车辆每100辆车应配1人,不足100辆的应至少配1人。

2. 道路货物运输车辆审验与检测

道路货物运输车辆实施定期审验制度,审验工作由县级以上道路运输管理机构实施。道路货物运输车辆每年审验1次,具体审验时间由各省自行确定。

道路运输管理机构应当将车辆技术状况纳入道路运输车辆年度审验内容,查验以下相应证明材料:车辆技术等级评定结论;客车类型等级评定证明。

道路运输经营者应当定期到机动车综合性能检测机构,对道路运输车辆进行综合性能检测。

道路运输经营者应当自道路运输车辆首次取得《道路运输证》当月起,按照下列周期和频次,委托汽车综合性能检测机构进行综合性能检测和技术等级评定:

(1)危货运输车自首次经国家机动车辆注册登记主管部门登记注册不满120个月的,每12个月进行1次检测和评定;超过120个月的,每6个月进行1次检测和评定。

(2)其他运输车辆自首次经国家机动车辆注册登记主管部门登记注册的,每12个月进行1次检测和评定。

货车的综合性能检测、安全技术检验实行统一的检验检测周期,货车10年以内每年检验1次,超过10年的,每6个月检验1次,具体以该车辆的安全技术检验周期时间为准,检验检测完成时间以全部检验检测项目完成的当日核定。

3.道路货物运输车辆异动

(1)新增货运车辆。

道路货物运输经营者新增货运车辆的,按照以下程序办理:

①道路货物运输经营者应当填写新增运输车辆申请表。

②道路运输管理机构应当要求道路货物运输经营者提供《道路运输经营许可证》副本、机动车行驶证及复印件、机动车综合性能检测报告单、车辆技术等级评定表等。

③符合条件的,道路运输管理机构向车辆配发《道路运输证》,同时将以上相关材料存入车辆管理档案中。

④新增货运车辆有关手续办理结束后,道路运输经营者应当建立该车辆技术档案。

(2)货运车辆退出市场。

对达到国家规定报废标准或者经检测不符合国家标准要求的货运车辆,以及道路货物运输经营者拟退出道路货物运输经营的车辆,道路运输管理机构应当收回《道路运输证》。

(3)转籍或过户货运车辆。

货运车辆转籍、过户的,按照以下程序办理:

①道路货物运输经营者要求将货运车辆转籍、过户的,应当向原发证的道路运输管理机构提出申请。

②道路运输管理机构接到申请后,应当向道路货物运输经营者出具货运车辆转籍、过户证明,收回车辆的《道路运输证》,并将车辆变动情况登记在道路货物运输经营者的车辆管理档案中。

③货运车辆转籍、过户,属不同管辖区域的,原发证的道路运输管理机构应当向车辆转入地的道路运输管理机构移交车辆管理档案。

④货运车辆转籍、过户后,拟继续从事道路货物运输经营的,货运车辆的新所有人应当凭货运车辆转籍、过户证明和车辆档案,向转入地的道路运输管理机构重新申请。符合条件的,道路运输管理机构应当尽快为申请人办理相关手续。

⑤货运车辆转籍、过户后,未办理相关经营手续从事道路货物运输经营的,视为无《道

路运输经营许可证》或《道路运输证》从事道路货物运输经营活动。

(4)货运车辆报停。

①货运车辆拟报停的,道路货物运输经营者需持拟报停车辆的《道路运输证》到道路运输管理机构办理车辆报停手续,道路运输管理机构暂时收回《道路运输证》。

②货运车辆报停后拟恢复运营的,道路货物运输经营者应当向道路运输管理机构申请领回《道路运输证》。

(5)货运车辆被终止经营。

道路货物运输经营者因违反规定被吊销《道路运输经营许可证》的,道路运输管理机构应当收回货运车辆的《道路运输证》。

4. 道路货物运输车辆档案管理

道路运输管理机构应当督促道路运输经营者建立车辆技术档案,车辆技术档案坚持"一车一档",具体包括以下内容:

(1)车辆基本情况,包括机动车行驶证、车辆登记证书、《道路运输证》复印件及车辆照片。

(2)主要部件更换情况。

(3)修理和二级维护记录(含出厂合格证)。

(4)技术等级评定记录。

(5)客车类型及等级评定记录。

(6)车辆变更记录。

(7)行驶里程记录。

(8)交通事故记录。

(9)车辆审验记录。

(10)"两客一危"车辆、重型载货汽车、半挂牵引车生产企业随车附带的安装使用具有行驶记录功能的卫星定位装置证明。

(11)其他按规定要求归档的资料。

5. 道路货物运输车辆维护管理

车辆维护分为日常维护、一级维护和二级维护。日常维护由驾驶员实施,一级维护和二级维护由道路运输经营者组织实施,并做好记录。

日常维护是指以清洁、补给和安全性能检视为中心内容的维护作业。

一级维护是指除日常维护作业外,以润滑、紧固为作业中心内容,并检查有关制动、操纵等系统中的安全部件的维护作业。

二级维护是指除一级维护作业外,以检查、调整制动系、转向操纵系、悬架等安全部件,并拆检轮胎,进行轮胎换位,检查调整发动机工作状况和汽车排放相关系统等为主的维护作业。

日常维护周期为出车前、行车中和收车后。

汽车一级维护、二级维护周期的确定应以行驶里程间隔为基本依据,行驶里程间隔执行车辆维修资料等有关技术文件的确定。对于不便使用行驶里程间隔统计、考核的汽车,可用行驶时间间隔确定一级维护、二级维护周期。

道路运输车辆一级维护、二级维护的推荐周期如表 3-1 所示。

表 3-1　道路运输车辆一级维护、二级维护推荐周期

适用车型		维护周期	
		一级维护行驶里程间隔上限值或行驶时间间隔上限值	二级维护行驶里程间隔上限值或行驶时间间隔上限值
客车	小型客车(含乘用车)(车长≤6 m)	10 000 km 或 30 日	40 000 km 或 120 日
	中型及以上客车(车长 >6 m)	15 000 km 或 30 日	50 000 km 或 120 日
货车	轻型货车(最大设计总质量≤3 500 kg)	10 000 km 或 30 日	40 000 km 或 120 日
	轻型以上货车(最大设计总质量 >3 500 kg)	15 000 km 或 30 日	50 000 km 或 120 日
挂车		15 000 km 或 30 日	50 000 km 或 120 日

注:对于以山区、沙漠、炎热、寒冷等特殊运行环境为主的道路运输车辆,可适当缩短维护周期。

考点七　道路货物运输车辆的技术要求

1. 车辆基本技术条件

(1)车辆的外廓尺寸、轴荷和最大允许总质量应当符合《汽车、挂车及汽车列车外廓尺寸、轴荷及质量限值》的要求。

(2)车辆的技术性能应当符合《机动车安全技术检验项目和方法》的要求。

(3)车型的燃料消耗量限值应当符合《营运货车燃料消耗量限值及测量方法》的要求。

(4)车辆技术等级应当达到二级以上。危货运输车、国际道路运输车辆、从事高速公路客运以及营运线路长度在 800 km 以上的客车,技术等级应当达到一级。技术等级评定方法应当符合国家有关道路运输车辆技术等级划分和评定的要求。

(5)危货运输车应当符合《危险货物道路运输规则》的要求。

2. 车身反光标识和车辆尾部标志板技术要求

(1)反光标识。

①半挂牵引车应在驾驶室后部上方设置能体现驾驶室的宽度和高度的车身反光标识,其他货车(多用途货车除外)、货车底盘改装的专项作业车和挂车(设置有符合规定的车辆尾部标志板的专项作业车和挂车,以及旅居挂车除外)应在后部设置车身反光标识。

②后部的车身反光标识应能体现机动车后部的高度和宽度,对厢式货车和挂车应能体现货厢轮廓,且采用一级车身反光标识材料时与后反射器的面积之和应大于或等于 0.1 m^2,采用二级车身反光标识材料时与后反射器的面积之和应大于或等于 0.2 m^2。

③所有货车(半挂牵引车、多用途货车除外)、货车底盘改装的专项作业车和挂车(旅居挂车除外)应在侧面设置车身反光标识。侧面的车身反光标识长度应大于或等于车长的 50%,对三轮汽车应大于或等于 1.2 m,对侧面车身结构无连续平面的货车底盘改装的专项作业车应大于或等于车长的 30%,对货厢长度不足车长 50% 的货车应为货厢长度。

（2）尾部标志板。

总质量大于或等于 12 000 kg 的货车（半挂牵引车除外）和货车底盘改装的专项作业车、车长大于 8.0 m 的挂车及所有最大设计车速小于或等于 40 km/h 的汽车和挂车，应按《车辆尾部标志板》规定设置车辆尾部标志板。

（3）其他特殊要求。

①道路运输爆炸品和剧毒化学品车辆，除应按上述要求设置车身反光标识外，还应在后部和两侧粘贴能标示出车辆轮廓、宽度为（150 ±20）mm 的橙色反光带。

②货车、货车底盘改装的专项作业车和挂车（组成拖拉机运输机组的挂车除外）的车身反光标识材料应符合《货车及挂车　车身反光标识》的规定，其中总质量大于 3 500 kg 的厢式货车（不含封闭式货车、侧帘式货车）、厢式挂车（不含侧帘式半挂车）和厢式专项作业车应装备反射器型车身反光标识。车身反光标识的粘贴/设置应符合《货车及挂车　车身反光标识》的规定。

③货车（半挂牵引车除外）和挂车（组成拖拉机运输机组的挂车除外）设置的车身反光标识或车辆尾部标志板被遮挡的，应在被遮挡的车身后部和侧面至少水平固定一块 2 000 mm ×150 mm 的柔性反光标识。

典型例题

【单选题】道路运输爆炸品和剧毒化学品车辆，除应按要求设置车身反光标识外，应在（　　）粘贴能标示出车辆轮廓的橙色反光带。

A. 后部和两侧　　B. 前方和上部

C. 上部和后部　　D. 两侧和前方

A。【解析】道路运输爆炸品和剧毒化学品车辆，除应按要求设置车身反光标识外，还应在后部和两侧粘贴能标示出车辆轮廓、宽度为（150 ±20）mm 的橙色反光带。

3. 轮胎技术要求

货运车辆的轮胎应符合以下技术要求：

（1）机动车所装用轮胎的速度级别不应低于该车最大设计车速的要求，但装用雪地轮胎时除外。总质量大于 3 500 kg 的货车和挂车（封闭式货车、旅居挂车等特殊用途的挂车除外）装用轮胎的总承载能力，应小于或等于总质量的 1.4 倍。

（2）危险货物运输车辆及车长大于 9 m 的其他客车应装用子午线轮胎。发动机中置且宽高比小于或等于 0.9 的乘用车不应使用轮胎名义宽度小于或等于 155 mm 规格的轮胎。

（3）乘用车、挂车轮胎胎冠花纹上的花纹深度应大于或等于 1.6 mm，摩托车轮胎胎冠花纹上的花纹深度应大于或等于 0.8 mm；其他机动车转向轮的胎冠花纹深度应大于或等于3.2 mm，其余轮胎胎冠花纹深度应大于或等于 1.6 mm。

（4）轮胎的胎面和胎壁上不应有长度超过 25 mm 或深度足以暴露出轮胎帘布层的破裂和割伤。

（5）轮胎负荷不应大于该轮胎的额定负荷，轮胎气压应符合该轮胎承受负荷时规定的压力。具有轮胎气压自动充气装置的汽车，其自动充气装置应能确保轮胎气压符合出厂规定。

(6)双式车轮的轮胎的安装应便于轮胎充气,双式车轮的轮胎之间应无夹杂的异物。

(7)转向轮不应装用翻新的轮胎;其他车轮若使用翻新的轮胎,应符合相关标准的规定。

(8)同一轴上的轮胎规格和花纹应相同,轮胎规格应符合整车制造厂的规定。

(9)轮胎胎面不应由于局部磨损而暴露出轮胎帘布层。轮胎不应有影响使用的缺损、异常磨损和变形。

考点八　从业人员安全培训教育

1. 相关法律法规和政策文件

《中华人民共和国安全生产法》第二十八条规定,生产经营单位应当对从业人员进行安全生产教育和培训。保证从业人员具备必要的安全生产知识,熟悉有关的安全生产规章制度和安全操作规程,掌握本岗位的安全操作技能,了解事故应急处理措施,知悉自身在安全生产方面的权利和义务。未经安全生产教育和培训合格的从业人员,不得上岗作业。第五十八条规定,从业人员应当接受安全生产教育和培训,掌握本职工作所需的安全生产知识,提高安全生产技能,增强事故预防和应急处理能力。

《中华人民共和国道路运输条例》第二十八条规定,客运经营者、货运经营者应当加强对从业人员的安全教育、职业道德教育,确保道路运输安全。

2. 安全培训教育的方法

(1)运用多形式开展经常性的安全宣传教育。通过短信告诫、墙报、标语、图片、安全标志等方式大力宣传有关安全生产的相关知识,强化全员安全意识。

(2)组织丰富多彩的安全活动,提高安全教育效果。通过组织安全知识比赛、安全操作技能竞赛、到安全先进单位参观等活动,寓教育于活动。

(3)大力开展综合性的安全宣传教育培训。通过岗前培训、专项教育、安全活动等多种途径,开展经济型的日常安全宣传教育培训,采取宣讲、阅读、讨论、观看录像、安全技能比赛、聘请专家授课等丰富、生动的形式。

(4)专项教育。企业要结合安全形势和安全专项整治等情况,积极组织有关人员参加如春运重点驾驶员专项学习、各种安全整治工作专项学习等专项教育。

3. 驾驶员的岗前培训和继续教育

(1)岗前培训的主要内容。

岗前培训的主要内容包括国家道路交通安全和安全生产相关的法律法规、安全行车知识、典型交通事故案例、职业道德、安全告知知识、应急处理技术和应急设施的使用、岗位职责及安全操作规程、职业病防范、公司有关安全运营管理的规定等。

(2)继续教育的主要内容。

①深入理解道路货物运输相关法规,强化遵纪守法意识。

②了解道路货物运输驾驶员的职业特点,深入理解道路货物运输驾驶员的社会责任和职业道德。

③了解驾驶员心理、生理健康与道路货物运输安全的关系;掌握心理健康调节方法;了解道路货物运输驾驶员常见职业病及预防措施。

④了解货运车辆新标准以及新技术、新设备的作用；掌握货运车辆维护周期及维护作业内容；掌握货运车辆常见故障识别；掌握车辆的安全检视项目、方法。

⑤掌握道路货物运输行车危险源辨识的基本概念，能正确地辨识出道路货物运输过程中的危险源。

⑥结合典型案例掌握道路货物运输防御性驾驶方法；掌握常见的不安全驾驶行为及其产生的主要原因，纠正不安全驾驶的习惯。

⑦掌握紧急情况应急处置原则；掌握事故发生后报告程序、内容和处理方法；掌握事故发生后的脱困方法。

⑧掌握道路货物运输运营管理基础知识，道路货物运输服务要求和业务流程。

⑨了解货运车辆燃料消耗影响因素，道路货物运输节能的方法途径；掌握货物运输节能驾驶操作规范。

链接

道路运输驾驶员继续教育周期为 2 年。道路运输驾驶员在每个周期接受继续教育的时间累计应不少于 24 学时。

道路运输驾驶员继续教育以接受道路运输企业组织并经县级以上道路运输管理机构备案的培训为主。不具备条件的运输企业和个体运输驾驶员的继续教育工作，由其他继续教育机构承担。继续教育还包括以下形式：经许可的道路运输驾驶员从业资格培训机构组织的继续教育；交通运输部或省级交通运输主管部门备案的网络远程继续教育；经省级道路运输管理机构认定的其他继续教育形式。

考点九　货物包装标志

货物运输包装标志是包装货物正确交接、安全运输、完整交付的基本保证。因此，包装上储运标志的正确性对货物的安全运输尤为重要。

根据《包装储运图示标志》，包装储运图示标志由图形符号、名称及外框线组成，共 17 种，分别为“易碎物品”“禁用手钩”“向上”“怕晒”“怕辐射”“怕雨”“重心”“禁止翻滚”“此面禁用手推车”“禁用叉车”“由此夹起”“此处不能卡夹”“堆码重量极限”“堆码层数极限”“禁止堆码”“由此吊起”“温度极限”。

考点十　危险货物道路运输安全生产管理要求

1. 安全生产管理制度

安全生产管理制度应包括以下内容：

(1)企业主要负责人、安全管理部门负责人、专职安全管理人员安全生产责任制度。

(2)从业人员安全生产责任制度。

(3)安全生产监督检查制度。

(4)安全生产教育培训制度。

(5)从业人员、专用车辆、设备及停车场地安全管理制度。

(6)应急救援预案制度。

(7)安全生产作业规程。

(8)安全生产考核与奖惩制度。

(9)安全事故报告、统计与处理制度。

2. 安全生产责任制

安全生产责任制应符合国家和行业有关安全生产法律、行政法规及技术标准的要求,遵循“安全第一、预防为主、综合治理”的方针要求。

安全生产责任制应结合企业实际,满足“安全生产,一岗双责”的原则,分类和分级制定。

企业安全生产责任制应至少包括下列内容:

(1)安全生产目标。

(2)安全生产管理机构。

(3)安全生产岗位。

(4)安全生产责任考核。

(5)安全生产责任奖惩。

(6)附则。

3. 安全生产应急预案

生产经营单位应急预案分为综合应急预案、专项应急预案和现场处置方案。

生产经营单位申报应急预案备案,应当提交下列材料:

(1)应急预案备案申报表。

(2)《生产安全事故应急预案管理办法》第二十一条所列单位,应当提供应急预案评审意见。

(3)应急预案电子文档。

(4)风险评估结果和应急资源调查清单。

有下列情形之一的,应急预案应当及时修订并归档:

(1)依据的法律、法规、规章、标准及上位预案中的有关规定发生重大变化的。

(2)应急指挥机构及其职责发生调整的。

(3)安全生产面临的风险发生重大变化的。

(4)重要应急资源发生重大变化的。

(5)在应急演练和事故应急救援中发现需要修订预案的重大问题的。

(6)编制单位认为应当修订的其他情况。

应急预案的编制、评审、公布和备案等具体内容可参考第六章考点解读考点一的内容。

考点十一　危险货物的定义与分类

危险货物是指具有爆炸、易燃、毒害、感染、腐蚀、放射性等危险特性的物质或物品。

根据《危险货物道路运输规则　第2部分:分类》,危险货物大致可分为9类,详细划分如表3-2所示。

表 3-2　危险货物划分类别

类别	项别
第 1 类:爆炸性物质和物品	1.1 项:有整体爆炸危险的物质和物品(整体爆炸是指瞬间能影响到几乎全部载荷的爆炸)。 1.2 项:有迸射危险,但无整体爆炸危险的物质和物品。 1.3 项:有燃烧危险并有局部爆炸危险或局部迸射危险之一,或兼有这两种危险、但无整体爆炸危险的物质和物品,包括可产生大量热辐射的物质和物品,以及相继燃烧产生局部爆炸或迸射效应,或两者兼而有之的物质和物品。 1.4 项:不呈现重大危险的物质和物品。本项包括运输中万一点燃或引发仅造成较小危险的物质和物品;其影响主要限于包装本身,并且预计射出的碎片不大,射程不远。外部火烧不会引起包装内几乎全部内装物的瞬间爆炸。 1.5 项:有整体爆炸危险的非常不敏感物质,在正常运输情况下引发或由燃烧转为爆炸的可能性很小。作为最低要求,它们在外部火焰试验中应不会爆炸。 1.6 项:无整体爆炸危险的极端不敏感物品。该物品仅含有极不敏感爆炸物质,并且其意外引发爆炸或传播的概率可忽略不计。1.6 项物品的危险仅限于单个物品的爆炸
第 2 类:气体	2.1 项:易燃气体。 2.2 项:非易燃无毒气体。 2.3 项:毒性气体
第 3 类:易燃液体	—
第 4 类:易燃固体、易于自燃的物质、遇水放出易燃气体的物质	4.1 项:易燃固体、自反应物质和固态退敏爆炸品。 4.2 项:易于自燃的物质。 4.3 项:遇水放出易燃气体的物质
第 5 类:氧化性物质和有机过氧化物	5.1 项:氧化性物质。 5.2 项:有机过氧化物
第 6 类:毒性物质和感染性物质	6.1 项:毒性物质。 6.2 项:感染性物质
第 7 类:放射性物质	—
第 8 类:腐蚀性物质	—
第 9 类:杂项危险物质和物品,包括危害环境物质	—

1. 第 1 类:爆炸性物质和物品

第 1 类包括下列物质和物品:

(1)爆炸性物质:自身能够通过化学反应产生气体,其温度、压力和速度足够高以致对周围环境造成破坏的固体、液体物质，或者混合物。

(2)烟火物质：用以产生热、光、声音、气或烟的效果或混合效果的物质或混合物，这些效果是由不起爆的自持放热化学反应产生的。

(3)爆炸性物品：含有一种或多种爆炸性物质或烟火物质的物品。

(4)以上未提到的，以产生爆炸或烟火效果为目的而制造的物质和物品。

以下物质不列入第1类：

(1)物质本身不是爆炸品，但能形成爆炸性混合气体、蒸汽或粉尘的。

(2)含有超过特定百分比的水或酒精的爆炸品以及含有增塑剂的爆炸品，应划分为第3类或4.1项。

(3)根据其主要危险性已分类为5.2项的具有爆炸性物质。

为保障爆炸品的运输安全，某些爆炸品可以通过加入减敏剂降低其敏感性，减敏剂可使爆炸物在加热、震动、碰撞、打击或摩擦时不敏感或低敏感。典型的减敏剂包括但不限于：蜡、纸、水、聚合物(如氯氟烃聚合物)、酒精和油(如凡士林和石蜡)。

2. 第2类：气体

气体包括纯气体、气体混合物、一种或多种气体与一种或多种其他物质和物品的混合物。

气体物质或物品包括以下类型：

(1)压缩气体：在 -50 ℃下加压包装运输时完全是气态的气体，包括临界温度低于或等于 -50 ℃的所有气体。

(2)液化气体：在温度高于 -50 ℃下加压包装运输时部分是液态的气体，可分为：高压液化气体(临界温度在 -50 ~ 65 ℃之间的气体)，低压液化气体(临界温度高于65 ℃的气体)。

(3)冷冻液化气体：运输时由于其温度低而部分呈液态的气体。

(4)溶解气体：加压包装运输时溶解于液相溶剂中的气体。

(5)气雾剂或气雾剂喷罐、盛装气体的小容器。

(6)其他含有带压气体的物品。

(7)符合特定要求的常压气体(气体样品)。

(8)加压化学品：液体、糊状或粉末状物质与推进剂一起使用，符合压缩气体或液化气体及其混合物的定义。

(9)吸附气体：在运输时，通过吸附于多孔固态物质上，使其内容器压力在20 ℃时小于101.3 kPa，50 ℃时小于300 kPa的气体。

对于化学性质不稳定的第2类气体，除非采取必要的措施防止所有可能发生的危险反应，并确保容器和罐体中不含有促进其反应的物质，否则不应采用道路运输方式进行运输。

3. 第3类：易燃液体

同时满足下列要求的物质和包含这些物质的物品应判定为第3类易燃液体：

(1)101.3 kPa(绝对压力)下熔点或起始熔点等于或低于20 ℃。

(2)50 ℃时蒸气压不超过 300 kPa,并且在 20 ℃及 101.3 kPa 压力下不会完全气化。

(3)闪点不超过 60 ℃。

对于与醚或杂环氧化物接触时,容易形成过氧化物的第 3 类易燃液体,如果其过氧化物含量(按过氧化氢计)超过了 0.3%,则不应受理运输。

对于化学性质不稳定的第3类易燃液体,除非采取必要的措施防止所有可能发生的危险反应,并确保容器和罐体中不含有促进其反应的物质,否则不应采用道路运输方式进行运输。

4. 第 4 类:易燃固体、易于自燃的物质、遇水放出易燃气体的物质

第4类物质应符合以下要求:

(1)易燃固体包括易于燃烧的固体以及摩擦会起火的固体。

(2)在没有氧(空气)的环境下也能发生强烈的放热分解反应的热不稳定性物质属于自反应物质。

(3)固态退敏爆炸品包括用水或酒精润湿,或者用其他物质稀释抑制爆炸性的物质。

(4)易于自燃的物质包括:

①发火物质,包括混合物和溶液(液体或固体),这些物质即使只有少量与空气接触不到5分钟便燃烧,是最易于自燃的 4.2 项物质。

②自热物质和物品,包括混合物和溶液,这些物质和物品与空气接触时,无能量供给也会产生自热,通常只有在量大(数千克)而且时间较长(数小时或数天)的情况下才会燃烧。

(5)遇水放出易燃气体的物质包括遇水反应放出易燃气体物质以及含有此类物质的物品,所释放的气体与空气易形成爆炸混合物。

对于化学性质不稳定的 4.1 项易燃固体、自反应物质及固态退敏爆炸品,除非采取必要的措施防止所有可能发生的危险反应,并确保容器和罐体中不含有促进其反应的物质,否则不应采用道路运输方式进行运输。

5. 第 5 类:氧化性物质和有机过氧化物

某些物质虽然不可燃,但能通过放出氧气而引发或促使其他物质燃烧,属于 5.1 项氧化性物质。包含此类物质的物品也属于 5.1 项。

有机过氧化物包括有机过氧化物和有机过氧化物配制品。

对于化学性质不稳定的 5.1 项氧化性物质,除非采取必要的措施防止所有可能发生的危险反应,并确保容器和罐体中不含有促进其反应的物质,否则不应采用道路运输方式进行运输。

6. 第 6 类:毒性物质和感染性物质

毒性物质是指由经验或从动物试验推定,在一次性或短时期的吸入、皮肤吸收或吞食相对少量的毒性物质情况下会损害人体健康或引起死亡的物质。转基因微生物和生物若满足本项的条件,应归入本项。

感染性物质包括已知或可能含有病原体的物质。病原体是会造成人类或动物感染疾病的微生物(包括细菌、病毒、立克次氏体、寄生虫、真菌)和其他媒介,如病毒蛋白。符合此项条件的转基因微生物及生物、生物制品、诊断标本和受感染的活体动物,都应该划入 6.2 项。

对于化学性质不稳定的 6.1 项毒性物质,除非采取必要的措施防止所有可能发生的危险反应,并确保容器和罐体中不含有促进其反应的物质,否则不应采用道路运输方式进行运输。

不应使用活体脊椎或无脊椎动物道路运输感染性介质。

7. 第 7 类:放射性物质

放射性物质包括任何含有放射性核素,其放射性浓度和托运货物中的总放射性活度均超过《放射性物品安全运输规程》中规定的限值的物质。

8. 第 8 类:腐蚀性物质

腐蚀性物质包括腐蚀性物质以及包含腐蚀性物质的物品。腐蚀性物质指接触上皮组织(皮肤或黏膜)时会通过化学作用造成伤害,或发生渗漏时会严重损伤甚至毁坏其他货物或运输工具的物质。此类物质也包含遇水形成腐蚀性液体的物质,或在自然条件下与潮湿空气形成腐蚀性蒸气或薄雾的物质。

对于化学性质不稳定的第 8 类腐蚀性物质,除非采取必要的措施防止所有可能发生的危险反应,并确保容器和罐体中不含有促进其反应的物质,否则不应采用道路运输方式进行运输。

9. 第 9 类:杂项危险物质和物品

杂项危险物质和物品主要包括以下物质:

(1)以微细粉尘的形式吸入,可以危害健康的物质。

(2)一旦发生火灾可形成二噁英的物质和设备。

(3)会放出易燃气体的物质。

(4)锂电池组。

(5)救生设备。

(6)污染水生环境的液体。

(7)污染水生环境的固体。

(8)转基因微生物和生物体。

(9)高温液体。

(10)高温固体。

考点十二　危险货物的包装及标记、标志

1. 危险货物包装类别

为了包装目的,除了第 1 类、第 2 类、第 7 类、5.2 项和 6.2 项物质,以及 4.1 项自反应物质以外的物质,根据其危险程度,划分为三个包装类别:

(1) Ⅰ类包装:具有高度危险性的物质。

(2) Ⅱ类包装:具有中度危险性的物质。

(3) Ⅲ类包装:具有轻度危险性的物质。

对于第 8 类物质(腐蚀性物质),根据腐蚀性物质的危险程度划定三个包装类别:

(1) Ⅰ类包装:非常危险的物质和制剂。

(2) Ⅱ类包装:显示中等危险性的物质和制剂。

(3)Ⅲ类包装:显示轻度危险性的物质和制剂。

符合第8类标准并且吸入粉尘和烟雾毒性为Ⅰ类包装、但经口摄入或经皮接触毒性仅为Ⅲ类包装或更小的物质或制剂应划入第8类。

2. 危险货物的特殊包装规定

(1)第1类:爆炸品。

装运第1类爆炸品的所有包装的设计和制造应符合以下要求:对爆炸品具有保护作用,使爆炸品在正常运输条件下(包括运输途中的温度、湿度、压力等改变)不会泄漏,且燃烧和爆炸的危险性不会升高;运输过程中,包件可以安全装卸;运输过程中,包件能承受堆垛产生的荷重,不会增加爆炸危险性;包装的保护功能不会受到损伤;不会因某种程度的变形而降低其强度,或导致堆码不稳。

除非另有规定,包装、中型散装容器和大型包装应符合相应规定,达到包装类别Ⅱ的试验要求。

盛装液态爆炸品容器的封闭装置,应有防渗漏的双重保护功能。

金属桶的封闭装置应包括适当的密封垫圈。如果封闭装置带有螺纹,应能防止爆炸性物质进入螺纹中。

易溶于水的物质的包装应防水。装运退敏或减敏物质的包装应封闭,防止运输过程中浓度发生变化。

含有中间充水的双层包装,如果在运输过程中水可能会结冰,则应在水中加入足量的防冻剂。防冻剂不应具有易燃特性。

以金属为原料且没有保护层的钉子、U形钉及其他封闭装置,不得穿入外包装内部,除非内包装能够防止爆炸性物质与金属接触。

爆炸性物质或物品、内包装、填充物或衬垫材料放入包件时,应确保所装爆炸性物质或物品在外包装内不会松动。应防止物品中的金属成分与金属包装接触。含有爆炸性物质且未有封闭外壳的物品,应彼此间隔放置以防摩擦和碰撞。衬垫、托盘、内外包装里的分隔物、模衬或容器可以用作隔离物品。

包装的制作材料应与包件内所装爆炸品相容且不会渗透,以防爆炸物质与其相互反应或渗漏,或导致危险项别或配装组发生变化。

应防止爆炸性物质进入有接缝金属包装的凹处。

不得使用易于产生并积累足够静电的塑料包装,防止静电放电导致爆炸性物质或物品引爆、着火或发生其他反应。

如果由于热效应或其他原因引起内包装或外包装内部和外部压力差,可能导致包装爆炸或破裂,则爆炸性物质不应装在这类包装中。

如果松散的爆炸性物质或无包装及部分外包装的爆炸性物质可能与金属包装(1A1,1A2,1B1,1B2,4A,4B和其他金属容器)的内表面发生接触,金属包装应有内衬里或涂层。

(2)第2类:气体。

装运第2类气体的气瓶、气筒、压力桶、瓶束的设计、制造、检验和投入使用后的定期检验,应符合压力容器、气瓶的适用要求。

充装前，应由充装人检查气瓶、气筒、压力桶、瓶束是否完好。充装时，应按照气瓶公称工作压力、充装系数以及特定充装物质的相关规定充装。充装之后，应由充装人确认阀门关闭、设备无泄漏。在运输过程中，阀门应保持关闭状态。

非重复充装的气瓶应装在纸箱等外包装箱中，或装在托盘上并用收缩膜或拉伸缠绕膜进行固定。

3. 危险货物的包装标记

使用的包装、大型包装、中型散装容器和罐体应按照要求粘贴标记、标志。两种及以上危险货物装在同一个外包装内时，包件上应按照每种危险货物的要求做标记和粘贴标志。若危险货物对应的标志相同，则只需在外包装上粘贴一个标志。

(1)基本要求。

包件的外部应醒目、耐久地标上内装危险货物对应的 UN 编号。

一般情况下，字母“UN”和编号的高度应不小于 12 mm，但对于容量小于或等于 30 L 或净重小于或等于 30 kg 的包件或水容积小于或等于 60 L 的气瓶，标记高度应不小于 6 mm；对于容积小于或等于 5 L 或净重小于或等于 5 kg 的包件，标记的尺寸可适当缩小。无包装物品的标记应标示在物品或其托架或装卸、存储设施上。

包件标记应满足以下要求：

①清晰可见且易辨识。

②能够经受日晒雨淋而不显著减弱其显示功能。

容积超过 450 L 的中型散装容器和大型包装，应在其相对的两面做标记。

(2)第 1 类爆炸品的标记要求。

第 1 类爆炸品应在包件上标记危险货物正式运输名称。标记应清晰可见且不易磨损。

(3)第 2 类气体的标记要求。

可再充装容器应清晰醒目且耐久地标记气体或混合气体的 UN 编号和正式运输名称，对技术名称要求如下：

①对未另作规定的类属条目(N. O. S.)下分类的气体，应标记气体的技术名称。

②混合气体应在技术名称中显示危险性最高的一种或两种成分，其他成分不必显示。

如果充装的是压缩气体或液化气体，可再充装容器应清晰醒目且耐久地标记其最大充装质量和容器自重(含充装时连接在容器上的配件)，或总质量。可再充装容器应清晰醒目且耐久地标记容器下次检验的日期(年 - 月)。

(4)危害环境货物的标记要求。

装有危害环境的物质的包件，应粘贴有危害环境物质标记，标记应可耐久使用。如果单一包装或组合包装的每个内包装满足以下条件之一，则不必粘贴危害环境物质标记：

①内装液体容量小于或等于 5 L。

②内装固体净重小于或等于 5 kg。

危害环境物质标记应粘贴在 UN 编号附近。

危害环境物质标记为与水平线呈 45°角的正方形，符号树为黑色，符号鱼为白色，底色为白底或其他反差鲜明的颜色，标记图例如图 3-1 所示。

图 3-1　危害环境物质标记图例

(5)方向标记。

内容器装有液态危险货物的组合包装、配有通风口的单一包装应粘贴方向标记。方向标记应粘贴在包件相对的两个垂直面上,箭头朝上。方向标记应为长方形,尺寸与包件的尺寸相适应,标记符号为两个黑色或红色箭头,底色为白色或其他反差鲜明的颜色,可选择在方向箭头的外围加上长方形边框,方向标记图例如图 3-2 所示。所有要素均应与图示比例大致相当,方向标记应清晰可见。

a)图例一

b)图例二

图 3-2　方向标记图例

以下包件可不粘贴方向标记:

①内装压力容器的外包装。

②装有危险货物的内包装置于外包装之中,每一内包装的装载量不超过 120 mL,内包装和外包装之间有充足的吸收材料,足以吸收内包装中的全部液态危险货物。

③内装主容器的外包装,主容器内含有 6.2 项感染性物质,且每一主容器的装载量不超过 50 mL。

④内装货物在任何方向上都不会泄漏的外包装(如温度计中的酒精或汞、气雾剂等)。

⑤外包装所装危险货物均密封在内包装中,且每一内包装的装载量不超过 500 mL。

除标明包件正确放置方向以外的其他箭头,不应与方向标记同时粘贴在包件上。

(6)高温物质标记。

高温物质标记为等边三角形。标记颜色为红色,每边长不应小于 250 mm。高温物质标记尺寸可适当放大,但所有要素均应与图例比例一致。

罐式车辆、罐式集装箱、可移动罐柜、集装箱或车辆,在运输或配送温度大于或等于 100 ℃的液态物质、温度大于或等于 240 ℃的固态物质时,应在车辆的两外侧壁和尾部,集装箱、罐式集装箱、可移动罐柜的两侧壁和前后两端粘贴高温物质标记。

4. 危险货物的标志

标志应粘贴在反衬颜色的表面上，或用虚线或实线标出外缘。

标志形状为与水平线呈45°角的正方形（菱形），尺寸最小应为100 mm×100 mm，菱形边缘内侧线的最小宽度应为2 mm，内侧线与边缘之间的距离为5 mm。上面两条边缘线的颜色与标志上部图形或符号相同，下面两条边缘线的颜色与标志下部类号或项号的颜色一致。在未明确规定的情况下，标志的所有要素均应与图例比例一致。

菱形标志牌的颜色、符号和式样应符合表3-3要求。

表3-3 菱形标志牌图形特征

危险货物类型	图形特征
爆炸品	符号：爆炸的炸弹，黑色；底色：橙色；数字“1”写在底角
易燃气体	符号：火焰，黑色或白色；底色：正红色；数字“2”写在底角
非易燃无毒气体	符号：气瓶，黑色或白色；底色：绿色；数字“2”写在底角
毒性气体	符号：骷髅头和两根交叉的大腿骨，黑色；底色：白色；数字“2”写在底角
易燃液体	符号：火焰，黑色或白色；底色：正红色；数字“3”写在底角
易燃固体、自反应物质和固态退敏爆炸品	符号：火焰，黑色；底色：白色，并带有7条红色的垂直条纹；数字“4”写在底角
易于自燃的物质	符号：火焰，黑色；底色：上半部分为白色，下半部分为红色；数字“4”写在底角
遇水放出易燃气体的物质	符号：火焰，黑色或白色；底色：蓝色；数字“4”写在底角
氧化性物质	符号：圆圈上一团火焰，黑色；底色：柠檬黄色；数字“5.1”写在底角
有机过氧化物	符号：火焰，黑色或白色；底色：上半部分红色，下半部分柠檬黄色；数字“5.2”写在底角
毒性物质	符号：骷髅头和两根交叉的大腿骨，黑色；底色：白色；数字“6”写在底角
感染性物质	标志下半部分可写入“感染性物质”和“如有破损或渗漏，立即通知公共卫生机构”；符号和文字：三个新月形重叠在一个圆圈上，黑色；底色：白色；数字“6”写在底角
放射性物质	符号：三叶形，黑色；底色：白色；文字（应有）：黑色，在标志下半部分写上“放射性”“内容物……”“活度……”，在“放射性”字样之后应加一红杠；数字“7”写在底角
易裂变物质	底色：白色；文字（应有）：黑色，在标志上半部分写上“易裂变”，在标志下半部分的一个黑边框架内写上“临界安全指数”；数字“7”写在底角
腐蚀性物质	符号：从两个玻璃器皿中溢出的液体腐蚀着一只手和一块金属，黑色；底色：上半部分为白色，下半部分为黑色带白边；数字“8”写在底角
杂项危险物质和物品	符号：上半部分为七条垂直条纹，黑色；底色：白色；下划线数字“9”写在底角

提示

表 3-3 只列出部分危险物质的菱形标志牌图形特征,具体可参考《危险货物道路运输规则　第 5 部分:托运要求》的相关内容。

考点十三　危险货物道路运输许可

1. 剧毒化学品公路运输许可

需要通过公路运输剧毒化学品的,应当向运输目的地县级人民政府公安机关交通管理部门申领《剧毒化学品公路运输通行证》。承运单位不在目的地的,可以向运输目的地县级人民政府公安机关交通管理部门提出申请,委托运输始发地县级人民政府公安机关交通管理部门受理核发《剧毒化学品公路运输通行证》,但不得跨省(自治区、直辖市)委托。

2. 易制毒化学品运输许可

运输第一类易制毒化学品、第二类易制毒化学品,应当由公安机关审批,取得易制毒化学品运输许可证。

对许可运输第一类易制毒化学品的,发给一次有效的运输许可证。对许可运输第二类易制毒化学品的,发给 3 个月有效的运输许可证;6 个月内运输安全状况良好的,发给 12 个月有效的运输许可证。易制毒化学品运输许可证应当载明拟运输的易制毒化学品的品种、数量、运入地、货主及收货人、承运人情况以及运输许可证种类。

3. 民用爆炸物品运输许可

运输民用爆炸物品,收货单位应当向运达地县级人民政府公安机关提出申请,并提交相关的材料。受理申请的公安机关应当自受理申请之日起 3 日内对提交的有关材料进行审查,对符合条件的,核发《民用爆炸物品运输许可证》;对不符合条件的,不予核发《民用爆炸物品运输许可证》,书面向申请人说明理由。《民用爆炸物品运输许可证》应当载明收货单位、销售企业、承运人,一次性运输有效期限、起始地点、运输路线、经停地点,民用爆炸物品的品种、数量。

经由道路运输民用爆炸物品的,应当遵守下列规定:携带《民用爆炸物品运输许可证》;出现危险情况立即采取必要的应急处置措施,并报告当地公安机关。

4. 烟花爆竹道路运输许可

经由道路运输烟花爆竹的,应当经公安部门许可。

经由道路运输烟花爆竹的,托运人应当向运达地县级人民政府公安部门提出申请,并提交相关材料。

受理申请的公安部门应当自受理申请之日起 3 日内对提交的有关材料进行审查,对符合条件的,核发《烟花爆竹道路运输许可证》;对不符合条件的,应当说明理由。《烟花爆竹道路运输许可证》应当载明托运人、承运人、一次性运输有效期限、起始地点、行驶路线、经停地点、烟花爆竹的种类、规格和数量。

考点十四　危险货物道路运输运单

1. 信息内容

危险货物道路运输运单应至少包含以下信息：托运人的名称和联系电话；收货人的名称和联系电话；装货人（或充装人）的名称；运输企业名称、许可证号、联系电话；车辆车牌号码、道路运输证号；挂车车牌号码、道路运输证号；罐车（如适用）罐体编号、罐体容积；驾驶员姓名、从业资格证号及联系电话；押运员姓名、从业资格证号及联系电话；危险货物信息；实际发货/装货地址；实际收货/卸货地址；起运日期；是否为城市配送；备注；调度人、调度日期。

2. 填写要求

危险货物道路运输运单填写要求如下：

（1）托运人：包括托运企业或单位名称和联系电话，联系电话应为托运方了解所托运货物的危险特性及应急处置措施的人员的电话和托运委托人电话。

（2）收货人：包括收货人名称和联系电话，联系电话应为收货方了解所接收货物的危险特性及应急处置措施的人员的电话，收货委托人电话。

（3）装货人（或充装人）：包括装货人（或充装人）单位名称。

（4）运输企业名称和经营许可证号应按照“道路运输经营许可证”填写。

（5）车辆信息和道路运输证号应按照“道路运输证”填写，车牌号码应为公安交通管理部门核发的车辆牌照号码。

（6）挂车信息：包括挂车车牌号码和道路运输证号。

（7）罐体信息：包括罐体编号和罐体容积。罐体编号为罐车罐体的唯一编号或罐式集装箱箱主代码。罐体容积单位为 m^3。

（8）驾驶员和押运员从业资格证号应按照“道路运输从业资格证”填写。

（9）危险货物信息：包括 UN 编号、货物正式运输名称、类别及项别、危险货物数量、包装类别、包装规格。

（10）实际发货/装货地址：装货完成，车辆开始运输的地点，应填写具体地址；实际收货/卸货地址：运输目的地所在的具体地址。

（11）起运日期为装货完成开始运输的日期，格式为 yyyy－mm－dd。

（12）是否为城市配送：勾选项，对于危险货物城市配送（如成品油配送）车辆，若每个收货人接收的危险货物相同，每天可只填写一个运单。

（13）收货人、目的地可为最后一个收货人的名称及地址。

（14）备注：有关危险货物的某些特殊要求（可选）。

（15）调度人：为运输企业派发该运单的调度人员的姓名。

考点十五　危险货物道路运输与装卸要求

1. 危险货物托运的相关规定

（1）危险货物托运人应当委托具有相应危险货物道路运输资质的企业承运危险货物。托运民用爆炸物品、烟花爆竹的，应当委托具有第一类爆炸品或者第一类爆炸品中相应项别运输资质的企业承运。

（2）托运人应当按照《危险货物道路运输规则》确定危险货物的类别、项别、品名、编号，遵守相关特殊规定要求。需要添加抑制剂或者稳定剂的，托运人应当按照规定添加，并将有关情况告知承运人。

（3）托运人不得在托运的普通货物中违规夹带危险货物，或者将危险货物匿报、谎报为普通货物托运。

（4）托运人应当按照《危险货物道路运输规则》妥善包装危险货物，并在外包装设置相应的危险货物标志。

（5）托运人在托运危险货物时，应当向承运人提交电子或者纸质形式的危险货物托运清单。

（6）危险货物托运清单应当载明危险货物的托运人、承运人、收货人、装货人、始发地、目的地、危险货物的类别、项别、品名、编号、包装及规格、数量、应急联系电话等信息，以及危险货物危险特性、运输注意事项、急救措施、消防措施、泄漏应急处置、次生环境污染处置措施等信息。

（7）托运人应当妥善保存危险货物托运清单，保存期限不得少于 12 个月。

（8）托运人托运剧毒化学品、民用爆炸物品、烟花爆竹或者放射性物品的，应当向承运人相应提供公安机关核发的剧毒化学品道路运输通行证、民用爆炸物品运输许可证、烟花爆竹道路运输许可证、放射性物品道路运输许可证明或者文件。

（9）托运人托运第一类放射性物品的，应当向承运人提供国务院核安全监管部门批准的放射性物品运输核与辐射安全分析报告。

（10）托运人托运危险废物（包括医疗废物，下同）的，应当向承运人提供生态环境主管部门发放的电子或者纸质形式的危险废物转移联单。

2. 危险货物承运的相关规定

（1）危险货物承运人应当按照交通运输主管部门许可的经营范围承运危险货物。

（2）危险货物承运人应当使用安全技术条件符合国家标准要求且与承运危险货物性质、重量相匹配的车辆、设备进行运输。

（3）危险货物承运人使用常压液体危险货物罐式车辆运输危险货物的，应当在罐式车辆罐体的适装介质列表范围内承运；使用移动式压力容器运输危险货物的，应当按照移动式压力容器使用登记证上限定的介质承运。

（4）危险货物承运人应当按照运输车辆的核定载质量装载危险货物，不得超载。

（5）危险货物承运人应当制作危险货物运单，并交由驾驶人随车携带。危险货物运单应当妥善保存，保存期限不得少于 12 个月。

（6）危险货物承运人在运输前，应当对运输车辆、罐式车辆罐体、可移动罐柜、罐式集装箱（以下简称罐箱）及相关设备的技术状况，以及卫星定位装置进行检查并做好记录，对驾驶人、押运人员进行运输安全告知。

（7）危险货物道路运输车辆驾驶人、押运人员在起运前，应当对承运危险货物的运输车辆、罐式车辆罐体、可移动罐柜、罐箱进行外观检查，确保没有影响运输安全的缺陷。

（8）危险货物道路运输车辆驾驶人、押运人员在起运前，应当检查确认危险货物运输车辆按照《道路运输危险货物车辆标志》要求安装、悬挂标志。运输爆炸品和剧毒化学品的,还应当检查确认车辆安装、粘贴符合《道路运输爆炸品和剧毒化学品车辆安全技术条件》要求的安全标示牌。

3. 危险货物道路运输作业要求

(1)不得使用罐式专用车辆或者运输有毒、感染性、腐蚀性危险货物的专用车辆运输普通货物。其他专用车辆可以从事食品、生活用品、药品、医疗器具以外的普通货物运输,但应当由运输企业对专用车辆进行消除危害处理,确保不对普通货物造成污染、损害。

(2)不得将危险货物与普通货物混装运输。

(3)专用车辆应当按照国家标准《道路运输危险货物车辆标志》的要求悬挂标志。

(4)运输剧毒化学品、爆炸品的企业或者单位,应当配备专用停车区域,并设立明显的警示标牌。

(5)专用车辆应当配备符合有关国家标准以及与所载运的危险货物相适应的应急处理器材和安全防护设备。

(6)道路危险货物运输企业或者单位不得运输法律、行政法规禁止运输的货物。

(7)法律、行政法规规定的限运、凭证运输货物,道路危险货物运输企业或者单位应当按照有关规定办理相关运输手续。法律、行政法规规定托运人必须办理有关手续后方可运输的危险货物,道路危险货物运输企业应当查验有关手续齐全有效后方可承运。

(8)道路危险货物运输企业或者单位应当采取必要措施,防止危险货物脱落、扬散、丢失以及燃烧、爆炸、泄漏等。

(9)驾驶人员应当随车携带《道路运输证》。驾驶人员或者押运人员应当按照《危险货物道路运输规则》的要求,随车携带《道路运输危险货物安全卡》。

(10)在道路危险货物运输过程中,除驾驶人员外,还应当在专用车辆上配备押运人员,确保危险货物处于押运人员监管之下。

(11)道路危险货物运输途中,驾驶人员不得随意停车。因住宿或者发生影响正常运输的情况需要较长时间停车的,驾驶人员、押运人员应当设置警戒带,并采取相应的安全防范措施。运输剧毒化学品或者易制爆危险化学品需要较长时间停车的,驾驶人员或者押运人员应当向当地公安机关报告。

(12)危险货物的装卸作业应当遵守安全作业标准、规程和制度,并在装卸管理人员的现场指挥或者监控下进行。

(13)严禁专用车辆违反国家有关规定超载、超限运输。

4. 危险货物装卸作业要求

装货人应当在充装或者装载货物前查验以下事项;不符合要求的,不得充装或者装载:

(1)车辆是否具有有效行驶证和营运证。

(2)驾驶人、押运人员是否具有有效资质证件。

(3)运输车辆、罐式车辆罐体、可移动罐柜、罐箱是否在检验合格有效期内。

(4)所充装或者装载的危险货物是否与危险货物运单载明的事项相一致。

(5)所充装的危险货物是否在罐式车辆罐体的适装介质列表范围内,或者满足可移动罐柜导则、罐箱适用代码的要求。

充装或者装载剧毒化学品、民用爆炸物品、烟花爆竹、放射性物品或者危险废物时，还应当查验规定的单证报告。

托运人、承运人、装货人应当制定危险货物道路运输作业查验、记录制度，以及人员安全教育培训、设备管理和岗位操作规程等安全生产管理制度。

5. 危险废物道路运输特殊规定

危险废物是危险货物的一种特殊类型。

危险废物转移应当遵循就近原则。转移危险废物的，应当执行危险废物转移联单制度，法律法规另有规定的除外。转移危险废物的，应当通过国家危险废物信息管理系统（以下简称信息系统）填写、运行危险废物电子转移联单，并依照国家有关规定公开危险废物转移相关污染环境防治信息。

危险废物移出人、危险废物承运人、危险废物接受人（以下分别简称移出人、承运人和接受人）在危险废物转移过程中应当采取防扬散、防流失、防渗漏或者其他防止污染环境的措施，不得擅自倾倒、堆放、丢弃、遗撒危险废物，并对所造成的环境污染及生态破坏依法承担责任。移出人、承运人、接受人应当依法制定突发环境事件的防范措施和应急预案，并报有关部门备案；发生危险废物突发环境事件时，应当立即采取有效措施消除或者减轻对环境的污染危害，并按相关规定向事故发生地有关部门报告，接受调查处理。

移出人填写、运行危险废物转移联单，在危险废物转移联单中如实填写移出人、承运人、接受人信息，转移危险废物的种类、重量（数量）、危险特性等信息，以及突发环境事件的防范措施等。

承运人应当履行以下义务：

（1）核实危险废物转移联单，没有转移联单的，应当拒绝运输。

（2）填写、运行危险废物转移联单，在危险废物转移联单中如实填写承运人名称、运输工具及其营运证件号，以及运输起点和终点等运输相关信息，并与危险货物运单一并随运输工具携带。

（3）按照危险废物污染环境防治和危险货物运输相关规定运输危险废物，记录运输轨迹，防范危险废物丢失、包装破损、泄漏或者发生突发环境事件。

（4）将运输的危险废物运抵接受人地址，交付给危险废物转移联单上指定的接受人，并将运输情况及时告知移出人。

（5）法律法规规定的其他义务。

危险废物豁免管理按《国家危险废物名录》《危险废物豁免管理清单》的相关要求执行。

考点十六　例外数量与有限数量危险货物运输的特别规定

例外数量与有限数量危险货物运输的特别规定如下：

（1）例外数量危险货物的包装、标记、包件测试，以及每个内容器和外容器可运输危险货物的最大数量，应当符合《危险货物道路运输规则》要求。

(2)有限数量危险货物的包装、标记,以及每个内容器或者物品所装的最大数量、总质量(含包装),应当符合《危险货物道路运输规则》要求。

(3)托运人托运例外数量危险货物的,应当向承运人书面声明危险货物符合《危险货物道路运输规则》包装要求。承运人应当要求驾驶人随车携带书面声明。托运人应当在托运清单中注明例外数量危险货物以及包件的数量。

(4)托运人托运有限数量危险货物的,应当向承运人提供包装性能测试报告或者书面声明危险货物符合《危险货物道路运输规则》包装要求。承运人应当要求驾驶人随车携带测试报告或者书面声明。托运人应当在托运清单中注明有限数量危险货物以及包件的数量、总质量(含包装)。

(5)例外数量、有限数量危险货物包件可以与其他危险货物、普通货物混合装载,但有限数量危险货物包件不得与爆炸品混合装载。

(6)运输车辆载运例外数量危险货物包件数不超过1 000个或者有限数量危险货物总质量(含包装)不超过8 000 kg的,可以按照普通货物运输。

提示

历年考试中会考查例外数量或有限数量道路运输是否适用的判断。

根据《危险货物道路运输规则　第3部分:品名及运输要求索引》,道路运输信息表第(7a)列规定了每种物质适用于内包装或物品的数量限制。该列中用“0”表示不适用于按照有限数量运输的条目。可作为例外数量运输的危险货物,在道路运输信息表第(7b)列中,使用相关字母数字编码表示,如“E0”表示不适用例外运输。

考点十七　危险货物道路运输车辆技术要求

危险货物道路运输车辆有多种类型,包括金属常压罐体、非金属常压罐体等。下面主要介绍金属常压罐体安全附件相关要求。安全附件包括安全泄放装置、真空减压阀、紧急切断装置、导静电装置等,配置要求根据罐体设计代码和设计要求确定。

1. 安全泄放装置

安全泄放装置包括安全阀、爆破片装置、安全阀与爆破片串联组合装置、紧急泄放装置和呼吸阀等。

安全泄放装置应设置在罐体顶部,在设计上应能防止任何异物的进入。除设计图样有特殊要求的,一般不应单独使用爆破片装置。

安全泄放装置应能承受罐体内的压力、可能出现的危险超压及包括液体流动力在内的动态载荷。

安全泄放装置的排放能力应符合下列规定:

(1)安全泄放装置的排放能力应保证在发生火灾和罐内压力出现异常等情况时能迅速排放。

(2)当罐体完全处于火灾环境中时,各个安全泄放装置的组合排放能力应足以将罐体内的压力(包括积累的压力)限制在小于或等于罐体的液压试验压力。

(3)多个安全泄放装置的排放能力应当是各个安全泄放装置排放能力之和。

2. 真空减压阀

真空减压阀应满足下列要求：

(1)真空减压阀应在外压大于或等于0.021 MPa,且小于罐体的设计外压下开启。

(2)每个真空减压阀应有一个大于或等于284 mm^2 的流通截面积。

(3)易燃介质用真空减压阀应具有阻火功能。

3. 紧急切断装置

紧急切断装置一般由紧急切断阀、远程控制系统以及易熔塞自动切断装置组成,紧急切断装置应动作灵活、性能可靠、便于检修。紧急切断阀阀体不得采用铸铁或非金属材料制造。

紧急切断阀不应兼作它用,安装紧急切断阀的法兰应直接焊接在筒体或封头上。

紧急切断阀应符合 QC/T 932 或相关标准的规定,在非装卸时紧急切断阀应处于闭合状态,能防止任何因冲击或意外动作所致的打开。为防止在外部配件(管路,阀门等)损坏的情况下罐内液体泄漏,阀体应设计成剪式结构,剪断槽应紧靠阀体与罐体的连接处。

远程控制系统的关闭操作装置应装在人员易于到达的位置。

当环境温度升高到规定值时,易熔塞自动切断装置应能自动关闭紧急切断阀。

紧急切断装置的设置还应符合下列规定:

(1)易熔塞的易熔合金熔融温度应为75 ℃ ±5 ℃。

(2)油压式或气压式紧急切断阀应保证在工作压力下全开,并持续放置 48 h 不致引起自然闭止。

(3)紧急切断阀自始闭起,应在5 s 内闭止。

(4)紧急切断阀制成后应按其相应标准经阀体压力试验和气密性试验合格。

(5)紧急切断阀的工作压力应不低于罐体的液压试验压力。

(6)紧急切断阀的气密性试验压力应不低于罐体的设计压力。

提示

危险货物运输常压罐体车辆的紧急切断装置中,核心功能部件是紧急切断阀。

考点十八　危险货物道路运输车辆装备管理

1. 专用车辆、设备管理

(1)道路危险货物运输企业或者单位应当按照《道路运输车辆技术管理规定》中有关车辆管理的规定,维护、检测、使用和管理专用车辆,确保专用车辆技术状况良好。

(2)设区的市级道路运输管理机构应当定期对专用车辆进行审验,每年审验1次。审验按照《道路运输车辆技术管理规定》进行,并增加以下审验项目:

①专用车辆投保危险货物承运人责任险情况。

②必需的应急处理器材、安全防护设施设备和专用车辆标志的配备情况。

③具有行驶记录功能的卫星定位装置的配备情况。

(3)禁止使用报废的、擅自改装的、检测不合格的、车辆技术等级达不到一级的和其他不符合国家规定的车辆从事道路危险货物运输。除铰接列车、具有特殊装置的大型物件运输专用车辆外，严禁使用货车列车从事危险货物运输；倾卸式车辆只能运输散装硫磺、萘饼、粗蒽、煤焦沥青等危险货物。禁止使用移动罐体（罐式集装箱除外）从事危险货物运输。

（4）罐式专用车辆的常压罐体应当符合国家标准《道路运输液体危险货物罐式车辆 第1部分：金属常压罐体技术要求》《道路运输液体危险货物罐式车辆 第2部分：非金属常压罐体技术要求》等有关技术要求。使用压力容器运输危险货物的，应当符合国家特种设备安全监督管理部门制订并公布的《移动式压力容器安全技术监察规程》等有关技术要求。压力容器和罐式专用车辆应当在质量检验部门出具的压力容器或者罐体检验合格的有效期内承运危险货物。

链接

常压液体危险货物罐车的检验周期原则上为2年。

汽车罐车、铁路罐车和罐式集装箱的定期检验分为年度检验和全面检验。汽车罐车、铁路罐车和罐式集装箱的定期检验周期：年度检验每年至少1次；首次全面检验应当于投用后1年内进行，下次全面检验周期，由检验机构根据移动式压力容器的安全状况等级，按照表3-4全面检验周期要求确定。符合相应要求的达到设计使用年限的罐体，其全面检验周期参照安全状况等级3执行。

表3-4 汽车罐车、铁路罐车和罐式集装箱全面检验周期

罐体安全状况等级	全面检验周期		
	汽车罐车	铁路罐车	罐式集装箱
1～2级	5年	4年	5年
3级	3年	2年	2.5年

注：罐体安全状况等级的评定按照《压力容器定期检验规则》的规定。

长管拖车、管束式集装箱的定期检验周期：按照所充装介质不同，定期检验周期如表3-5所示。对于已经达到设计使用年限的长管拖车和管束式集装箱的气瓶，如果要继续使用，充装A组中介质时其定期检验周期为3年，充装B组中介质时定期检验周期为4年。

表3-5 长管拖车、管束式集装箱定期检验周期

介质组别	充装介质	定期检验周期	
		首次定期检验	定期检验
A	天然气（煤层气）、氢气	3年	5年
B	氮气、氦气、氩气、氖气、空气		6年

注：除了B组的介质和其他惰性气体和无腐蚀性气体外，其他介质（如有毒、易燃、易爆、腐蚀等）均为A组。

（5）道路危险货物运输企业或者单位对重复使用的危险货物包装物、容器，在重复使用前应当进行检查；发现存在安全隐患的，应当维修或者更换。道路危险货物运输企业或者单位应当对检查情况作出记录，记录的保存期限不得少于 2 年。

(6)道路危险货物运输企业或者单位应当到具有污染物处理能力的机构对常压罐体进行清洗(置换)作业，将废气、污水等污染物集中收集，消除污染，不得随意排放，污染环境。

2. 车辆运输防护装备

(1)运输单元运载危险货物时，应随车携带便携式灭火器。灭火器应适用于扑救 A, B,C 三类火灾。

链接

根据《火灾分类》，火灾的类型：

(1)A 类火灾，固体物质火灾，这种物质通常具有有机物性质，一般在燃烧时能产生灼热的余烬。

(2)B 类火灾，液体或可熔化的固体物质火灾。

(3)C 类火灾，气体火灾。

(4)D 类火灾，金属火灾。

(5)E 类火灾，带电火灾，物体带电燃烧的火灾。

(6)F 类火灾，烹饪器具内的烹饪物(如动植物油脂)火灾。

(2)便携式灭火器的数量及容量应符合表 3-6 的规定。

表 3-6　运输单元应携带的便携式灭火器数量及容量要求

运输单元最大总质量 M/t	灭火器配置最小数量/个	适用于发动机或驾驶室的灭火器		额外灭火器	
		最小数量/个	最小容量/kg	最小数量/个	最小容量/kg
$M \leqslant 3.5$	2	1	1	1	2
$3.5 < M \leqslant 7.5$	2	1	1	1	4
$M > 7.5$	3	1	1	2	4

注：容量是指干粉灭火剂(或其他同等效用的适用灭火剂)的容量。

提示

其他防护装备详见本书第六章相关内容。

考点十九　危险货物道路运输从业人员管理

1. 从业人员作业许可

(1)道路危险货物运输驾驶员应当符合下列条件：

①取得相应的机动车驾驶证。

②年龄不超过 60 周岁。

③3 年内无重大以上交通责任事故。

④取得经营性道路旅客运输或者货物运输驾驶员从业资格 2 年以上或者接受全日制驾驶职业教育的。

⑤接受相关法规、安全知识、专业技术、职业卫生防护和应急救援知识的培训，了解危险货物性质、危害特征、包装容器的使用特性和发生意外时的应急措施。

⑥经考试合格，取得相应的从业资格证件。

(2)道路危险货物运输装卸管理人员和押运人员应当符合下列条件：

①年龄不超过60周岁。

②初中以上学历。

③接受相关法规、安全知识、专业技术、职业卫生防护和应急救援知识的培训，了解危险货物性质、危害特征、包装容器的使用特性和发生意外时的应急措施。

④经考试合格，取得相应的从业资格证件。

链接

申请从事道路危险货物运输经营，应当有符合下列要求的从业人员和安全管理人员：

(1)专用车辆的驾驶人员取得相应机动车驾驶证，年龄不超过60周岁。

(2)从事道路危险货物运输的驾驶人员、装卸管理人员、押运人员应当经所在地设区的市级人民政府交通运输主管部门考试合格，并取得相应的从业资格证；从事剧毒化学品、爆炸品道路运输的驾驶人员、装卸管理人员、押运人员，应当经考试合格，取得注明为"剧毒化学品运输"或者"爆炸品运输"类别的从业资格证。

(3)企业应当配备专职安全管理人员。

2. 从业人员安全培训教育

危险货物道路运输驾驶员除应进行基本的安全生产岗前培训外，还应进行危险货物相关的基本知识培训，基本知识培训应至少包含以下内容：

(1)危险货物运输有关的法律法规。

(2)主要危险特性。

(3)危险废物转移过程中环境保护的有关要求。

(4)针对不同类型的危险货物所应采取的相关预防和安全措施。

(5)事故发生后要采取的应急处置措施(急救、安全防护设备使用的基本知识，危险货物道路运输安全卡所规定的要求等)。

(6)标记、标志、菱形标志牌和矩形标志牌等的含义和使用要求。

(7)道路通行限制要求。

(8)危险货物运输过程中，允许和禁止驾驶员操作的事项。

(9)车辆相关设备的用途和使用方法。

(10)在同一辆车或集装箱中混合装载的禁止性条款。

(11)装卸危险货物时的注意事项。

(12)包件的堆放要求。

(13)安全驾驶规范。

(14)安全意识。

危险货物道路运输相关人员主要培训内容如表3-7所示。

表3-7　危险货物道路运输相关人员主要培训内容

人员	主要培训内容
对危险货物进行分类和确定其正式运输名称的人员	(1)危险货物的理化性质和毒物学性质。 (2)危险货物的类别和分类原则。 (3)溶液和混合物分类的程序。 (4)危险货物正式运输名称的确认。 (5)危险货物一览表的使用
对危险货物进行包装作业的人员	(1)危险货物运输包装作业的相关法规。 (2)危险货物分类和危险特性。 (3)包装、中型散装容器和大型包装的使用。 (4)包装指南一览表的使用。 (5)危险货物包装的特殊规定。 (6)包装标记、标志。 (7)包装安全操作程序(包括隔离要求、有限数量和例外数量等)。 (8)个人防护方法、事故预防措施、应急响应信息使用、应急响应程序及急救措施
对包件贴标记、标志的人员	(1)危险货物运输有关法规。 (2)危险货物分类和危险特性。 (3)标记、标志和标牌的规格和分类。 (4)标记、标志和标牌的使用要求
从事包件货物装卸作业的人员	(1)危险货物运输有关法规。 (2)危险货物分类和危险特性。 (3)标记、标志和标志牌。 (4)包件运输工具及条件要求。 (5)运输文件、单证。 (6)混合装载操作要求和限制。 (7)装卸安全操作程序(包括装卸工具使用、运输量限制、货物捆扎固定、堆放、隔离等)。 (8)个人防护方法、事故预防措施、应急响应信息使用、应急响应程序及急救措施
从事罐车、可移动罐柜及其他散装货物装卸作业的人员	(1)危险货物运输有关法规。 (2)危险货物分类和危险特性。 (3)罐体与车辆标记和标志牌。 (4)运输文件、单证。 (5)罐式车辆、罐式集装箱、管束式车辆、可移动罐柜的使用要求。 (6)罐体充装和卸放安全操作程序。 (7)散装货物装卸安全操作程序(包括堆放、隔离、固定、运量限制等)。 (8)个人防护方法、事故预防措施、应急响应信息使用、应急响应程序及急救措施
制作托运清单、运输单证的人员	(1)危险货物分类和危险特性。 (2)运输单证的格式和编制要求。 (3)相关批准文件

（续表）

人员	主要培训内容
危险货物运输车辆驾驶人员	(1)危险货物运输有关法规。 (2)危险货物分类和危险特性。 (3)标志、标记和标志牌。 (4)运输车辆及相关设备的使用方法。 (5)运输文件、单证。 (6)装卸作业基本知识(包括包件堆放、固定、充装、卸放等)。 (7)车辆或集装箱的混合装载要求和限制。 (8)安全运输操作程序(包括载运量限值、多式联运作业要求、道路通行等)。 (9)个人防护方法、事故预防措施、应急响应信息使用、应急响应程序及急救措施
危险货物运输车辆押运人员	(1)危险货物运输有关法规。 (2)危险货物分类和危险特性。 (3)标志、标记和标志牌。 (4)运输车辆及相关设备的使用方法。 (5)运输文件、单证。 (6)装卸作业基本知识(包括包件堆放、固定、充装、卸放等)。 (7)车辆或集装箱的混合装载要求。 (8)个人防护方法、事故预防措施、应急响应信息使用、应急响应程序及急救措施
危险货物运输应急处置人员	(1)危险货物运输有关法规。 (2)危险货物分类和相关特性。 (3)标记、标志和标牌。 (4)个人防护方法、应急响应信息使用、应急响应程序和急救措施。 (5)安全操作程序

此外,针对不同类型的危险货物,还应进行相应的专业知识培训,培训内容应符合《危险货物道路运输规则》相关规定。

3. 驾驶员诚信考核

道路运输驾驶员诚信考核等级分为优良、合格、基本合格和不合格,分别用 AAA 级、AA 级、A 级和 B 级表示。

道路运输驾驶员诚信考核内容包括:

(1)安全生产情况:安全生产责任事故情况。

(2)遵守法规情况:违反道路运输相关法律、行政法规、规章的有关情况。

(3)服务质量情况:服务质量事件和有责投诉的有关情况。

道路运输驾驶员诚信考核实行计分制,考核周期为 12 个月,满分为 20 分,从道路运输驾驶员初次领取从业资格证件之日起计算。一个考核周期届满,经签注诚信考核等级后,该考核周期内的计分予以清除,不转入下一个考核周期。

根据道路运输驾驶员违反诚信考核指标的情况,一次计分的分值分别为:20 分、10 分、5 分、3 分、1 分五种。

对道路运输驾驶员的道路运输违法行为，处罚与计分同时执行。道路运输驾驶员一次有两个以上违法行为的，计分时应当分别计算，累加分值。

道路运输驾驶员对道路运输违法行为处罚不服，申请行政复议或者提起行政诉讼后，经依法裁决变更或者撤销原处罚决定的，相应计分分值予以变更或者撤销，相应的诚信考核等级按规定予以调整。

道路运输驾驶员诚信考核等级，由道路运输管理机构按照下列标准进行评定：

(1)道路运输驾驶员具备以下条件的，诚信考核等级为AAA级：

①上一考核周期的诚信考核等级为AA级及以上。

②考核周期内累计计分分值为0分。

(2)道路运输驾驶员具备以下条件的，诚信考核等级为AA级：

①未达到AAA级的考核条件。

②上一考核周期的诚信考核等级为A级及以上。

③考核周期内累计计分分值未达到10分。

(3)道路运输驾驶员具备以下条件的，诚信考核等级为A级：

①未达到AA级的考核条件。

②考核周期内累计计分分值未达到20分。

(4)道路运输驾驶员考核周期内累计计分有20分及以上记录的，诚信考核等级为B级。

(5)新取得道路运输从业资格证件或者初次参加诚信考核的道路运输驾驶员，其诚信考核初始登记为A级。

提示

道路货物运输从业人员的诚信考核可参考上述内容进行记忆。

4. 从业人员行为规范及法律责任

(1)经营性道路客货运输驾驶员以及道路危险货物运输从业人员应当在从业资格证件许可的范围内从事道路运输活动。

(2)道路运输从业人员在从事道路运输活动时，应当携带相应的从业资格证件，并应当遵守国家相关法规和道路运输安全操作规程，不得违法经营、违章作业。

(3)经营性道路客货运输驾驶员和道路危险货物运输驾驶员在岗从业期间，应当按照规定参加继续教育。

(4)经营性道路客货运输驾驶员和道路危险货物运输驾驶员不得超限、超载运输，连续驾驶时间不得超过4小时。

(5)经营性道路货物运输驾驶员应当采取必要措施防止货物脱落、扬撒等。

(6)道路危险货物运输驾驶员应当按照道路交通安全主管部门指定的行车时间和路线运输危险货物。道路危险货物运输装卸管理人员应当按照安全作业规程对道路危险货物装卸作业进行现场监督，确保装卸安全。道路危险货物运输押运人员应当对道路危险货物运输进行全程监管。

(7)在道路危险货物运输过程中发生燃烧、爆炸、污染、中毒或者被盗、丢失、流散、泄漏等事故，道路危险货物运输驾驶员、押运人员应当立即向当地公安部门和所在运输企业或者单位报告，说明事故情况、危险货物品名和特性，并采取一切可能的警示措施和应急措施，积极配合有关部门进行处置。

道路运输从业人员有下列不具备安全条件情形之一的，由发证机关撤销其从业资格证件：

(1)经营性道路客货运输驾驶员、道路危险货物运输从业人员身体健康状况不符合有关机动车驾驶和相关从业要求且没有主动申请注销从业资格的。

(2)经营性道路客货运输驾驶员、道路危险货物运输驾驶员发生重大以上交通事故，且负主要责任的。

(3)发现重大事故隐患，不立即采取消除措施，继续作业的。

被撤销的从业资格证件应当由发证机关公告作废并登记归档。

提示

注意区分撤销和注销从业资格证件的情形。

考点二十　危险货物道路运输各方参与人员的安全要求

1. 托运人

在危险货物交付运输时，托运人应遵循下列要求：

(1)对危险货物进行分类，且确认该货物允许进行道路运输。

(2)向承运人提供危险货物特性信息，以及符合规定的托运清单、法规要求的相关证明文件。

(3)使用的包装、大型包装、中型散装容器和罐体符合相关规定，并按照要求粘贴标记、标志。

当托运人代理第三方托运时，第三方应书面通知托运人有关危险货物的信息，并提供有关安全信息和单据。

2. 承运人

承运人在运输危险货物之前，应遵循下列要求：

(1)确认承运的危险货物属于允许进行道路运输的货物。

(2)确认托运人已提供了与所承运危险货物相关的所有信息。

(3)确认随车携带了规定的单据和证件，当使用电子数据替代纸质文件时，电子数据在运输过程中应可被读取，其内容至少应相当于纸质文件。

(4)确认车辆技术状况良好，货物无明显的缺陷、泄漏、遗撒、破碎等情况。

(5)确认罐体检验日期在有效期内。

(6)确认车辆不超载。

(7)确认车辆已按照要求粘贴或悬挂菱形标志牌、矩形标志牌和标记。

(8)确认车辆随车携带与所载运的危险货物相适应的应急处理器材和安全防护设备。

若运输过程中发现有影响运输安全的情况发生，应立即停止运输。隐患消除后，方可继续运输。

3. 收货人

若无确认的不可抗拒的原因,收货人不得拒收货物。

收货时,若发现违反相关要求的,收货人应及时通知托运人。

4. 装货人

装货人应遵循下列要求:

(1)仅将允许道路运输的危险货物移交给承运人。

(2)将危险货物交付运输时,应检查包装是否损坏;若包装已损坏或者有泄漏风险时,不应将包件交付给承运人。

(3)将危险货物装入车辆或者集装箱时,应遵循相关规定。

(4)应遵守危险货物混合装载的相关规定,以及与其他货物的隔离要求。

5. 充装人

充装人应遵循下列要求:

(1)充装前,确认罐体在检验有效期内,罐体及其辅助设备技术状况良好。

(2)充装前,应确认罐体可以充装该危险货物,且符合规范的要求。

(3)充装时,应遵循有关罐体相邻隔舱危险货物的要求。

(4)充装过程中,应遵守所充装物质的最大允许充装系数或者每升容积的最大允许充装质量要求。

(5)充装完成后,应确保所有的封口装置均处于关闭状态且无泄漏,罐体外表面无充装物质的危险残留物。

(6)在准备交付运输时,应确保矩形标志牌、菱形标志牌、高温物质、熏蒸或者环境危害物质的标记正确粘贴或悬挂在罐体(或者车辆、集装箱)上。

(7)使用车辆或集装箱装载散装危险货物时,应遵守有关要求。

6. 卸货人

卸货人应遵循下列要求:

(1)卸载前,将运输单据与包件、集装箱、罐体或车辆的相关信息进行核对,确保卸载正确的货物。

(2)卸载前,应检查包件、罐体、车辆或集装箱是否已损坏或者存在安全风险,若已损坏或存在风险应采取适当措施后方可卸载。

(3)卸载过程中,应遵守有关卸载的作业要求。

(4)卸载完成后,应立即清除卸载过程中粘在罐体、车辆或集装箱外侧的危险残留物,同时确保按照要求关闭阀门和辅助设备。

(5)对车辆或者集装箱进行必要的清洗和去污处理。

考点二十一　危险货物道路运输安全隐患及排查

1. 危险货物道路运输过程常见的安全隐患

危险货物道路运输过程中,常见的安全隐患大致包括人的不安全行为、货物的不安全状态、车辆的不安全状态、道路缺陷和恶劣天气,具体内容如表 3-8 所示。

表 3-8　危险货物道路运输常见的安全隐患

安全隐患类型	不安全因素	具体内容
人的不安全行为	驾驶员身体异常	疲劳、药物不良反应、疾病、酒后驾驶
	驾驶员违规驾驶	超载、超速、强行超车、逆行、强行变更车道
	驾驶员错误操作	紧急制动、转弯,转弯时未观察后视镜,制动时踩错加速踏板
	驾驶员注意力分散	开车接打电话、聊天、走神,路线单一、环境单一,无法持续集中
货物的不安全状态	装载、捆绑不扎实	货物的固定方式和捆扎操作不符合要求
	货物包装不善	包装方式与货物的特性不符
	货物性质不稳定	货物遇水或遇高温易产生危险
车辆的不安全状态	结构存在风险	车体庞大,满载总质量较大,车身存在视觉盲区,内外轮差大,惯性大、制动距离长
	技术性能较差	—
	安全装置失效	防静电皮带过短、缺失,后视镜损坏,刮水器失效,喇叭失效,遮阳板掉落,制动防抱死系统等安全装置失效,安全带损坏,车窗玻璃损坏,灭火器、警告标志等损坏或缺失,排气管防火帽缺失
	罐体技术性能不良	—
道路缺陷	临时修建道路、路面凹凸不平、路面结冰、连续上下坡	
恶劣天气	高温天气	驾驶员易疲劳、轮胎压力高易爆炸、制动器失效
	大雾天气	能见度低
	雨天	光线较暗,制动较差,伴有雷电、大风
	雪天	车轮打滑,启动、制动较差,雪地反光刺激眼睛

2. 危险货物道路运输安全隐患排查

危险货物道路运输时,可按照下列内容进行日常安全隐患排查:

(1)是否持有效道路危险货物运输证,并在核定的范围内从事运输。

(2)车辆技术等级是否达到一级。

(3)是否悬挂危险运输标志灯、牌。

(4)是否按规定投保承运人责任险。

(5)证件是否齐全、有效。

(6)驾驶员3年内是否有重大以上交通责任事故。

(7)驾驶员是否出现1年内交通违法记分满分。

(8)驾驶员、押运员是否持有效的从业资格证上岗。

(9)驾驶员、押运员是否配备与运输的危险货物性质要求相应的劳动保护用品;车辆是否配备相应的现场急救用具。

(10)车辆消防及应急器材是否齐全有效。

(11)是否属于报废的、擅自改装的车辆,车辆安全技术状况检验是否合格。

(12)车辆是否配置必要的通信工具,并按相关部门要求安装行车记录仪。

(13)车厢及地板是否平整完好,周围栏板是否牢固。

(14)配装的导静电橡胶拖地带装置是否符合相关规定,车内是否有三角木。

(15)车辆运输危险货物时是否随车携带《道路运输证》、托运人提交的运单、道路危险货物运输安全卡。

(16)罐式专用车辆的罐体是否经质量检验部门检验合格并在有效期内;罐体是否为移动罐体(罐式集装箱除外)。

考点二十二 新时期道路货物运输安全生产管理要求

1. 新能源汽车管理

插电式混合动力(含增程式)汽车是指那些采用传统燃料的,同时配以电动机/发动机来改善低速动力输出和燃油消耗的车型。

纯电动汽车是指主要采用电力驱动的汽车,大部分车辆直接采用电机驱动,有一部分车辆把电动机装在发动机舱内,也有一部分直接以车轮作为4台电动机的转子。

燃料电池汽车是指以氢气、甲醇等为燃料,通过化学反应产生电流,依靠电机驱动的汽车。其电池的能量主要是通过氢气和氧气的电化学作用,直接转化为电能。

市场监管总局(标准委)批准发布了《电动汽车安全要求》《电动客车安全要求》和《电动汽车用动力蓄电池安全要求》三项强制性国家标准。三项强标统筹考虑新能源汽车产业发展实际和技术进步需要,从保障产品和使用安全、鼓励新技术应用等方面提出更多系统级和整车级安全要求,提供了新能源汽车产业发展的技术基础和基本保障。行业企业应担负安全主体责任,严格执行相关技术标准,强化安全测试验证,严把产品出厂质量关,加快建立健全安全保障体系,不断提升新能源汽车安全水平。

2022年3月,工业和信息化部办公厅、公安部办公厅、交通运输部办公厅、应急部办公厅、市场监管总局办公厅联合发布了《关于进一步加强新能源汽车企业安全体系建设的指导意见》,以进一步压实新能源汽车企业安全主体责任,指导企业建立健全安全保障体系。

2. 网络平台道路货物运输经营管理要求

网络货运经营是指经营者依托互联网平台整合配置运输资源,以承运人身份与托运人签订运输合同,委托实际承运人完成道路货物运输,承担承运人责任的道路货物运输经营活动。网络货运经营不包括仅为托运人和实际承运人提供信息中介和交易撮合等服务的行为。实际承运人,是指接受网络货运经营者委托,使用符合条件的载货汽车和驾驶员,实际从事道路货物运输的经营者。

鼓励发展网络货运,促进物流资源集约整合、高效利用。需要申领道路运输经营许可证的,可向所在地县级负有道路运输监督管理职责的机构提出申请,县级负有道路运输监督管理职责的机构应按照《中华人民共和国道路运输条例》《道路货物运输及站场管理规定》的规定,向符合条件的申请人颁发《道路运输经营许可证》,经营范围为网络货运。

从事网络货运经营的,应当符合《互联网信息服务管理办法》等相关法律法规规章关于经营性互联网信息服务的要求,并具备与开展业务相适应的信息交互处理及全程跟踪记录等线上服务能力。

网络货运经营者应按照《中华人民共和国安全生产法》的规定,建立健全安全生产管理制度,落实安全生产主体责任。网络货运经营者应当在许可的经营范围内从事经营活动。网络货运经营者不得运输法律法规规章禁止运输的货物。

网络货运经营者应当对实际承运车辆及驾驶员资质进行审查,保证提供运输服务的车辆具备合法有效的营运证(从事普通货物运输经营的总质量4.5 t及以下普通货运车辆除外)、驾驶员具有合法有效的从业资格证(使用总质量4.5 t及以下普通货运车辆的驾驶人员除外)。网络货运经营者和实际承运人应当保证线上提供服务的车辆、驾驶员与线下实际提供服务的车辆、驾驶员一致。网络货运经营者委托运输不得超越实际承运人的经营范围。

网络货运经营者不得虚构运输交易相互委托运输服务。网络货运经营者委托实际承运人从事道路货物运输服务,经营行为应符合合同约定条款及国家相关运营服务规范。网络货运经营者应当遵守车辆装载的要求,不得指使或者强令要求实际承运人超载、超限运输。网络货运经营者应按照相关技术规范的要求上传运单数据至省级网络货运信息监测系统。鼓励网络货运经营者采取承运人责任保险等措施,充分保障托运人合法权益。

网络货运经营者从事零担货物运输经营的,应当按照《零担货物道路运输服务规范》的相关要求,对托运人身份进行查验登记,督促实际承运人实行安全查验制度,对货物进行安全检查或者开封验视。网络货运经营者应当如实记录托运人身份、物品信息。

网络货运经营者应当建立健全交易规则和服务协议,明确实际承运人及其车辆及驾驶员进入和退出平台,托运人及实际承运人权益保护等规定,建立对实际承运人的服务评价体系,公示服务评价结果。网络货运经营者应当建立健全投诉和举报机制,公开投诉举报电话,及时受理并处理投诉举报。鼓励网络货运经营者建立争议在线解决机制,制定并公示争议解决规则。

网络货运经营者应按照《中华人民共和国电子商务法》《中华人民共和国税收征收管理法》及其实施细则等法律法规规章的要求,记录实际承运人、托运人的用户注册信息、身份认证信息、服务信息、交易信息,并保存相关涉税资料,确保信息的真实性、完整性、可用性。信息的保存时间自交易完成之日起不少于3年,相关涉税资料(包括属于涉税资料的相关信息)应当保存10年;法律、行政法规另有规定的,依照其规定。前款所指交易信息包括订单日志、网上交易日志、款项结算、含有时间和地理位置信息的实时行驶轨迹数据等。网络货运经营者应对运输、交易全过程进行实时监控和动态管理,不得虚构交易、运输、结算信息。

网络货运经营者应当遵守《中华人民共和国网络安全法》等国家关于网络和信息安全有关规定。网络货运经营者应当采取有效措施加强对驾驶员、车辆、托运人等相关信息的保密管理,未经被收集者同意,不得泄露、出售或者非法向他人提供信息,不得使用相关信息开展其他业务。

案例分析

案例场景

2022年12月,某高速公路Y路段M隧道内距入口20 m处发生了一起重大道路运输事故,一辆以60 km/h的速度自西向东行驶的空载货车,与前方缓行的运输甲醇的罐车发生追尾碰撞。

事故发生后,甲醇罐车押运员甲从右侧门下车,发现甲醇罐车尾部防撞设施损坏,卸料管断裂，甲醇泄漏，为关闭卸料管根部球阀，防止甲醇进一步泄漏，甲要求司机乙向前移动车辆，该车重新启动向前移动 1 m 后停止，司机乙熄火下车走到车身左侧罐体中部时，发现地面泄漏的甲醇已经起火燃烧，并形成流淌火，迅速引燃前后车辆。事发时受气象和地势影响，隧道内气流由西向东流动，且隧道东高西低，形成烟囱效应，甲醇和车辆燃烧产的高温有毒烟气迅速在隧道内向东蔓延，继而在隧道内引起大火和浓烟。事故烧毁隧道内车辆 12 辆，造成 25 人死亡，6 人受伤，直接经济损失 2 000 万元，隧道受损严重。

事故调查发现：

(1)甲醇罐车由轻型货车改装而成，核定载货量 3.6 t，实际装载甲醇 3.7 t，司机乙持大货车驾驶证，驾驶证在有效期内。押运员甲为临时用工人员，空载货车为零担货车，车辆和驾驶员手续齐全，均在有效期内。事发时，零担货车驾驶员丙已连续驾驶超过 6 小时，未及时注意到前方路况变化，导致追尾碰撞。

(2)甲醇罐车隶属 E 公司，该公司自 2014 年 6 月开始一直使用改装车运输甲醇。

(3)E 公司为危险化学品经营企业，危险化学品经营许可证在有效期内，无危险化学品道路运输资质。该公司共有员工 15 名，其中安全生产管理人员 1 名，由公司总经理兼任。该公司实际控制人为丁，丁上一次接受安全生产培训时间为 5 年前。

知识点讲解

考点一　事故原因分析及整改措施

货物道路运输事故原因主要包括直接原因、间接原因和其他原因。其中，直接原因主要包括货物、车辆或环境的不安全状态；人的不安全行为，如驾驶员操作不规范、应急处理不及时、忽视安全等。间接原因主要包括管理上的缺陷，如安全制度体系不健全、安全生产责任落实不到位、安全教育培训不完善、事故防范措施不到位等。

针对事故原因，可采取以下整改和防范措施：

(1)资质方面，罐车所属公司应按规定办理危险化学品道路运输资质，从业人员应具备相应的从业资格，所用车辆应符合危险化学品道路运输相关要求。

(2)管理方面，应建立健全安全管理制度，加强安全教育培训，落实安全生产责任制，提高全公司人员的安全意识，主要负责人和从业人员按要求参加安全再教育，对于新上岗人员应参加入职培训。

(3)事故预防方面，企业应配置专职安全管理人员，并制定应急预案，定期进行应急预案演练等。

提示

结合案例背景，本次事故的直接原因是零担货车驾驶员丙疲劳驾驶，导致追尾，甲醇泄漏，而造成事故损失进一步扩大的原因是押运员甲和驾驶员乙违规操作，重启汽车，导致起火，进而造成隧道内其他车辆及人员伤亡，这也是事故的主要原因。进而再分析间接原因，即甲醇罐车所属企业管理方面的原因，包括用改装车辆运输危险化学品，车辆违规超载，司机乙和押运员甲未经危化品安全培训也无相关资格证明，危险化学品经营单位无危险化学品道路运输资质，并缺少专业安全管理人员，主要负责人没有参加安全生产再教育等。

考点二　安全培训时间

根据《生产经营单位安全培训规定》,生产经营单位主要负责人和安全生产管理人员初次安全培训时间不得少于 32 学时。每年再培训时间不得少于 12 学时。煤矿、非煤矿山、危险化学品、烟花爆竹等生产经营单位主要负责人和安全生产管理人员安全资格培训时间不得少于 48 学时;每年再培训时间不得少于 16 学时。生产经营单位新上岗的从业人员,岗前培训时间不得少于 24 学时。煤矿、非煤矿山、危险化学品、烟花爆竹等生产经营单位新上岗的从业人员安全培训时间不得少于 72 学时,每年接受再培训的时间不得少于 20 学时。

提示

本案例中,E 公司丁 5 年前接受安全生产培训不妥当,应每年接受再培训。

考点三　危险化学品泄漏的紧急脱险方法

危险化学品运输过程中,一旦发现危险化学品泄漏,驾驶员、押运员在安全可控的情况下,积极采取力所能及的救援措施。具体如下:

(1)立即选择安全区域停车,关闭点火开关、燃气开关。避免使用火源,禁止吸烟、打开电子设备等可能产生火花的动作。发生危险化学品泄漏时,不宜轻易移动车辆。

(2)按照相关法律法规规定,在车辆后方适当位置摆放危险警告标志:城市快速路和高速公路 150 m 以上,一般道路 50 ~ 100 m。根据危险化学品的危险特性及泄漏情况设置初始隔离区,并做好周围车辆和人员的疏散工作。

(3)根据应急预案的要求,向事故发生地、车籍地相关管理部门和所属企业报告事故,提供事故现场基本信息。

(4)备好运输单据(如:托运清单、电子运单、安全卡),以便救援人员及时获取危险化学品相关信息和施救方法。

(5)不要贸然靠近或碰触泄漏的危险化学品,不要站在下风口,以免吸入废气、烟雾、粉剂和蒸气。需要进行现场应急处置泄漏时,要做好自身防护,严格按照应急处置程序操作。

(6)在确保自身安全的前提下,使用随车应急工具阻止危险化学品渗漏到水生环境(如池塘、沼泽、沟渠、饮用水源等)或下水道系统中。具备条件的,可自主组织收集泄漏的危险化学品。

(7)危险化学品运输车辆事故处理完毕后,脱掉被污染的衣物,和相关防护设备,并将其安全处理。

注意事项:驾驶员和押运员应积极参加危险化学品道路运输专业知识培训、业务操作培训和应急演练,掌握所运危险化学品的特性、应急处理方法等。选择合理的、通行条件较好的行驶路线,远离城镇、居民区,不进入危险化学品运输车辆禁止通行区域。运输易燃易爆、剧毒、腐蚀危险化学品的车辆要严格按照公安机关批准的时间、路线行驶,不得随意变更。保持安全的行车速度,在高速公路上行驶速度不得超过 80 km/h,在其他道路上行驶速度不得超过 60 km/h,夜间、雨雾冰雪等低能见度条件下要及时降速行驶。道路限速标志、标线标明的速度低于上述规定速度的，车辆行驶速度不得高于限速标志、标线标明的速度。与前方车辆保持安全行车间距，遇雨雾冰雪等恶劣天气时，要加大行车间隔距离，限速 20 km/h 通行。驾驶员要保持注意力，严格按照规定进行停车休息，连续行车 4 小时，停车休息 20 分钟以上，连续行车不足 4 小时，出现严重疲劳情况时，应及时停车休息。停车期间及时查看车辆技术状况，确保紧急切断阀处于关闭状态，阀门无渗漏。

同步自测

一、单项选择题（每题的备选项中，只有 1 个最符合题意）

1. 中型货车的最大总质量一般为（　　）t。
   A. 1.8 ~ 2.6　　B. 2.6 ~ 6
   C. 6 ~ 14　　D. 14 ~ 30
2. 关于道路运输车辆技术管理人员配备的说法，正确的是（　　）。
   A. 道路危险货物运输车辆每 100 辆车配备 1 人
   B. 道路旅客运输车辆每 100 辆车应配 1 人
   C. 道路普通货物运输车辆每 200 辆应配 1 人
   D. 80 辆营运车辆的普通货物运输企业应配备 1 人
3. 车辆一级维护的作业中心内容是（　　）。
   A. 清洁、补给和安全检视　　B. 零件的紧固、润滑
   C. 检查容易磨损的安全部件　　D. 检查发动机、排气污染控制装置
4. 关于车辆轮胎技术要求的说法，错误的是（　　）。
   A. 挂车轮胎胎冠花纹上的花纹深度应大于或等于 1.6 mm
   B. 机动车所装用轮胎的速度级别不应低于该车最大设计车速的要求
   C. 总质量大于 2 500 kg 的货车装用轮胎的总承载能力，应小于或等于总质量的 1.4 倍
   D. 轮胎的胎面和胎壁上不应有长度超过 25 mm 的破裂
5. 关于半挂牵引车反光标识设置位置的说法，正确的是（　　）。
   A. 车身尾部下方　　B. 驾驶室后部上方
   C. 车身侧面下方　　D. 驾驶室后部两侧
6. 从事货运代理（代办）等货运相关服务的经营者，应当依法到（　　）办理有关登记手续。
   A. 市场监管部门　　B. 道路运输管理机构
   C. 公安机关　　D. 应急管理部门
7. 关于超限运输车辆的说法，正确的是（　　）。
   A. 车货总长度超过 18.1 m　　B. 车货总宽度超过 2.5 m
   C. 车货总高度从地面算起超过 3 m　　D. 车货总质量超过 18 000 kg
8. 关于危险道路货物运输承运人的说法，错误的是（　　）。
   A. 应当按照运输车辆的核定载质量装载危险货物，不得超载
   B. 应当按照交通运输主管部门许可的经营范围承运危险货物
   C. 可使用与承运危险货物性质、重量相匹配的改装车辆、设备进行运输
   D. 驾驶人、押运人员在起运前，应当对承运危险货物的运输车辆、罐式车辆罐体、可移动罐柜、罐箱进行外观检查

9. 道路货物运输驾驶员诚信考核计算周期从(　　)开始。

A. 从业资格考试合格　　B. 初次领取从业资格证

C. 初次签注诚信考核等级　　D. 初次执行货运任务

10. 根据《道路运输车辆技术管理规定》,不属于道路普通货物运输经营车辆必须满足的技术要求是(　　)。

A. 车辆的外廓尺寸、轴荷和最大允许总质量应当符合《汽车、挂车及汽车列车外廓尺寸、轴荷及质量限值》的要求

B. 车辆的技术性能应当符合《机动车安全技术检验项目和方法》的要求

C. 车型的燃料消耗量限值应当符合《营运客车燃料消耗量限值及测量方法》《营运货车燃料消耗量限值及测量方法》的要求

D. 车辆技术等级应当达到一级以上,技术等级评定方法应当符合国家有关道路运输车辆技术等级划分和评定的要求

二、案例分析题

第一题

2022 年 9 月 20 日 2 时 25 分,A 市驾驶人甲驾驶一辆卧铺大客车,沿市际高速公路由北向南行驶至 484 km + 95 m 处,与 B 市驾驶人乙驾驶的重型罐式半挂汽车列车发生追尾碰撞,导致罐式半挂车内甲醇泄漏并起火,因罐式半挂车内未配备灭火器,致使火势蔓延,造成大客车内 36 人当场死亡,3 人受伤。

根据车载 GPS 卫星定位装置记录,在此次事故中,甲连续驾驶时间达 4 小时 22 分,中途未停车休息,造成其驾驶时精力不集中,反应和判断能力下降,未及时发现前方汽车列车从匝道违法驶入高速公路且在高速公路上违法低速行驶的险情,未能采取安全、有效的避让措施,导致事故发生。

根据以上场景,回答下列问题(1 ~ 2 题为单选题,3 ~ 5 题为多选题):

1. 下列情形中,最有可能属于客运驾驶人疲劳驾驶的是(　　)。

A. 夜间连续驾驶 2 小时后,停车休息

B. 夜间连续驾驶 1 小时,未停车休息

C. 日间连续驾驶 3 小时 22 分,未停车休息

D. 日间连续驾驶 4 小时 22 分后,停车休息

E. 24 小时内累计驾驶 7 小时

2. 由背景中汽车列车“在高速公路上违法低速行驶”可知,乙的最高行驶速度不超过(　　)km/h。

A. 60　　B. 80

C. 100　　D. 120

E. 140

3. 根据相关规定,乙驾驶的重型罐式半挂汽车列车应配备灭火器,且灭火器应适用于扑救的火灾类型有(　　)。

A. A 类火灾　　B. B 类火灾

C. C 类火灾　　D. D 类火灾

E. E 类火灾

4. 若对驾驶人甲进行驾驶适宜性单项检测，则需检测项目包括(　　)。

A. 速度估计　　B. 静体视力

C. 深度知觉　　D. 选择反应

E. 暗适应

5. 关于货物运输过程中发生甲醇泄漏的应急处置的说法，正确的有(　　)。

A. 关闭手机和汽车发动机，消除所有点火源

B. 用砂土或其他不燃材料吸收小量泄漏物

C. 用抗溶性泡沫覆盖或喷水雾以减少泄漏物蒸发

D. 用普通泵将泄漏物转移至槽车或专用收集器内

E. 喷柱状水稀释液体泄漏物

第二题

2022 年 3 月，Z 市某运输有限公司院内发生一起危险化学品运输货车爆燃事故。该货车总质量为 15 t，其制动系统采用普通货车的制动系统。在行驶过程中，由于车辆制动系统失效，最终发生事故导致 1 人死亡，烧毁及部分烧毁车辆 16 台，直接经济损失 200 余万元。事故发生后，根据《中华人民共和国安全生产法》和《生产安全事故报告和调查处理条例》有关规定，区政府成立了由区应急管理局、区监委、公安分局、运管站、区总工会组成的事故调查组，同时聘请了 2 名安全专家参与事故调查工作。事故调查组根据实际需要设立了技术组、管理组、综合组分别开展工作。通过现场勘验、调查取证、检测鉴定和专家论证，查明了事故发生的经过、原因、人员伤亡和直接经济损失情况，认定了事故性质和责任。同时，针对事故暴露出来的问题，提出了事故防范措施建议。

根据以上场景，回答下列问题：

1. 根据《生产安全事故报告和调查处理条例》，判断该起事故的类型，并说明理由。

2. 发生事故后，该货车驾驶人员应向谁进行事故报告？

3. 根据《机动车安全运行技术条件》，该货车的制动系统应如何设置？

4. 简述事故调查组的主要责任。

第三题

某日 13 时，A 运输企业根据 B 托运人的委托，指派驾驶人甲驾驶罐式车辆去 C 生产企业装货。C 生产企业装卸工在未核实罐体适装介质的情况下，将过氧化二叔丁基装入该涉事罐式车辆中，共计 10.08 t。车辆行经至某国道交叉口处时，罐体突然发生爆炸，造成 5 人死亡，11 人受伤，直接经济损失约 1 100 万元。

调查发现：涉事 A 运输企业的《道路运输经营许可证》经营范围为“危险货物运输(第 3,6,8,9 类)和普通货物运输”；涉事半挂车公告信息显示：罐体有效容积为 45.0 m^3；运输的介质为：十五烷(密度为 769 kg/m^3)，辛烷(密度为 700 kg/m^3)，类项号为 3 类。半挂车的《道路运输证》经营范围为危险货物运输第 3 类(辛烷、十五烷)。驾驶人准驾车型 A2，具有有效的道路危险货物运输从业资格证。罐体实际承载货物过氧化二叔丁基(UN 3107)为 5.2 项有机过氧化物。相关运输信息如下表所示。

联合国编号	中文名称和描述	类别	包装类别	标志	特殊规定	有限数量和例外数量		包装	可移动罐柜和散装容器罐体		罐体		运输罐体车辆
								包装指南	指南	特殊规定	罐体代码	特殊规定	
(1)	(2)	(3a)	(4)	(5)	(6)	7(a)	7(b)	(8)	(10)	(11)	(12)	(13)	(14)
1262	辛烷类	3	Ⅱ	3		1 L	E2	P001 IBC02 R001	T4	TP1	LGBF		FL
3107	E型有机过氧化物,液体的	5.2		5.2	122 274	125 mL	E0	P520					

根据以上场景,回答下列问题:

1. 结合本案例,该运输是否属于超许可经营范围?过氧化二叔丁基的正式运输名称是什么?

2. 本案例中过氧化二叔丁基需要使用符合哪种包装指南的包装来运输?

3. 结合本案例,过氧化二叔丁基是否适用例外数量或有限数量道路运输?为什么?

4. 根据《危险货物道路运输安全管理办法》,结合本案例,简答一般装货人在充装或者装载货物前应查验哪些事项(至少列出4个)?

5. 本案例中过氧化二叔丁基是否可以使用罐式车辆或者可移动罐柜运输?

答案详解

一、单项选择题

1. C。【解析】载货汽车按最大总质量分为微型货车(不超过1.8 t)、轻型货车(1.8~6 t)、中型货车(6~14 t)、重型货车(超过14 t)4类。

2. D。【解析】车辆技术管理人员的配备要求为:道路危险货物运输车辆、道路旅客运输车辆每50辆车应配1人,不足50辆的至少配1人;道路普通货物运输车辆每100辆应配1人,不足100辆的应至少配1人。

3. B。【解析】一级维护是指除日常维护作业外,以润滑、紧固为作业中心内容,并检查有关制动、操纵等系统中的安全部件的维护作业。

4. C。【解析】总质量大于3 500 kg的货车和挂车(封闭式货车、旅居挂车等特殊用途的挂车除外)装用轮胎的总承载能力,应小于或等于总质量的1.4倍。故选项C错误。

5. B。【解析】半挂牵引车应在驾驶室后部上方设置能体现驾驶室的宽度和高度的车身反光标识,其他货车(多用途货车除外)、货车底盘改装的专项作业车和挂车(设置有符合规定的车辆尾部标志板的专项作业车和挂车,以及旅居挂车除外)应在后部设置车身反光标识。

6. A。【解析】从事货运代理(代办)等货运相关服务的经营者,应当依法到市场监管部门办理有关登记手续,并持有关登记证件到设立地的道路运输管理机构备案。
7. A。【解析】车货总高度从地面算起超过 4 m,车货总宽度超过 2.55 m,车货总长度超过 18.1 m 属于超限车辆。车货总量超过 18 000 kg 二轴货车属于超限车辆。
8. C。【解析】《道路危险货物运输管理规定》第二十二条规定,禁止使用报废的、擅自改装的、检测不合格的、车辆技术等级达不到一级的和其他不符合国家规定的车辆从事道路危险货物运输。故选项 C 错误。
9. B。【解析】道路运输驾驶员诚信考核实行计分制,考核周期为 12 个月,满分为 20 分,从道路运输驾驶员初次领取从业资格证件之日起计算。一个考核周期届满,经签注诚信考核等级后,该考核周期内的计分予以清除,不转入下一个考核周期。
10. D。【解析】从事道路运输经营的车辆技术等级应当达到二级以上。危货运输车、国际道路运输车辆、从事高速公路客运以及营运线路长度在 800 km 以上的客车,技术等级应当达到一级。技术等级评定方法应当符合国家有关道路运输车辆技术等级划分和评定的要求。故选项 D 错误。

二、案例分析题

第一题

1. D。【解析】道路运输企业应当根据法律法规的相关规定以及车辆行驶道路的实际情况,按照规定设置监控超速行驶和疲劳驾驶的限值,以及核定运营线路、区域及夜间行驶时间等,在所属车辆运行期间对车辆和驾驶员进行实时监控和管理。设置超速行驶和疲劳驾驶的限值,应当符合客运驾驶员 24 小时累计驾驶时间原则上不超过 8 小时,日间连续驾驶不超过 4 小时,夜间连续驾驶不超过 2 小时,每次停车休息时间不少于 20 分钟,客运车辆夜间行驶速度不得超过日间限速 80 % 的要求。
2. A。【解析】高速公路设计行车速度最低为 60 km/h,因此可推出乙的最高行驶速度不会超过 60 km/h。
3. ABC。【解析】本案例中,乙驾驶的重型罐式半挂汽车列车内的甲醇属于危险物质,因此应随车配备便携式灭火器,灭火器应适用于扑救 A,B,C 三类火灾。
4. ACDE。【解析】驾驶适宜性检测项目主要包括:(1)速度估计。(2)选择反应。(3)深度知觉。(4)动体视力。(5)暗适应。(6)处置判断。(7)夜间视力。(8)紧急和连续紧急反应。(9)周边风险感知。
5. ABC。【解析】甲醇泄漏应急处置方式具体有以下内容:(1)迅速撤离泄漏污染区人员至安全区,并进行隔离,严格限制出入。(2)消除所有点火源。(3)建议应急处理人员戴正压自给式空气呼吸器,穿防毒、防静电服。(4)禁止接触或跨越泄漏物。(5)尽可能切断泄漏源。(6)防止泄漏物进入水体、下水道、地下室或密闭性空间。(7)小量泄漏时,用砂土或其他不燃材料吸收;使用洁净的无火花工具收集吸收材料。(8)大量泄漏时,构筑围堤或挖坑收容;用抗溶性泡沫覆盖,减少蒸发;喷水雾能减少蒸发,但不能降低泄漏物在受限制空间内的易燃性;用防爆泵转移至槽车或专用收集器内。喷雾状水驱散蒸气、稀释液体泄漏物。

第二题

【答案】

1. 该起事故类型属于一般事故。理由：一般事故是指造成3人以下死亡，或者10人以下重伤，或者1 000万元以下直接经济损失的事故。
2. 发生事故后，该货车驾驶人员应向事故发生地公安部门、交通运输主管部门和本运输企业或者单位报告。
3. 该货车的制动系统应设置防抱制动装置、电动制动系统、制动间隙自动调整装置、缓速器或其他辅助制动装置。
4. 事故调查组的主要责任：

   (1)查明事故发生的经过、原因、人员伤亡情况及直接经济损失。

   (2)认定事故的性质和事故责任。

   (3)提出对事故责任者的处理建议。

   (4)总结事故教训，提出防范和整改措施。

   (5)提交事故调查报告。

【解析】

1. 本案例第1问主要考查安全事故类型。《生产安全事故报告和调查处理条例》第三条规定，根据生产安全事故(以下简称事故)造成的人员伤亡或者直接经济损失，事故一般分为以下等级：(1)特别重大事故，是指造成30人以上死亡，或者100人以上重伤(包括急性工业中毒，下同)，或者1亿元以上直接经济损失的事故。(2)重大事故，是指造成10人以上30人以下死亡，或者50人以上100人以下重伤，或者5 000万元以上1亿元以下直接经济损失的事故。(3)较大事故，是指造成3人以上10人以下死亡，或者10人以上50人以下重伤，或者1 000万元以上5 000万元以下直接经济损失的事故。(4)一般事故，是指造成3人以下死亡，或者10人以下重伤，或者1 000万元以下直接经济损失的事故。上述所称的“以上”包括本数，所称的“以下”不包括本数。
2. 本案例第2问主要考查事故报告。《道路危险货物运输管理规定》第四十八条规定，在危险货物运输过程中发生燃烧、爆炸、污染、中毒或者被盗、丢失、流散、泄漏等事故，驾驶人员、押运人员应当立即根据应急预案和《道路运输危险货物安全卡》的要求采取应急处置措施，并向事故发生地公安部门、交通运输主管部门和本运输企业或者单位报告。运输企业或者单位接到事故报告后，应当按照本单位危险货物应急预案组织救援，并向事故发生地应急管理部门和生态环境、卫生主管部门报告。
3. 本案例第3问主要考查制动系统的设置。根据《机动车安全运行技术条件》，所有汽车(三轮汽车、五轴及五轴以上专项作业车除外)及总重量大于3 500 kg的挂车应装备符合规定的防抱制动装置。总重量大于等于12 000 kg危险货物运输货车还应装备电控制动系统(EBS)。客车、总质量大于3 500 kg的货车和专项作业车(具有全轮驱动功能的货车和专项作业车除外)、总质量大于3 500 kg的半挂车，以及所有危险货物运输车辆的所有行车制动器应装备制动间隙自动调整装置。车长大于9 m的客车(专用校车为车长大于8 m)、总质量大于等于12 000 kg的货车和专项作业车、总质量大于3 500 kg

的危险货物运输货车,应装备缓速器或其他辅助制动装置。

4. 本案例第 4 问主要考查事故调查组的职责。对于不同等级的事故的调查,调查的组织者也不完全相同。特别重大事故由国务院或者国务院授权有关部门组织事故调查组进行调查。重大事故、较大事故、一般事故分别由事故发生地省级人民政府、设区的市级人民政府、县级人民政府负责调查。省级人民政府、设区的市级人民政府、县级人民政府可以直接组织事故调查组进行调查,也可以授权或者委托有关部门组织事故调查组进行调查。未造成人员伤亡的一般事故,县级人民政府也可以委托事故发生单位组织事故调查组进行调查。根据事故的具体情况,事故调查组由有关人民政府、应急管理部门、负有安全生产监督管理职责的有关部门、监察机关、公安机关以及工会派人组成,并应当邀请人民检察院派人参加。事故调查组可以聘请有关专家参与调查。事故调查组履行下列职责:查明事故发生的经过、原因、人员伤亡情况及直接经济损失;认定事故的性质和事故责任;提出对事故责任者的处理建议;总结事故教训,提出防范和整改措施;提交事故调查报告。

第三题

【答案】

1. 该运输属于超许可经营范围。理由:A 运输企业不具备 5.2 类危险货物运输相关资质。过氧化二叔丁基的正式运输名称为:E 型有机过氧化物,液体的(过氧化二叔丁基)。
2. 过氧化二叔丁基应按照《危险货物道路运输规则　第 4 部分:运输包装使用要求》中规定包装指南 P520 来包装运输。
3. 过氧化二叔丁基不适用于例外数量道路运输。理由:“7(b)”栏中为“E0”。但可适用有限数量道路运输。理由:“7(a)”栏中不为“0”。
4. 装货人应当在充装或者装载货物前查验以下事项:
   (1)车辆是否具有有效行驶证和营运证。
   (2)驾驶人、押运人员是否具有有效资质证件。
   (3)运输车辆、罐式车辆罐体、可移动罐柜、罐箱是否在检验合格有效期内。
   (4)所充装或者装载的危险货物是否与危险货物运单载明的事项相一致。
   (5)所充装的危险货物是否在罐式车辆罐体的适装介质列表范围内,或者满足可移动罐柜导则、罐箱适用代码的要求。
5. 过氧化二叔丁基不可使用罐式车辆或者可移动罐柜运输。

【解析】

1. 本案例第 1 问主要考查危险货物运输企业道路运输经营许可以及危险货物正式运输名称。《危险货物道路运输安全管理办法》第二十二条规定,危险货物承运人应当按照交通运输主管部门许可的经营范围承运危险货物。第二十三条规定,危险货物承运人应当使用安全技术条件符合国家标准要求且与承运危险货物性质、重量相匹配的车辆、设备进行运输。危险货物承运人使用常压液体危险货物罐式车辆运输危险货物的,应当在罐式车辆罐体的适装介质列表范围内承运;使用移动式压力容器运输危险货物的,应当按照移动式压力容器使用登记证上限定的介质承运。危险货物承运人应当按照运输车辆的核定载质量装载危险货物，不得超载。本案例中，A运输企业不具备承运第5类危险货物的道路运输资质，且没有使用可以运输第5类危险货物的运输工具，违反上述规定。对于危险货物的正式运输名，一般根据运输信息表中“(2)中文名称和描述”确定。但正式运输名称为集合条目且在运输信息表第(6)列中注明了特殊规定274或318的，应附加技术名称。技术名称应写在正式运输名称之后的圆括号内，也可以使用适当的限定词，如“含有”或其他限定词如“混合物”“溶液”等，以及技术成分的百分含量。如本案例中正式运输名应为“E型有机过氧化物，液体的(过氧化二叔丁基)”。如表第(6)列无特殊规定时，括号里的内容可不写。

2. 本案例第2问主要考查危险货物道路运输的包装指南。可在运输信息表第(8)列找到危险货物对应的包装指南编号，并结合《危险货物道路运输规则　第4部分：运输包装使用要求》提供的包装一览表检索相关序号得到详细的包装信息。
3. 本案例第3问主要考查例外数量和有限数量道路运输的规定。道路运输信息表第(7a)列规定了每种物质适用于内包装或物品的数量限制。该列中用“0”表示不适用于按照有限数量运输的条目。可作为例外数量运输的危险货物，在道路运输信息表第(7b)列中，使用相关字母数字编码表示，如“E0”表示不适用例外数量运输。
4. 本案例第4问主要考查装货人充装或装载货物时应查验的内容。详见答案。
5. 本案例第5问主要考查危险货物的运输车辆。运输信息表第(10)~(14)列描述了适用于危险货物的可移动罐柜和散装容器、罐体及运输罐体的车辆。该信息是由《危险货物道路运输规则　第3部分：品名及运输要求索引》明确规定的，如此项没有内容，则说明没有适用该危险货物的可移动罐柜和散装容器、罐体及运输罐体的车辆，即不可采用上述方法运输。

第四章　道路运输站场安全生产

考情解读 

考·纲·要·求

掌握道路旅客及货物运输站场安全生产特点，运用道路运输站场安全技术和相关法律法规、规章制度、标准规范，制定汽车客运站危险品查堵、客车安全检查技术措施及工作规范，货运站场货物存储及堆放安全技术措施，以及道路运输站场突发事件应急处置措施。了解汽车客运站安全告知等制度的工作规范和技术要求，了解货运站场对超限超载、禁止装卸国家禁运和限运物品，以及对出站车辆进行安全检查的工作规范和技术要求。

命·题·分·析

本章内容主要包括道路旅客及货物运输站场安全生产特点，汽车客运站安全生产规章制度，汽车客运站危险品查堵，营运客车安全例行检查，营运客车出站检查，汽车客运站安全告知，货运站的安全管理要求，货运站货物储存及堆放安全技术措施，道路运输站场突发事件应急处置措施，货运站场对超限超载、禁止装卸国家禁运和限运物品的要求。

历年考试主要考查了汽车客运站安全生产管理的总体目标，申请从事客运站经营应具备的条件，客车"三不进站"，营运客车报班发车依据等内容。

除了已考查知识点，本章重点内容还包括客车"六不出站"，汽车客运站危险品查堵，营运客车安全例行检查，营运客车出站检查，道路运输站场突发事件应急处置措施，超限超载及其运输安全管理要求。

考点解读

考点一　道路旅客及货物运输站场安全生产特点

1. 道路旅客运输站场安全生产特点

道路旅客运输站场即汽车客运站。汽车客运站是人员流动中转的重要场所，正常时期人员已较为密集，在早晚客流高峰期人员更为密集，较易发生治安问题、公共安全问题、交通事故，对旅客财产安全、人身安全造成威胁和伤害。

链接

根据《汽车客运站级别划分和建设要求》，汽车客运站按规模可分为等级车站、便捷车站和招呼站。以设施与设备配置、日发量为依据，将等级车站从高到低依次分为一级车站、二级车站、三级车站。

一级车站的设施与设备符合《汽车客运站级别划分和建设要求》中一级车站配置要求，且具备下列条件之一：

(1)日发量在5 000人次及以上的车站。

(2)日发量在2 000人次及以上的旅游车站、国际车站、综合客运枢纽内的车站。

二级车站的设施与设备符合《汽车客运站级别划分和建设要求》中二级车站配置要求,且具备下列条件之一:

(1)日发量在2 000人次及以上、不足5 000人次的车站。

(2)日发量在1 000人次及以上、不足2 000人次的旅游车站、国际车站、综合客运枢纽内的车站。

三级车站的设施与设备符合《汽车客运站级别划分和建设要求》中三级车站配置要求,且日发量在300人次及以上、不足2 000人次的车站。

按车站位置和特点的不同可将汽车客运站分为枢纽站、国际站、旅游站、便携站和招呼站。其中,招呼站是在公路与城市道路沿线为客运车辆设立的旅客上落点的汽车客运站。一般来说,在两个距离较远的公交站之间才会设立招呼站,是为了方便在这两个车站之间要上下车的乘客。并且,招呼站是不会固定停车上下客的,下车需要跟司机联系,上车要招手。

2. 道路货物运输站场安全生产特点

道路货物运输站场(以下简称"货运站"),是指以场地设施为依托,为社会提供有偿服务的具有仓储、保管、配载、信息服务、装卸、理货等功能的综合货运站(场)、零担货运站、集装箱中转站、物流中心等经营场所。

货运站内同时存在运输车辆、装卸用车辆(如叉车)和人员,较易发生交通事故。

考点二 汽车客运站安全生产规章制度

汽车客运站安全生产管理的总体目标是把住汽车客运站安全生产源头关,有效预防和减少因汽车客运站源头管理不到位引发的生产安全事故。

1. 安全生产管理制度

汽车客运站经营者应当建立危险品查堵制度。

汽车客运站经营者应当建立营运客车安全例行检查制度。

汽车客运站经营者应当建立出站检查制度。

汽车客运站经营者应当建立安全告知制度。

链接

申请从事客运站经营的,应当具备下列条件:

(1)客运站经验收合格。

(2)有与业务量相适应的专业人员和管理人员。

(3)有相应的设备、设施。

(4)有健全的业务操作规程和安全管理制度,包括服务规范、安全生产操作规程、车辆发车前例检、安全生产责任制,以及国家规定的危险物品及其他禁止携带的物品查堵、人员和车辆进出站安全管理等安全生产监督检查的制度。

2. 安全生产责任制

汽车客运站应当实行全员安全生产责任制度，落实“一岗双责”。汽车客运站的主要负责人（包括法定代表人、实际控制人，下同）为安全生产的第一责任人，全面负责汽车客运站的安全生产工作；分管安全生产的负责人协助主要负责人履行安全生产职责，对安全生产工作负组织实施和综合管理及监督的责任；其他负责人对各自职责范围内的安全生产工作负直接管理责任。

汽车客运站经营者应当对进出汽车客运站的人员和行李物品、车辆进行严格检查，确保“三不进站”和“六不出站”，具体内容如下：

（1）“三不进站”：危险品不进站、无关人员不进站（发车区）、无关车辆不进站。

（2）“六不出站”：超载营运客车不出站、安全例行检查不合格营运客车不出站、旅客未系安全带不出站、驾驶员资格不符合要求不出站、营运客车证件不齐全不出站、“出站登记表”未经审核签字不出站。

汽车客运站的主要负责人对本单位安全生产工作负有下列职责：

（1）严格执行安全生产的法律、行政法规、规章、政策和标准，组织落实管理部门的工作部署和要求。

（2）建立健全本单位安全生产责任制，组织制定本单位安全生产规章制度和操作规程。

（3）依法设置安全生产管理机构或者配备专职安全生产管理人员，确定分管安全生产的负责人。

（4）保证本单位安全生产投入的有效实施。

（5）督促、检查本单位安全生产工作，及时消除生产安全事故隐患。

（6）组织制定并实施本单位安全生产教育培训计划。

（7）组织制定并实施本单位的突发事件应急预案，开展应急演练。

（8）定期组织分析本单位安全生产形势，研究解决重大安全问题；及时采纳安全生产管理机构和安全生产管理人员提出的预防措施和改进建议，并及时组织落实和整改。

（9）及时、如实报告生产安全事故，落实生产安全事故处理的有关工作。

汽车客运站的安全生产管理机构及安全生产管理人员（包括分管安全生产的负责人、专职安全生产管理人员）对本单位安全生产工作负有下列职责：

（1）严格执行安全生产的法律、行政法规、规章、政策和标准，参与本单位安全生产决策。

（2）拟订本单位安全生产管理制度、操作规程和应急预案，明确各部门、各岗位的安全生产职责，督促贯彻执行。

（3）组织或者参与本单位安全生产宣传、教育和培训，并如实记录。

（4）拟订本单位安全生产投入计划，组织实施或者监督相关部门实施。

（5）组织或者参与本单位应急救援演练。

（6）检查本单位的安全生产状况，及时排查生产安全事故隐患，提出改进安全生产管理的建议。

(7)制止和纠正违章指挥、强令冒险作业、违反操作规程的行为。

(8)督促落实本单位安全生产整改措施。

(9)及时、如实向主要负责人报告本单位生产安全事故;组织或者参与本单位生产安全事故的调查处理,承担生产安全事故统计和分析工作。

(10)其他安全生产管理工作。

考点三　汽车客运站危险品查堵

汽车客运站经营者应当建立危险品查堵制度,采取以下措施防止易燃、易爆和易腐蚀等危险品进站上车:

(1)制定危险品检查工作程序,规范危险品查堵工作。

(2)设立专门的危险品查堵岗位。在进站口等关键环节对进站旅客携带的行李物品和托运行包进行安全检查,对查获的危险品应当进行登记并妥善保管或者按规定处理。

(3)配备必要的检查设备。一级、二级汽车客运站应当配置行包安全检查设备;三级及以下汽车客运站应当积极创造条件配置行包安全检查设备,提高危险品查堵效率和质量。

危险品查堵岗位工作人员上岗前,应当参加常见危险品识别与处置、安全检查设备使用等相关知识和技能的培训,并经汽车客运站经营者考核合格;在岗期间,应当严格遵守岗位工作要求,不得开展与工作无关的活动。

考点四　营运客车安全例行检查

1. 基本要求

营运客车安全例行检查是指在受检营运客车按照相关规定进行了正常维护并检验合格的前提下,按照规定的时间周期,在不拆卸零部件的条件下,由营运客车安全例检人员借助简单的工具,采用人工检视的方法,对影响营运客车行车安全的可视部件技术状况所实施的检查。

提示

营运客车安全例行检查与营运客车的日常维护、一级维护和二级维护为非替代关系。

汽车客运站经营者应当建立营运客车安全例行检查制度,按照要求,对本单位始发的营运客车进行安全例行检查,并采取以下措施防止未检的营运客车(因车辆结构原因需拆卸检查的除外)出站运行:

(1)指定专门的安全例行检查人员(以下简称安全例检人员)。安全例检人员应当熟悉营运客车结构、检查方法和相关技术标准,并经汽车客运站考核合格。

(2)设置专门的检查场地,配备必要的设施设备。

(3)严格填写《营运客车安全例行检查报告单》。安全例检人员应当在完成安全例行检查后,填写《营运客车安全例行检查报告单》,对经检查合格的营运客车签发"营运客车安全例行检查合格通知单”，加盖汽车客运站安全例行检查印章。

“营运客车安全例行检查合格通知单”24 小时内有效。单程运营里程在 800 公里(含)以上的客运班车和往返运营时间在 24 小时(含)以上的客运班车，实行每个单程检查一次。

汽车客运站经营者应当建立健全安全例行检查台账并妥善保存，保存期限不少于 3 个月。

2. 设施设备条件

安全例行检查场所应具备防风、防雨、防晒及良好的采光、照明和通风等条件，并设有“安全例检”文字标志和“5 km/h”限速标志。

安全例行检查场所应设有地沟或者车辆举升装置。地沟的长度应不小于营运客车最大允许长度的 1.1 倍，宽度不小于 0.65 m，深度不小于 1.3 m。地沟内应安装照明设施和安全电源。

三级及以上的汽车客运站，安全例行检查应采用计算机管理系统，具有车辆信息登录、检查数据存储、检查信息查询、检查报告生成、人工录入等功能。

安全例行检查场所应配备消防设备，灭火器数量不少于 3 具(5 kg/具)，地沟内应放置 1 具。

安全例行检查应配备以下工具及安全防护用品：

(1)检验锤。

(2)便携式照明器具。

(3)轮胎气压表。

(4)轮胎花纹深度尺。

(5)套筒扳手、扭力扳手。

(6)钢卷尺、钢板尺。

(7)停车楔，数量不少于 2 只。

(8)安全帽、工装、手套、反光背心等安全防护用品。

3. 检查项目、方法及要求

(1)外观。

①检视车身外观，无漏油漏液现象，左、右后视镜、内后视镜齐全、完好，车窗玻璃齐全。

②打开前风窗玻璃刮水器开关，刮水器各挡位应工作正常，关闭刮水器时刮片应能自动返回到初始位置。

(2)制动系统。

①气压表工作状况：起动发动机，观察气压表指示情况，气压表应能正确指示系统压力。

②制动管路密封性：采用气压制动的营运客车，在储气筒气压达到起步压力以上时，关闭发动机，踩下制动踏板，在地沟内或者举升装置下方，检查各车轮制动气室、气阀及制

动管路的密封性，应无漏气声。采用液压制动的营运客车，检查各车轮制动分泵及可视制动管路的密封性，应无油液滴漏现象。

③制动系统自检：接通发动机起动开关，检视制动系统各故障指示灯指示状况，应无故障报警。

(3)转向系统。

①左、右转动转向盘，在地沟内或者举升装置下方，检视转向机构及球销总成的连接状况，各连接部位应连接可靠、无松动，球销总成应无松旷和开裂。

②采用目视和检验锤敲击的方法，检查横直拉杆，应无变形、裂纹和拼焊现象。

(4)照明及信号指示灯。

①前照灯：检视前照灯，应齐全、完好、表面清洁，无松脱；开启前照灯并进行远、近光变换，应工作正常。

②信号指示灯：分别开启转向灯(前、后、侧)、制动灯、示廓灯(前、后)、危险报警灯(前、后)、雾灯(前、后)、倒车灯，均应工作正常。

(5)车轮及轮胎。

①车轮螺栓及螺母：采用检验锤敲击的方法，巡视检查可视的轮胎螺栓、螺母以及可视的半轴螺栓，各车轮及半轴的螺栓、螺母应齐全、完好，紧固可靠。

②轮胎外观：检视胎冠、胎壁等部位，不得有长度超过 25 mm 或者深度足以暴露出帘布层的破裂、割伤以及凸起、异物刺入等影响使用的缺陷。同时目视检查并装轮胎间，应无明显异物嵌入。

③轮胎花纹深度：检视轮胎磨损状况。必要时，用轮胎花纹深度尺检测轮胎胎冠花纹深度。转向轮的胎冠花纹深度应不小于 3.2 mm，其余轮胎胎纹深度应不小于 1.6 mm。

④轮胎气压：采用检验锤敲击和目视的方法，巡视检查各轮胎的充气状况，必要时用气压表测量轮胎气压，轮胎气压应符合要求。

(6)安全设施。

①车门应急开关：检视动力启闭车门的车内应急开关，应急开关的标识及护罩、手柄、固定件等机件应齐全、完好。

②安全顶窗：检视安全顶窗，安全顶窗开启装置的护罩、手柄、固定件等机件应齐全、完好。

③安全锤：检视封闭式营运客车的应急窗，应配备安全锤并在规定的位置放置。

④灭火器：目视检查灭火器，应随车配备，压力值处于正常范围内，驾驶员座椅旁应放置 1 具，且安放稳固并便于取用。

⑤停车楔：检视停车楔，应随车配备，数量不少于 2 只。

⑥警告牌：检视三角警告牌，应随车配备并妥善放置。

4. 工艺组织及流程

营运客车安全例行检查应在驾驶员的配合下，宜采用“双人作业法”进行。安全例行检查推荐的工艺流程如图 4-1 所示。

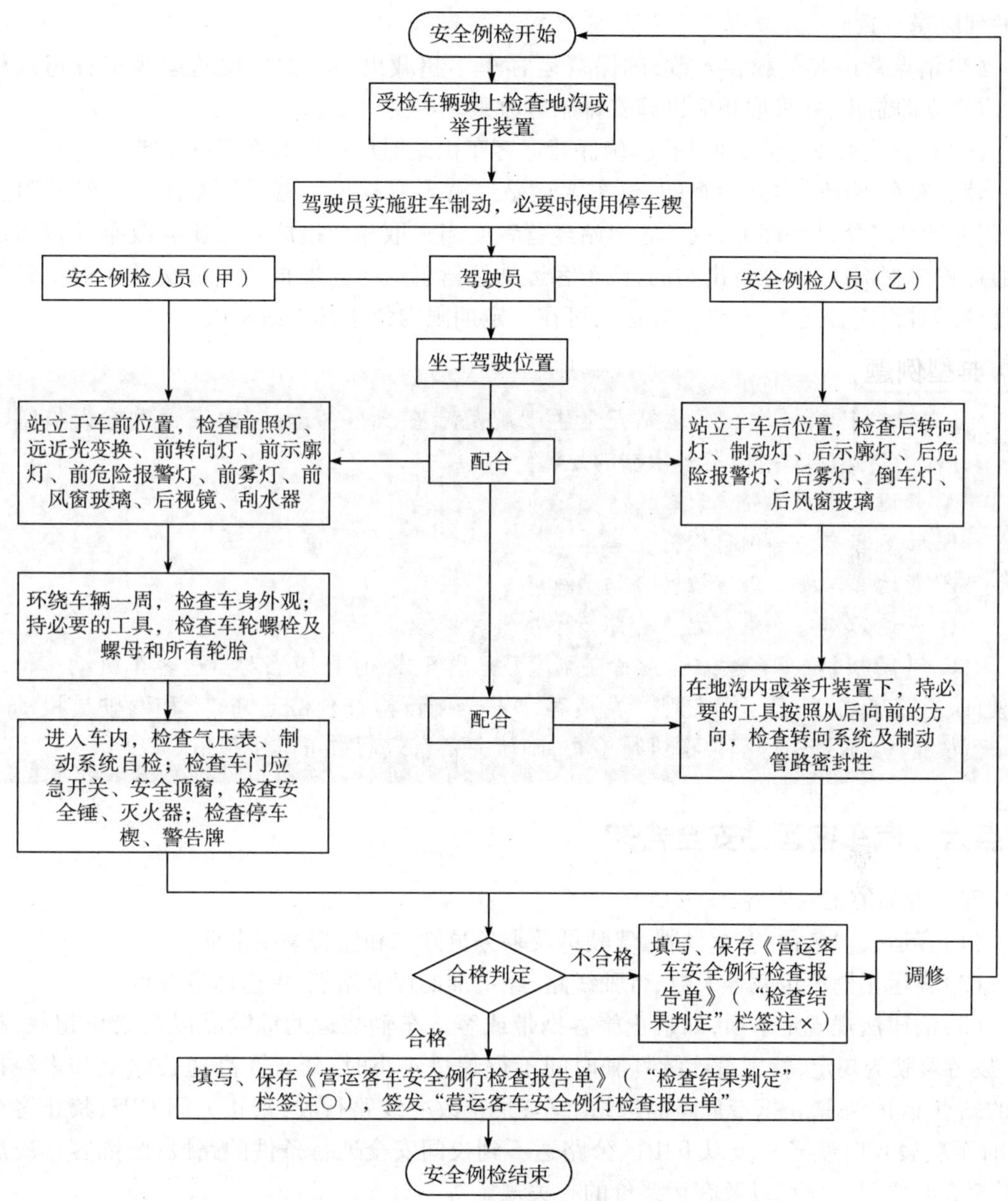

图 4-1　营运客车安全例行检查推荐工艺流程

考点五　营运客车出站检查

汽车客运站经营者应当建立出站检查制度，配备出站检查工作人员，对出站营运客车和驾驶员的相关情况进行检查，严禁不符合条件的营运客车和驾驶员出站运营。出站检查主要包括以下内容：

（1）检查出站营运客车报班手续是否完备，确保营运客车出站前机动车行驶证、道路运输证、客运标志牌、“营运客车安全例行检查合格通知单”等单证经客运站查验合格。

（2）核验每一名当班驾驶员持有的从业资格证、机动车驾驶证，确保受检驾驶员与报班的驾驶员一致。

(3)清点营运客车载客人数,确保营运客车不超载出站。如发现营运客车有超载行为,应当立即制止,并采取相应措施安排旅客改乘。

(4)检查旅客安全带系扣情况,确保营运客车出站时所有旅客系好安全带。

营运客车不配合出站检查的,汽车客运站经营者有权拒绝营运客车出站。经劝阻无效,仍滞留现场扰乱秩序的,汽车客运站经营者应当采取相应措施安排旅客改乘并报当地交通运输主管部门;对强行出站的,汽车客运站经营者应当立即报告当地交通运输主管部门处理。对相应营运客车,汽车客运站可在一定期限内禁止其进站发班。

典型例题

【单选题】根据《汽车客运站安全生产规范》,在汽车客运站,由安全例检人员签发,并作为营运客车报班发车依据的是(　　)。

A. 营运客车出站登记表

B. 营运客车安全例行检查报告单

C. 营运客车安全例行检查合格通知单

D. 营运客车安全例行检查台账

C。【解析】汽车客运站经营者在调度营运客车发班时,应当对营运客车机动车行驶证、道路运输证、客运标志牌、"营运客车安全例行检查合格通知单"和驾驶员机动车驾驶证、从业资格证等单证进行检查,确认完备有效后方可准予报班。

考点六　汽车客运站安全告知

安全告知的主要内容:

(1)客运公司名称、客车号牌、驾驶员及乘务员姓名和监督举报电话。

(2)客运车辆核定载客人数、行驶线路、经批准的停靠站点、中途休息站点。

(3)法律法规规定事项,如禁止旅客携带或客运车辆装运的危险品以及禁止超载、超速、疲劳驾驶的规定,特别是连续驾驶时间不得超过 4 小时;禁止在高速公路上和未经批准的站点上下客;禁止携带危险品进站上车;禁止改变线路行驶;禁止关闭 GPS;禁止客车 22 时至凌晨 6 时途经三级以下山区公路达不到夜间安全通行条件的路段;卧铺客车凌晨 2 时至 5 时要停车休息以及客运票价的有关规定等。

(4)车辆安全出口及应急出口逃生、安全带和安全锤使用方法。

安全告知方法:

(1)由乘务员或驾驶员在发车前向乘客告知。

(2)在车内明显位置标示客运车辆核定载客人数、经批准的停靠站点和投诉举报电话。

(3)由省级交通运输主管部门统一制作音像资料,向客运企业免费发放,并要求在客车发车前向乘客播放。

考点七　货运站的安全管理要求

申请从事货运站经营的,应当具备下列条件:

(1)有与其经营规模相适应的货运站房、生产调度办公室、信息管理中心、仓库、仓储库棚、场地和道路等设施,并经有关部门组织的工程竣工验收合格。

(2)有与其经营规模相适应的安全、消防、装卸、通信、计量等设备。

(3)有与其经营规模、经营类别相适应的管理人员和专业技术人员。

(4)有健全的业务操作规程和安全生产管理制度。

链接

货运站内一般配备有叉车、巷道堆垛机、集装箱龙门吊、集装箱正面吊等特种设备用于货物装卸作业。

货运站安全生产管理人员应具备的能力包括:

(1)沟通能力。安全生产管理人员在安全管理方面做好与管理对象的沟通,就安全管理的事项达成共识,可以使安全管理的要求得到有效执行。

(2)学习能力。通过对国家安全生产法律法规和安全生产技术的学习,提高安全生产管理人员的业务素质与能力,适应安全发展的需要。

(3)团队协作能力。安全生产管理人员要做好与之相关的其他部门和人员的工作协作,群策群力保证安全生产。

(4)解决问题的能力。安全生产管理人员需要有一定的政策理论水平和安全工作管理经验,懂得企业的生产流程、工艺技术(施工方法),了解生产过程中的危险部位和控制方法,要做到查隐患,促整改,及时解决查出的现场问题。

(5)计划能力.安全生产管理人员要善于把各项工作任务按照轻重缓急列出计划表,然后分配部署执行,在计划的实施和检查过程中,要抓住关键性问题,实现重点突破。

货运场站经营者应建立健全个体防护装备管理制度,至少应包括采购、验收、保管、选择、发放、使用、报废、培训等内容,并应建立健全个体防护装备管理档案。个体防护装备按防护部位分为9类:头部防护、眼面防护、听力防护、呼吸防护、防护服装、手部防护、足部防护、坠落防护、其他防护。

货运站经营者应当按照经营许可证核定的许可事项经营,不得随意改变货运站用途和服务功能。

货运站经营者应当依法加强安全管理,完善安全生产条件,健全和落实安全生产责任制。货运站经营者应当对出站车辆进行安全检查,防止超载车辆或者未经安全检查的车辆出站,保证安全生产。

货运站经营者应当按照货物的性质、保管要求进行分类存放,危险货物应当单独存放,保证货物完好无损。

货运站经营者应当按照规定的业务操作规程进行货物的搬运装卸。搬运装卸作业应当轻装、轻卸,堆放整齐,防止混杂、撒漏、破损,严禁有毒、易污染物品与食品混装。

货运站经营者不得超限、超载配货,不得为无道路运输经营许可证或证照不全者提供服务;不得违反国家有关规定,为运输车辆装卸国家禁运、限运的物品。

货运站经营者应当制定有关突发公共事件的应急预案。应急预案应当包括报告程序、应急指挥、应急车辆和设备的储备以及处置措施等内容。

链接

货运站作业场所可能存在的危险有害因素有人的不安全行为和设施设备的不安全状态。对于人的不安全行为，应加强安全教育，规定员工严格遵守相关规章制度、操作规程，提高安全意识，加强岗前安全培训教育，定期考试考核等；对于设施设备的不安全状态，应定期检查、检测、维护相关设备设施，发现问题及时整改等。

考点八　货运站货物储存及堆放安全技术措施

1. 货物的储存

货物的储存一般按照“小心轻放，妥善处理”的原则进行，大致应遵循以下安全要点：

(1)包装好的产品放置木托上时，其正唛或侧唛必须置于可辨读的方向。

(2)混合搬运或储存时，要将大的或重的货物置于下面(除外箱要求不能受压的除外)，而将轻的、易于搬运的货物放在上面。

(3)包装好的产品应按照存放要求露天或遮雨存放。

(4)所有包装好的产品存放时，必须按单分类有序存放，排列成行，而且必须做好标识。

2. 货物的堆放

(1)对位和方向正确。

(2)必须遵守各类产品不同的堆放要求。

(3)纸箱在堆放时，必须使上下箱对齐，将其2/3的质量集中于箱角的周围。

(4)货物须排放于木托的面积之内，并让其唛头外露。

(5)顶层产品的周围须有加固装置(如用塑胶扎线扎好)，有利于货物排列整齐和防止整箱跌落。

(6)所有纸箱盛装的产品必须放置于木托上，以防止纸箱受潮。

(7)货物堆放“五距”标准：

①顶距：指堆货的顶面与仓库屋顶面之间的距离。一般的平顶楼房，顶距为50 cm以上；人字形屋顶，堆货顶面以不超过横梁为准。

②灯距：指仓库内固定的照明灯与商品之间的距离。灯距不应小于50 cm，以防止照明灯过于接近商品，灯光产生热量导致火灾。

③墙距：指墙壁与堆货之间的距离。墙距又分外墙距与内墙距。一般外墙距在50 cm以上，内墙距在30 cm以上，以便通风、散潮和防火，一旦发生火灾，可供消防人员出入。

④柱距：指货堆与屋柱的距离一般为30～50 cm。柱距的作用是防止柱散发的潮气使商品受潮，并保护柱脚，以免损坏建筑物。

⑤垛距：指货堆与货堆之间的距离，通常为100 cm，垛距的作用是使货堆与货堆之间间隔清楚，防止混淆，也便于通风检查，一旦发生火灾，还便于抢救，疏散物资。

考点九　道路运输站场突发事件应急处置措施

1. 突发事件与应急响应

道路运输站场在日常运营中难免会面对无法预料的突发事件，为了在第一时间做出响应,应该坚持“安全第一、预防为主”的方针,按照统一指挥、分工协作、迅速控制、减少损失的原则,科学有效地预防和控制道路运输站站内的突发事件,最大限度地减少人员伤亡、财产损失和社会影响。

(1)发生火灾、爆炸时的应急响应。

①发现火灾爆炸事故后,由通信组迅速拨打“119”报警,同时向相关部门报告。

②若发现伤亡人员要与医院联络前来救助。通信组要利用有线、无线等通信方式保持火场指挥与各行动组之间的联络,同时保持与公安、消防、医院、电力等外界部门的联络,并保障通信的畅通有效。

③在专业抢险部门未到之前,事故总指挥应立即组织疏散和现场扑救,疏散组通过广播或直接口头通知,对于客运站,利用通行门、检票口和安全出口对人员进行疏散,引导至安全的场地;对于货运站,还应通知驾驶员,引导相关车辆有序离开。

④对于客运站,在组织疏散过程中要搞好宣传,稳定旅客和工作人员情绪,保持疏散秩序,防止造成混乱和恐慌。抢险车辆到来后,由疏散组引导抢险车辆进入事故现场。同时要疏通防火通道,保证疏散人员的道路畅通无阻,打出防火隔离带,切断电源。

⑤扑救组要按照火灾情况、起火物的性质启用灭火器、消火栓、砂土及其他扑火工具进行初期扑救。

(2)发生群体斗殴时的应急响应。

站内发生群体斗殴事件时,相关人员要迅速拨打“110”报警,并组织人员尽力控制事态发展,疏散围观群众,等公安机关到达后配合公安机关处理。若发现伤亡人员应拨打“120”请求救助,由医院处置伤亡人员。

(3)发生疫情时的应急响应。

①发现人员或家禽出现疫情的,立即对人员或家禽进行隔离,并向运管处、交通局、市防疫部门报告,由卫生防疫部门对其进行检查,拒绝检查的,要请求公安部门协助。

②对经卫生防疫部门确定的病例,卫生防疫部门应迅速将病人运送到指定医院或将家禽等运送到指定地点销毁,客运站(货运站)要协助卫生防疫部门组织输送。

③对与该病例有密切接触的人员由客运站(货运站)进行登记。登记的主要内容包括姓名、性别、年龄、家庭住址或工作单位、联系电话等,以留备查。

④对发现病例的场所在卫生防疫部门的指导下立即进行彻底的消毒。必要时卫生防疫部门和公安部门可驻站进行防疫检查和治安管理,客运站(货运站)要配合卫生、公安机关,并配备充足的防疫用品,坚持每日消毒,直至疫情结束。

(4)较大、重大、特别重大突发事件的应急响应。

①道路运输各类人员要积极配合道路运输场站做好信息传递工作,完善预测预警机制,开展风险分析,对可能发生和可以预警的较大、重大、特别重大突发事件进行预警,做到早发现、早报告、早处置。

②客运(货运)经营者如果在途中遇到突发事件,应在第一时间内如实向所属企业、运输站、运管机构、应急管理机构报告,不得迟报、谎报和漏报。报告内容包括时间、地点、信息来源、事件性质、影响范围、事件发展趋势和已采取的措施等。

③运输站在接到通知后一定时间内快速作出综合分析，并按照分级响应权限向交通主管部门以及运输管理机构报告。

④突发事件发生后，运输站为第一响应责任单位，尽量在事发后15分钟内启动以本单位为主体的先期处置机制。30分钟内有关人员赶到现场开展收集现场动态信息、布置警戒、疏散群众、控制现场、救护抢险等基础处置工作，对发生的突发事件及时、有效地进行处置，控制事态进一步发展。此外，还应及时通知相关单位和部门组织专业人员前往事发现场。对于先期处置未能有效控制事态发展的事故，要在上一级应急指挥机构的统一指导下协调有关单位开展处置工作。

2. 应急保障

所有进站营运车辆都要服从交通主管部门和运输管理机构的应急指挥，按照应急预案切实做好应对道路运输突发事件的人力、物力、交通运输通信保障等工作，保证应急救援工作的需求。

(1)通信与信息保障。

工作人员和客运(货运)司乘人员平时注意收集记录各种有关运输安全、人员流动、疾病流行、气候变化等信息，并应及时向站内相关负责人报告。站内值班电话要保持24小时有人值守、司乘人员随车电话保持全天开机。

(2)人力与物力保障。

经营单位和运输站在收到发生道路运输突发事件后，除根据事故响应程序向上一级请求援助外，还要协调相关专业单位组织相关人员、车辆、急救物品随时待命，保证突发事件的需求。

(3)交通运输保障。

发生交通事故、自然灾害以及人流量猛增等其他突发事件后，运输经营单位要服从人民政府及交通主管部门、运输管理机构的统一调度和指挥，确保抢险救灾物资和人员能够及时、安全送达。

考点十　货运站对超限超载、禁止装卸国家禁运和限运物品的要求

1. 超限超载

(1)超限超载的概念。

超限是指货运车辆的载货长度、宽度、高度和载货质量超过规章制度规定的限度。超载是指汽车装载货物时超过汽车额定载重量，超载核定时，主要关注汽车的性能以及由此而引发的行车安全性。

超限运输车辆，是指有下列情形之一的货物运输车辆：

①车货总高度从地面算起超过4 m。

②车货总宽度超过2.55 m。

③车货总长度超过18.1 m。

④二轴货车，其车货总质量超过18 000 kg。

⑤三轴货车，其车货总质量超过25 000 kg；三轴汽车列车，其车货总质量超过27 000 kg。

⑥四轴货车，其车货总质量超过 31 000 kg；四轴汽车列车，其车货总质量超过 36 000 kg。

⑦五轴汽车列车，其车货总质量超过 43 000 kg。

⑧六轴及六轴以上汽车列车，其车货总质量超过 49 000 kg，其中牵引车驱动轴为单轴的，其车货总质量超过 46 000 kg。

提示

符合《汽车、挂车及汽车列车外廓尺寸、轴荷及质量限值》规定的冷藏车、汽车列车、安装空气悬架的车辆，以及专用作业车，不认定为超限运输车辆。

（2）超载超限运输安全管理要求。

载运不可解体物品的超限运输（以下称大件运输）车辆行驶公路前，承运人应当按下列规定向公路管理机构申请公路超限运输许可：

①跨省、自治区、直辖市进行运输的，向起运地省级公路管理机构递交申请书，申请机关需要列明超限运输途经公路沿线各省级公路管理机构，由起运地省级公路管理机构统一受理并组织协调沿线各省级公路管理机构联合审批，必要时可由交通运输部统一组织协调处理。

②在省、自治区范围内跨设区的市进行运输，或者在直辖市范围内跨区、县进行运输的，向该省级公路管理机构提出申请，由其受理并审批。

③在设区的市范围内跨区、县进行运输的，向该市级公路管理机构提出申请，由其受理并审批。

④在区、县范围内进行运输的，向该县级公路管理机构提出申请，由其受理并审批。

经批准进行大件运输的车辆，行驶公路时应当遵守下列规定：

①采取有效措施固定货物，按照有关要求在车辆上悬挂明显标志，保证运输安全。

②按照指定的时间、路线和速度行驶。

③车货总质量超限的车辆通行公路桥梁，应当匀速居中行驶，避免在桥上制动、变速或者停驶。

④需要在公路上临时停车的，除遵守有关道路交通安全规定外，还应当在车辆周边设置警告标志，并采取相应的安全防范措施；需要较长时间停车或者遇有恶劣天气的，应当驶离公路，就近选择安全区域停靠。

⑤通行采取加固、改造措施的公路设施，承运人应当提前通知该公路设施的养护管理单位，由其加强现场管理和指导。

⑥因自然灾害或者其他不可预见因素而出现公路通行状况异常致使大件运输车辆无法继续行驶的，承运人应当服从现场管理并及时告知作出行政许可决定的公路管理机构，由其协调当地公路管理机构采取相关措施后继续行驶。

货运站应做到以下几个方面的安全要求：

①要严格执行统一的超限超载认定标准，所有车辆在装载时，不得超过《汽车、挂车及汽车列车外廓尺寸、轴荷及质量限值》所规定的超限超载标准。

②要对来车核对提货单数量，发现提货单数量超出车辆超限超载认定标准的重量时，

一定要按车辆的装载质量或行驶证核定载质量来开装车单。

③装车完毕，过磅时发现车货总重超出超限超载认定标准时，要坚决退回卸货，直到车货总重在超限超载认定标准以下。

④对于不严格执行相应规章制度导致出厂车辆超限超载运输的，应当按照安全生产考核奖惩制度的规定进行处罚。

载运可分载物品的超限运输（以下称违法超限运输）车辆，禁止行驶公路。在公路上行驶的车辆，其车货总体的外廓尺寸或者总质量未超过《超限运输车辆行驶公路管理规定》的限定标准，但超过相关公路、公路桥梁、公路隧道限载、限高、限宽、限长标准的，不得在该公路、公路桥梁或者公路隧道行驶。任何单位和个人不得指使、强令货运车辆驾驶人违法超限运输。货运车辆驾驶人不得驾驶违法超限运输车辆。

2. 国家禁运和限运物品

国家禁运和限运物品主要包括枪支（含仿制品、主要零部件）弹药，管制器具，爆炸物品，压缩和液化气体及其容器，易燃液体，易燃固体、自燃物质、遇水易燃物质，氧化剂和过氧化物，毒性物质，生化制品、传染性、感染性物质，放射性物质，腐蚀性物质，毒品及吸毒工具、非正当用途麻醉药品和精神药品、非正当用途的易制毒化学品，非法出版物、印刷品、音像制品等宣传品，间谍专用器材，非法伪造物品，侵犯知识产权和假冒伪劣物品，濒危野生动物及其制品，禁止进出境物品，其他物品。

货运站发现上述物品时常见的处理办法如下：

（1）发现各类武器、弹药等物品，应立即通知公安部门处理，疏散人员，维护现场。同时通报国家安全机关。

（2）发现各类放射性物品、生化制品、麻醉药物、传染性物品和烈性毒药，应立即通知防化及公安部门按应急预案处理。同时通报国家安全机关。

（3）发现各类易燃易爆等危险物品，收寄环节发现的，不予收寄；经转环节发现的，应停止转发；投递环节发现的，不予投递。对危险品要隔离存放。对其中易发生危害的危险品，应通知公安部门，同时通报国家安全机关，采取措施进行销毁。需要消除污染的，应报请卫生防疫部门处理。其他危险品，可通知寄件人限期领回。对内件中其他非危险品，应当整理重封，随附证明发寄或通知收件人到投递环节领取。

（4）其他情形，可通知相关政府监管部门处理。

同步自测

单项选择题（每题的备选项中，只有1个最符合题意）

1. 根据《汽车客运站安全生产规范》，汽车客运站安全生产管理的总体目标是把住汽车客运站（　　）。

A. 车辆动态运行关　　B. 安全生产源头关

C. 从业人员资格关　　D. 乘客有序乘车关

2. 下列不属于汽车客运站安全告知的主要内容的是（　　）。

A. 驾驶员及乘务员姓名　　B. 客运车辆行驶路线

C. 车辆安全出口　　D. 客运车辆的实载人数

3. 客运驾驶员必须严格执行“三不进站、六不出站”管理规定。下列不属于“三不进站”的是(　　)。

A. 危险品不进站　　B. 无关车辆不进站

C. 客车证件不齐全不进站　　D. 无关人员不进站(发车区)

4. 对于单程营运里程为 900 km 的客运班车,其安全例行检查的频次是(　　)。

A. 每日检查一次　　B. 每个单程检查一次

C. 进出场各检查一次　　D. 每 12 小时检查一次

答案详解

单项选择题

1. B。【解析】汽车客运站安全生产管理的总体目标是把住汽车客运站安全生产源头关,有效预防和减少因汽车客运站源头管理不到位引发的生产安全事故。

2. D。【解析】汽车客运站安全告知的主要内容:(1)客运公司名称、客车号牌、驾驶员及乘务员姓名和监督举报电话。(2)客运车辆核定载客人数、行驶线路、经批准的停靠站点、中途休息站点。(3)法律法规规定事项。(4)车辆安全出口及应急出口逃生、安全带和安全锤使用方法。

3. C。【解析】“三不进站”,即危险品不进站、无关人员不进站(发车区)、无关车辆不进站。“六不出站”,即超载客车不出站、安全例检不合格营运客车不出站、旅客未系安全带不出站、驾驶员资格不符合要求不出站、营运客车证件不齐全不出站、“出站登记表”未经审核签字不出站。

4. B。【解析】单程营运里程在 800 km(含)以上的客运班车和往返营运时间在 24 小时(含)以上的营运班车,实行每个单程检查一次。

第五章　道路运输信息化安全

考情解读 

考·纲·要·求

掌握常用道路运输管理信息系统的主要功能、应用要求以及车辆卫星定位动态监控系统、客运联网售票信息系统等重点信息系统应用相关政策法规的要求。了解计算机软件、硬件、计算机网络、数据库等原理。熟悉网络信息安全相关技术知识。运用道路运输信息化安全技术，解决相关问题。

命·题·分·析

本章内容主要包括道路运输管理信息系统，道路运输车辆卫星定位监控系统，道路客运联网售票系统，道路客运联网售票系统省域道路工程建设，计算机软件、硬件、计算机网络及数据库原理，网络信息安全相关技术。

历年考试暂未考查本章内容。

本章重点内容包括道路运输管理信息系统的功能模块，道路运输车辆卫星定位监控系统的组成，监控中心，网络安全问题，网络安全措施等。

考点解读

考点一　道路运输管理信息系统

1. 设计原则

(1)要以满足用户的要求为基础，并在此基础上进行拓展和提高，从而使其的实际应用能力更强。

(2)当今网络技术必须遵循开放性和标准化的基本原则。

(3)道路运输管理信息系统的规模将会越来越大，技术也将会不断更新，因此必须遵循网络的可扩展性。

(4)在方案设计和设备选型时，为了提高其可靠性，必须采用必要的容错技术措施。

(5)道路运输管理信息系统需具有良好的可管理性和可维护性。

(6)在满足基本功能的前提下要尽量降低建网的成本，使得其性价比达到最高。

2. 基本功能

(1)对车辆信息档案、驾驶人信息档案、车辆年审、车辆保险到期提醒、车辆二级维护到期提醒、车辆综合性能检测提醒、车辆缴费、车辆欠费查询、企业财务收支等全面业务进行管理。

(2)实现运输企业车辆技术管理、财务管理、查询等功能,减少人工配单、人工统计的工作量,加强车辆调度功能,加快各环节的信息交流和协作,提高部门协同工作效率,进而提高企业整体效率。

3. 道路运输管理信息系统的功能模块(图 5-1)

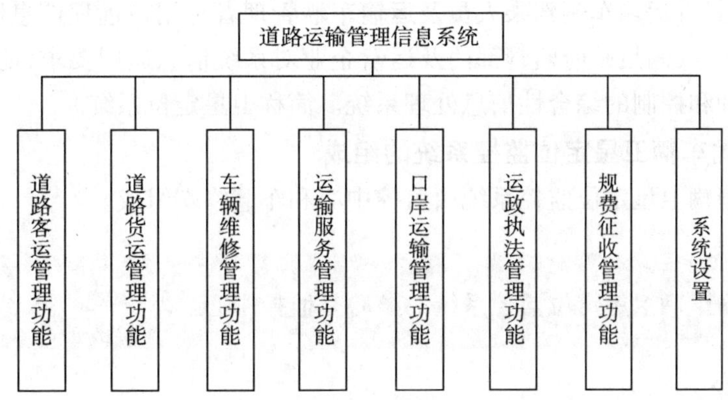

图 5-1　道路运输管理系统的功能模块

(1)道路客运管理功能:收集、加工、检索、输出客运业有关的信息,包括长途车客运,出租车客运,旅游客运,客运类别,技术管理,车辆审批、发证、过户、年度审验,数据统计等。

(2)道路货运管理功能:采集、加工、检索、输出货运业的有关信息,包括营运车辆、普通与危险品运输车辆审批、发证、过户、年度审验,数据统计等。

(3)车辆维修管理功能:采集、加工、检索、输出综合性能检测站的信息,包括一、二、三类维修业户的户籍、年度审验、经营许可、经营行为管理、从业人员的建档与统计等。

(4)运输服务管理功能:采集、加工、检索、输出运输服务业的有关信息,包括货运代办、信息配载、客运代理、流通加工、货物中转、停车场经营、货运站经营、客运站经营等许可证的办理和审验。

(5)口岸运输管理功能:收集、加工、检索、输出口岸汽车运输管理的有关信息,包括口岸客运、货运、临时口岸客货运、出入境车辆、人员管理等。

(6)运政执法管理功能:此功能主要是为了对经营者违章处罚各文书档案的运用、管理和登记。执法文书案卷包括询问的笔录、交通违法行为通知书、交通违法行为的调查报告、交通行政处罚决定书、行政处罚文书送达回证等。

(7)规费征收管理功能:统计和查询运输管理费征收,并且及时生成欠费业户清单。

(8)系统设置:对整个系统进行管理,包括用户设置、系统简介、运行记录、数据导入、数据备份、数据清空等。

道路运输管理信息系统在实现单个功能的同时,也把各功能连接起来,实现了数据共享。系统应用程序包含了道路运输的全过程管理，使得工作中人为因素的干扰大大减少，工作更加规范，并且增加了工作透明度，从而大大提高了工作效率。

考点二　道路运输车辆卫星定位监控系统

1. 定义

道路运输车辆卫星定位系统，是指以卫星定位手段提供道路运输车辆实时位置和状态信息为特征，具有运输车辆驾乘人员及运输车辆管理者等用户远程信息服务，反映运输车辆实时动态数据，满足政府监管部门及运营企业对系统信息运用要求，能对服务范围内的车辆进行管理和控制的综合性信息处理系统。简称卫星定位系统。

2. 道路运输车辆卫星定位监控系统的组成

道路运输车辆卫星定位监控系统由监控中心和车载终端组成。

链接

道路运输车辆卫星定位监控系统的核心是监控中心。

3. 监控中心

监控中心主要包括政府平台和企业平台两部分。

政府平台通过平台接口及统计分析功能，主要实现对上级平台的数据报送、对下级政府平台的管理和对企业平台的监管和服务。

企业平台接入到政府平台，主要通过对车载终端的控制，实现对营运车辆安全运营的监控，并实时上报各项数据给政府平台。

政府平台之间通过专线网络或互联网 VPN 方式进行连接，企业平台与政府平台可以通过互联网或专线网络方式进行连接，车载终端与企业平台或政府平台之间通过无线通信网络进行连接。

(1)政府平台。

政府平台应具备平台接口功能、平台管理功能、统计分析功能、平台运行监控功能以及其他基本功能。

基本功能主要包括接入平台管理、报表导出功能、车辆数据定时同步功能、报警、报警管理、基本资料管理、危险品车辆/企业管理、班线客运车辆/企业管理、旅游包车车辆/企业管理、货运车辆/企业管理、车辆动态监控管理、电子地图管理等。

(2)企业平台。

企业平台的功能主要可分为基本功能和业务功能 2 部分。

基本功能包括报表导出功能、报警和警情处理功能、监控功能、平台接口功能、监管功能、统计分析功能、管理功能等。

业务功能主要包括偏离路线报警、线路关键节点监控、区域报警、分路段限速监控、疲劳驾驶报警、驾驶员身份识别、班线客运特殊业务功能、ACC 信号异常报警、位置信息异常报警等。

(3)车辆动态监控。

车辆动态监控功能应至少具备以下几个功能:

①提供对车辆的实时监控、单向监听等功能,提供对多车的车辆跟踪、报文发送和车辆拍照等功能,并可支持对反馈报文、车辆行驶记录数据及照片的历史数据查询。

②提供对指定车辆历史轨迹回放功能,并支持在历史轨迹点提供车辆事件的提示。

③提供查询指定时间段、经过指定区域的车辆信息,应支持多区域多时间段的联合查询。

④提供企业车辆运行状态报备数据管理功能。

车辆监控管理应包括车辆上下线实时提醒、车辆调度、车辆监控、车辆跟踪、车辆点名、车辆查找、区域查车和车辆远程控制等功能:

①车辆上下线实时提醒:实时反映车辆上下线情况,通过声、光等形式进行提醒。

②车辆调度:通过多种方式选择车辆,并向车辆下发调度信息。

③车辆监控:实时接收终端上传的动态信息,并在电子地图上显示其位置,并可根据需要显示车辆动态信息。

④车辆跟踪:以定时方法,在电子地图显示单车或多车实时位置和状态信息。

⑤车辆点名:向指定车辆发送车辆点名命令,终端上报车辆位置信息,企业平台在电子地图上显示车辆位置。

⑥车辆查找:按照车牌号码、STM 卡号码、司机、企业和车队等条件查询车辆。

⑦区域查车:在电子地图上查询设定区域的当前车辆。

⑧车辆远程控制:将监听、解除监听、无线通信连接、图片抓拍等不会影响车辆运行安全的指令发送到终端,通过终端实现相应功能。

⑨车辆运营状态报备:平台应具备车辆运营状态报备登记功能。

⑩车辆长时异常离线提醒:平台应具备动态巡检车辆在线情况功能,对于长时异常离线车辆,采用声、光和文字形式对监控人员进行提醒,应上报动态信息上报异常报警。

4. 车载终端

车载终端是指安装在道路运输车辆上满足工作环境要求,具有卫星定位系统、移动网络接入、道路运输车辆行驶记录、道路运输车辆相关信号采集和控制,与其他车载电子设备进行通信,提供政府平台或企业平台所需的信息,完成卫星定位系统对车辆控制功能的装置。

(1)车载终端的主要功能包括自检、定位、通信、信息采集、行驶记录、监听、同化、休眠、警示、运车驶开、单缩始时、电子间有、效件语停次、略行连续供电、ETC 功能等要求。

(2)根据不同类型运输车辆监管要求,终端分为危险货物运输车辆终端、货运车辆终端、客运车辆终端、挂车终端 4 类。

(3)终端的自检功能应能通过信号灯或显示屏明确表示终端当前主要状态,包括卫星定位及通信模块工作状态、主电源状态、卫星定位天线状态、与终端主机相连的其他设备状态等。终端应能以预设的频率进行自检，自检频率宜由监控中心设定。若出现故障，应通过信号灯或显示屏显示方式指示故障类型等信息，存储并上传至监控中心。

(4)终端的定位功能应满足以下技术要求：

①定时报送：在行驶状态下，最小报送时间间隔不大于 5 s，最大报送时间间隔不大于 30 s。

②定距报送：在行驶状态下，最小报送距离不大于 100 m，最大报送距离不大于 500 m。

③定时定距报送：在行驶状态下，终端可按监控中心设置的时间、距离间隔上报定位数据。

④实时定位：从终端收到监控中心下发的实时定位请求到终端应答，时间不大于 10 s。

⑤记录时间精度：24 小时内累计时间允许误差在 ±5 s 以内。

5. 关于道路运输车辆卫星定位系统的相关规定

(1)加强领导，建立协调机制。

利用运输车辆卫星定位系统，加强道路运输安全管理，实时监控运输车辆驾驶人超速行驶、疲劳驾驶等违法行为，是有效遏制重特大事故、实现道路运输科学发展、安全发展的有效手段。各级交通运输、公安、安全监管、工业和信息化部门要把加强动态监管工作作为一项重要任务，思想上高度重视，工作上精心组织，结合各地实际，制定切实可行的工作方案，细化各项工作措施，建立协调合作机制，加强部门协作，形成监管合力，确保按时完成国务院《国务院关于进一步加强企业安全生产工作的通知》明确的任务。

(2)各司其职，严把市场准入关。

运输企业要按照国务院《国务院关于进一步加强企业安全生产工作的通知》要求，必须为“两客一危”车辆安装符合《道路运输车辆卫星定位系统　车载终端技术要求》的卫星定位装置，并接入全国重点营运车辆联网联控系统，保证车辆监控数据准确、实时、完整地传输，确保车载卫星定位装置工作正常、数据准确、监控有效。

新出厂的“两客一危”车辆，在车辆出厂前应安装符合《道路运输车辆卫星定位系统　车载终端技术要求》的卫星定位装置。对于不符合规定的车辆，工业和信息化部不予上车辆产品公告；道路运输管理部门在为车辆办理道路运输证时，要检查车辆卫星定位装置的安装和工作情况。凡未按规定安装卫星定位装置的新增车辆，交通运输部门不予核发道路运输证。

对于已经取得道路运输证但尚未安装卫星定位装置的营运车辆，道路运输管理部门要督促运输企业按照规定加装卫星定位装置，并接入全国重点营运车辆联网联控系统。没有按照规定安装卫星定位装置或未接入全国联网联控系统的运输车辆，道路运输管理部门应暂停营运车辆资格审验。公安部门要逐步将“两客一危”车辆是否安装使用卫星定位装置纳入检验范围。

(3)加强监管，落实运输企业监控主体责任。

道路运输企业要进一步落实安全生产主体责任，切实加强对所属车辆的动态监控。

企业主要负责人对本单位所属车辆的动态监控工作全面负责。要按规定为其所属车辆安装符合标准的卫星定位装置，接入符合《道路运输车辆卫星定位系统 平台技术要求》标准的监控平台（或监控端）；制定和完善卫星定位装置安装使用规定，建立动态监控工作台账，根据车辆行经道路的实际情况，设置相应的车辆行驶速度限速标准；配备专职人员负责监控车辆行驶动态，分析处理动态信息；充分运用卫星定位监控手段加强对所属车辆和驾驶员的日常监督，按照有关规定及时纠正和处理超速、疲劳驾驶等违法驾驶行为，对多次有违法驾驶行为的要按照有关规定加重处理，对违法驾驶信息要留存在案，至少保存1年时间；定期检查车载卫星定位装置使用情况，确保车辆在线时间。对不按规定使用、故意损坏卫星定位装置的单位和个人，以及不严格监控车辆行驶动态的值守人员，要依照相关规定给予处理；造成严重后果的，依法追究企业负责人和相关责任人的法律责任。

（4）协同联动，加强联合监管力度。

交通运输、公安、应急管理部门要充分利用全国重点营运车辆联网联控系统提供的监管手段，依据法定职责，实施联合监管。交通运输部门负责建立营运车辆动态信息公共服务平台，实现与全国重点营运车辆联网联控系统的联网，利用动态监控手段加强对运输市场秩序管理，并向公安、应急管理等有关部门开放数据传送，为政府有关部门和运输企业加强动态监控提供有效技术手段；公安部门根据符合标准的卫星定位装置采集的监控记录资料，严格依法查处超速行驶、疲劳驾驶等道路交通安全违法行为；应急管理部门利用动态监督手段，做好应急指挥及事故调查处理工作。

（5）落实经费，建立长效运行机制。

各级交通运输部门要进一步完善全国重点营运车辆联网联控系统的各项功能，加强对营运车辆动态信息公共服务平台的维护，制定平台长期稳定运行的保障机制。要落实专项经费，保证公共服务平台长期稳定运行，并将其纳入部门和地方的年度预算。要加强考核，建立逐级考核和通报制度，定期对下级管理机构和运输企业进行考核，并将考核情况报送上级管理部门。

（6）加强督导，定期通报卫星定位装置安装情况。

各省级交通运输主管部门每季度要向交通运输部报送本地区“两客一危”车辆安装卫星定位装置的情况，交通运输部、公安部、应急管理部、工业和信息化部将定期通报各地区工作进展情况，并对各地区“两客一危”车辆安装卫星定位装置的情况进行督导。

6. 法律责任

（1）道路运输企业有下列情形之一的，由县级以上道路运输管理机构责令改正。拒不改正的，处3 000元以上8 000元以下罚款：

①道路运输企业未使用符合标准的监控平台、监控平台未接入联网联控系统、未按规定上传道路运输车辆动态信息的。

②未建立或者未有效执行交通违法动态信息处理制度、对驾驶员交通违法处理率低于90%的。

③未按规定配备专职监控人员的。

(2)道路运输经营者使用卫星定位装置出现故障不能保持在线的运输车辆从事经营活动的,由县级以上道路运输管理机构责令改正。拒不改正的,处800元罚款。

(3)有下列情形之一的,由县级以上道路运输管理机构责令改正,处2 000元以上5 000元以下罚款:

①破坏卫星定位装置以及恶意人为干扰、屏蔽卫星定位装置信号的。

②伪造、篡改、删除车辆动态监控数据的。

其他动态监控的规定见第二章考点解读相关内容。

考点三　道路客运联网售票系统

1. 道路客运联网售票系统的定义

道路客运联网售票系统,是指在某区域实现票务信息查询、联网售票、票务结算等功能的综合性服务系统。

2. 总体架构

(1)系统分级。道路客运联网售票系统主要分为部级道路客运联网售票系统、省级道路客运联网售票系统和区域级道路客运联网售票系统:

①部级道路客运联网售票系统可以接入全国不同省份道路客运联网售票系统,实现联网售票和客运信息资源整合。

②省级道路客运联网售票系统可以接入省内不同地区、不同级别客运站或客运集团的售票系统和区域级、省级道路客运联网售票系统,实现联网售票和客运信息资源整合,对外提供统一的联网票务服务和信息服务。

③区域级道路客运联网售票系统接入的客运站仅限于某个市或部分客运集团。

(2)系统组成。道路客运联网售票系统通过联网售票数据交换子系统和联网售票前置服务子系统接入票源地售票系统。道路客运联网售票系统的组成,主要由以下5个部分构成,其组成关系如图5-2所示:

①联网售票应用系统,包括售票服务系统、联网售票业务管理系统、客运信息监测服务系统、清分结算系统。

②联网售票数据资源库,包括基础数据库、业务数据库、主题数据库及交换数据库。

③联网售票数据交换子系统。

④联网售票前置服务子系统,包括联网售票服务界面和联网售票数据交换界面。

⑤票源系统,包括客运站站务管理系统。

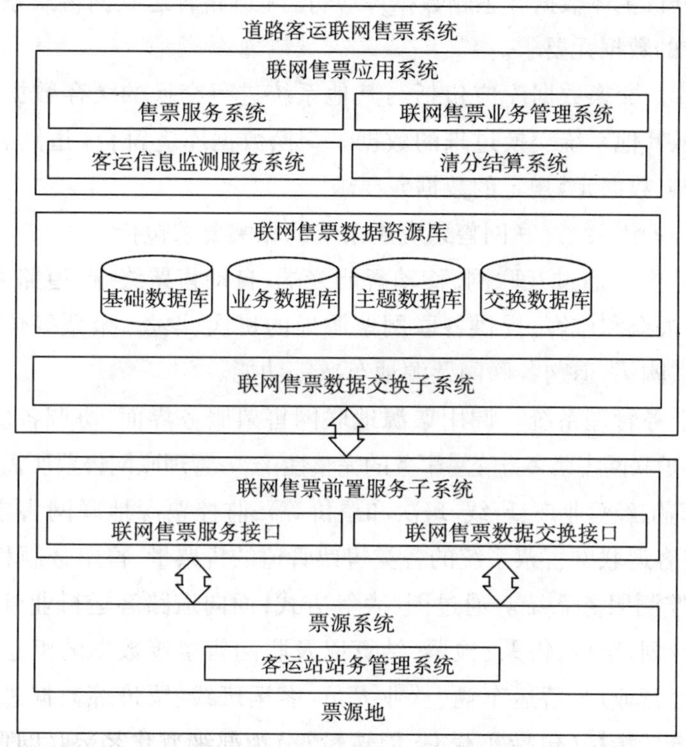

图 5-2　道路客运联网售票系统组成

3. 功能要求

(1)联网售票前置服务子系统。联网售票前置服务子系统应包含联网售票服务界面和联网售票数据交换界面两个界面。联网售票服务界面对外提供联网售票服务,实现票源地与道路客运联网售票系统的对接;联网售票数据交换界面对外提供数据服务,实现票源地与道路客运联网售票系统的数据交换与共享。

(2)联网售票数据交换子系统。接入联网售票数据交换界面,实现票源地与道路客运联网售票系统的数据交换,并提供道路客运联网售票系统与运政管理系统等行业内部系统以及其他外部系统的数据交换服务。支持不同类型的数据交换界面的接入,提供数据清理、数据加载、异常补偿、交换路由、断点续传和运行监控等功能。

(3)联网售票数据资源库。联网售票数据资源库的相关要求包括:

①基础数据库。基础数据库应包括联网客运站信息、经营业务信息、从业人员信息、营运车辆信息、客运班线信息、票价信息等。基础数据库应符合《道路客运联网售票系统　第 2 部分:信息数据元》规定的数据元要求。

②业务数据库。业务数据库应包括班次计划信息、联网售票信息、联网退票信息、订票订单信息、旅客身份信息。业务数据库应符合《道路客运联网售票系统　第 2 部分:信息数据元》规定的数据元要求。

③主题数据库。主题数据库应包括客运站、客运班线、经营业户、车辆的售票、检票数

量和金额等统计分析主体数据。主题数据库应符合《道路客运联网售票系统　第2部分：信息数据元》规定的数据元要求。

④交换数据库。交换数据库应包括与其他系统进行交换的缓存数据，分为交换到其他系统的数据和从其他系统交换过来的数据。交换数据库应符合《道路客运联网售票系统　第2部分：信息数据元》规定的数据元要求。

(4)联网售票应用系统。联网售票应用系统的相关要求包括：

①售票服务系统。通过互联网、移动智能终端、自动售票终端、道路客运联网售票客户端等方式，面向公众和旅客，提供各联网票源地的班次、票价、余票等信息的查询，提供实名制预订、退订、购买、退购各联网票源地车票等功能。

②联网售票业务管理系统。调用票源地联网售票服务界面，协调各应用子系统完成联网售票操作，维护联网售票多方交易事务的完整性；统一管理联网售票所需的各类基础数据(包括站点、营运车辆、经营业户、班线、班次和票价等)；监控票源地联网售票服务的运行状态；控制接入道路客运联网售票系统的各类售票管道的售票量、售票金额和可售班次等。

③客运信息监测服务系统。通过图、表等方式，面向道路客运行业管理部门，提供联网客运站的班次计划、票价、售票、检票、结算以及联网售票等数据的汇总统计，并与行业管理部门提供的经营业户、营运车辆、从业人员、客运班线、票价等数据进行关联，综合反映道路客运各类统计指标(包括实载率、周转量等)情况和变化趋势，实现客流预警，辅助行业监管和决策。

④清分结算系统。按照制定的清分结算规则，生成结算数据，提供结算报表、办理结算登记、平台自动清分，实现联网售票票款和各类费用的清分结算，应支持客运站与省级联网平台、客运站与部级联网平台之间的清分结算。

道路客运联网售票系统的可用性应大于99.5%。

考点四　道路客运联网售票系统省域道路工程建设

1. 数据交换管理系统

数据交换管理系统的功能：

(1)站务系统界面升级改造。各省应按照部联网售票相关标准规范的要求，对建设范围内客运站现有站务系统进行升级改造，开发票务服务和数据同步等相关界面，提供联网售票数据交换管理服务，实现联网售票数据的交换共享：

①票务服务界面，应包括余票查询界面、锁定座位界面、解锁座位界面、售票界面、订单查询界面、退票界面、废票界面、取票界面等。

②数据同步界面，应包括站务系统与道路客运联网售票数据中心之间客运线路、班次、客运车辆等数据的同步界面。

(2)联网售票数据交换系统。联网售票数据交换系统是联网售票系统进行数据交换共享的基础平台,通过对省域客运信息资源的汇聚与管理,形成全省道路客运联网售票数据中心。客运信息交换系统应根据部制定的数据交换标准制订统一的界面规范,实现联网售票数据中心与客运企业、客运站以及其他业务系统间的数据交换共享。

2. 业务管理系统

业务管理系统服务于联网售票运营机构,用于协调各类联网售票机构,提供统一的联网售票服务,为售票服务系统提供支撑。

(1)票源管理:客运站应与省级道路客运联网售票数据中心共享全部票源信息,联网售票运营机构可配置各接入管道(如网站、代售点等)的可售票源,票源站售票不受配置限制。

(2)管道管理:用于实现各类接入联网售票系统的代售点和第三方代售机构的管道管理,主要包括可售班次管理、售票额度管理等功能。

(3)规则管理:用于管理各类联网售票规则,主要包括购/订票及支付规则管理、取票规则管理、废票规则管理、退票规则管理、锁票规则管理等功能。

(4)信息查询:可在 GIS 地图上查询接入联网售票系统的客运企业信息、班次信息、发班信息、售票量信息、上座率信息等,为联网售票系统管理提供支撑。

(5)营运监控:对各类售票服务系统与客运站接入情况进行实时监控,为联网售票系统稳定运行提供保障,主要包括售票异常情况监控、出票监控、数据交换同步监控等功能。

(6)实名制售票:系统应实现实名制售票功能,如推行实名制售票,出行公众应在购票过程中提供真实姓名、身份证号或其他有效证件号等信息,并凭身份证或其他有效证件取票。注:省际、市际客运班线的经营者或者其委托的售票单位、起讫点和中途停靠站点客运站,应当实行客票实名售票和实名查验。根据《道路旅客运输及客运站管理规定》,旅客遗失客票,经核实身份信息后,售票人应当免费为其补办客票。

(7)票据管理(可选):提供客运站日常票据管理功能,主要包括票据领用、票据发放、票据使用、票据上缴等业务功能,提供票据使用情况汇总统计功能。

3. 售票服务系统

售票服务系统服务于出行公众,各省可根据实际情况提供网络售票、代售点售票、自助终端售票、智能终端售票以及电话售票等多元化的售票服务。

(1)网络售票:依托联网售票网站查询班线班次信息,通过网上支付实现车票的购买,在客运站或自助终端通过身份证等有效证件或其他取票凭证取票。主要包括班次查询、余票查询、购票、支付管理、订单管理、账户管理、退票等功能。

(2)代售点售票:通过其他客运站、邮政代售点或其他代售点提供联网售票服务,主要包括班次查询、余票查询、购票、支付、取票、退票等功能。

(3)自助终端售票:通过自助终端提供班次查询、购票、取票等功能,支持现金和刷卡支付,并可通过身份证取票,有效地缓解高峰时段的售票压力。

(4)智能终端售票:通过主流的智能终端平台提供智能终端售票服务,主要包括班次查询、余票查询、购票、支付管理、订单管理、账户管理、退票等功能。

(5)其他方式售票:鼓励有条件地区发展电话售票及其他售票方式,主要包括客运班次查询、余票查询、购票/订票、支付、退票等功能。

(6)电子客票(可选):鼓励有条件地区试点建立省内统一的电子客票系统,实现电子客票跟踪、管理的全业务流程,并按照行业相关标准实现电子客票票样的统一,为推进道路客运电子商务发展提供技术保障和支撑。

4. 清分结算系统

清分结算系统可提供 $T+N$ 的结算服务(N 不大于 7,各省可自行确定),主要包括结算主体管理、自动对账管理、清分规则管理等功能;部级平台建设完成后,跨省域道路客运联网售票可通过部级清分结算系统进行清分结算。

(1)结算主体管理:结算主体管理功能包括结算主体基本信息管理、结算主体账户管理、结算主体关系管理。

(2)清分规则管理:提供灵活的清分规则管理,管理不同结算主体的清分比例,维护和管理生成清分规则的线路、费率、区域数据、车票类型、票款组成等信息;校验清分规则的有效性,模拟清分规则的执行结果。

(3)自动对账管理:自动对账管理主要包括自动对总账管理、明细账对账管理、对账结果调整等功能。

(4)结算管理:结算管理根据结算公式、结算周期等结算规则对客运企业、客运站、代售点等单位的对账结果进行结算。结算结果可进行查询和统计分析。

5. 客运信息监测系统

客运信息监测系统提供综合查询和统计分析、监测预警等功能。可通过不同角色分配不同的权限,实现不同范围的道路客运信息监测。

(1)综合查询和统计分析:实现对不同区域不同客运站的班次运行情况、旅客发送量、运力组织情况的综合查询和统计分析功能,便于交通运输部门及时掌握客运站运行情况。

(2)客运班线监测:通过对客运班线的售票量、客流量、上座率、发班正点率等班线运行情况进行监测,为客运班线审批提供数据支撑。

(3)客流预警:通过对历史统计数据的分析,结合联网售票系统的售票情况和发班情况,对未来一段时期内的客流高峰等情况进行预警提示。

考点五　计算机软件、硬件、计算机网络及数据库原理

1. 计算机软件

计算机软件,也称软件。指计算机系统中的程序及其文档,程序是计算任务的处理对象和处理规则的描述;文档是为了便于了解程序所需的阐明性资料。

(1)计算机软件的分类及作用。计算机软件总体分为系统软件和应用软件两大类:

①系统软件是各类操作系统,如 Windows,Linux,Unix 等,还包括操作系统的补丁程序

及硬件驱动程序。系统软件负责管理计算机系统中各种独立的硬件，使得它们可以协调工作。系统软件使得计算机使用者和其他软件将计算机当作一个整体而不需要顾及到底层每个硬件是如何工作的。

②应用软件可以细分的种类很多，如工具软件、游戏软件、管理软件等。应用软件是为了某种特定的用途而被开发的软件。它可以是一个特定的程序；也可以是一组功能联系紧密，互相协作的程序的集合；也可以是一个由众多独立程序组成的庞大的软件系统。

(2)计算机软件的编写。计算机软件都是用各种计算机语言(也叫程序设计语言)编写的。最底层的叫机器语言，它由一些 0 和 1 组成，可以被某种计算机直接理解。上面一层叫汇编语言，它只能由某种计算机的汇编器软件翻译成机器语言程序，才能执行。人能够勉强理解汇编语言。人常用的语言是更上一层的高级语言，比如 C，Java，Fortran，BASIC。这些语言编写的程序一般都能在多种计算机上运行，但必须先由一个叫作编译器或者是解释器的软件将高级语言程序翻译成特定的机器语言程序。

2. 计算机硬件

计算机硬件是指计算机系统中由电子、机械和光电元件等组成的各种物理装置的总称。这些物理装置按系统结构的要求构成一个有机整体为计算机软件运行提供物质基础。简言之，计算机硬件的功能是输入并存储程序和数据，以及执行程序把数据加工成可以利用的形式。在用户需要的情况下，以用户要求的方式进行数据的输出。

硬件系统主要包括运算器、控制器、存储器、输入设备和输出设备 5 部分：

(1)运算器。算术逻辑单元或 ALU，用来进行加、减、乘、除等算术运算以及与、或、非等逻辑运算。

(2)控制器。指挥中心，计算机的各部件在它的指挥下协调工作。

(3)存储器。记忆部件，用来存放数据、程序和计算结果。分为内部存储器和外部存储器。

(4)输入设备。向计算机输入程序和数据，将数据转换成二进制。

(5)输出设备。输出计算机的处理结果，将二进制代码转换成人们所熟悉的形式。

硬件系统主要组成部分的关系如图 5-3 所示。

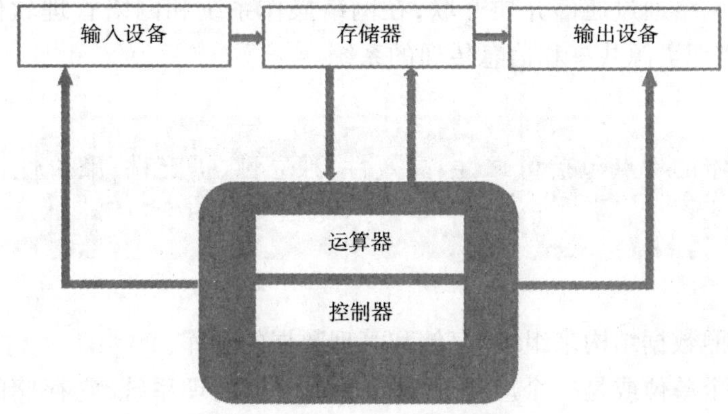

图 5-3　硬件系统主要组成部分关系

3. 计算机网络

计算机网络是按照网络协议，将地球上分散的、独立的计算机相互连接的集合。连接介质可以是电缆、双绞线、光纤、微波、载波或通信卫星。计算机网络具有共享硬件、软件和数据资源的功能，具有对共享数据资源集中处理及管理和维护的能力。

计算机网络包括计算机和网络两部分。

（1）计算机。计算机是一种用于高速计算的电子计算机器，可以进行数值计算，又可以进行逻辑计算，还具有存储记忆功能；是能够按照程序运行，自动、高速处理海量数据的现代化智能电子设备。它由硬件系统和软件系统所组成（表 5-1），没有安装任何软件的计算机称为裸机。计算机可分为超级计算机、工业控制计算机、网络计算机、个人计算机、嵌入式计算机 5 类，较先进的计算机有生物计算机、光子计算机、量子计算机等。

表 5-1　计算机的组成

<table>
<tr><td rowspan="12">计算机</td><td rowspan="5">硬件系统</td><td rowspan="2">主机</td><td>中央处理器</td><td>运算器、控制器</td></tr>
<tr><td>内部存储器</td><td>随机存储器（RAM）、只读存储器（ROM）</td></tr>
<tr><td rowspan="3">外部设备</td><td colspan="2">输入设备（鼠标、键盘、其他）</td></tr>
<tr><td colspan="2">输出设备（显示器、打印机、其他）</td></tr>
<tr><td colspan="2">辅助存储器（软盘、硬盘、光盘、其他）</td></tr>
<tr><td rowspan="7">软件系统</td><td rowspan="4">系统软件</td><td colspan="2">操作系统</td></tr>
<tr><td colspan="2">语言处理程序</td></tr>
<tr><td colspan="2">数据库管理系统</td></tr>
<tr><td colspan="2">其他</td></tr>
<tr><td rowspan="3">应用软件</td><td colspan="2">应用程序</td></tr>
<tr><td colspan="2">工具程序</td></tr>
<tr><td colspan="2">其他</td></tr>
</table>

（2）网络。网络就是用物理链路将各个孤立的工作站或主机相连在一起，组成数据链路，从而达到资源共享和通信的目的。计算机网络是指将地理位置不同的多台自治计算机系统及其外部网络通过通信介质互联，在网络操作系统和网络管理软件及通信协议的管理和协调下，实现资源共享和信息传递的系统。

链接

计算机网络的特点包括可靠性、高效性、独立性、扩充性、廉价性、分布性、易操作性。

4. 数据库

数据库是按照数据结构来组织、存储和管理数据的仓库。

数据库是一个单位或是一个应用领域的通用数据处理系统，它存储的是属于企业和事业部门、团体和个人的有关数据的集合。数据库中的数据是从全局观点出发建立的，按一定的数据模型进行组织、描述和存储。其结构基于数据间的自然联系,从而可提供一切必要的存取路径,且数据不再针对某一应用,而是面向全组织,具有整体的结构化特征。

(1)数据库层次。

数据库的基本结构分 3 个层次,反映了观察数据库的 3 种不同角度:

①物理数据层。以内模式为框架所组成的数据库。它是数据库的最内层,是物理存储设备上实际存储的数据的集合。这些数据是原始数据,是用户加工的对象,由内部模式描述的指令操作处理的位串、字符和字组成。

②概念数据层。以概念模式为框架所组成的数据库。它是数据库的中间一层,是数据库的整体逻辑表示。其指出了每个数据的逻辑定义及数据间的逻辑联系,是存贮记录的集合。它所涉及的是数据库所有对象的逻辑关系,而不是它们的物理情况,是数据库管理员概念下的数据库。

③用户数据层。以外模式为框架所组成的数据库。它是用户所看到和使用的数据库,表示了一个或一些特定用户使用的数据集合,即逻辑记录的集合。

数据库不同层次之间的联系是通过映射进行转换的。

(2)数据库种类。

数据库通常分为层次式数据库、网络式数据库和关系式数据库 3 种。而不同的数据库是按不同的数据结构来联系和组织的。

考点六　网络信息安全相关技术

随着计算机网络技术的发展,网络中传输信息的安全性和可靠性成为用户所共同关心的问题。人们都希望自己的网络能够可靠地运行,不受外来入侵者的干扰和破坏,所以解决好网络的安全性和可靠性,是保证网络正常运行的前提和保障。

网络安全是指网络系统的硬件、软件及其系统中的数据受到保护,不因偶然或者恶意的攻击而遭受到破坏、更改、泄露,系统连续可靠正常地运行,网络服务不中断。

1. 网络安全问题

黑客攻击、计算机病毒和拒绝服务攻击等 3 个方面是计算机网络系统受到的主要威胁,主要表现如图 5-4 所示。

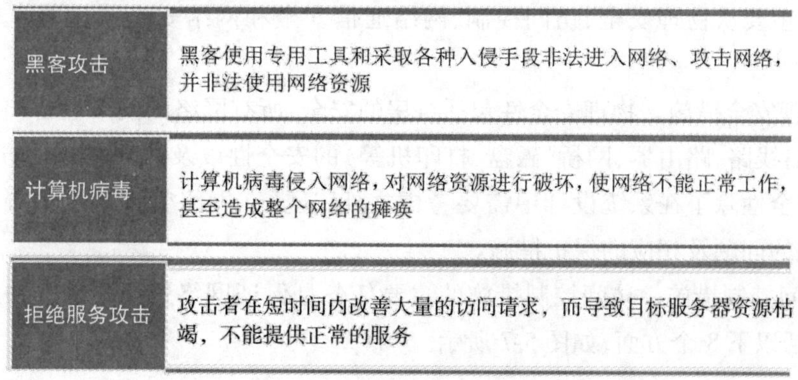

图 5-4　计算机网络受到攻击的主要威胁

网络安全漏洞实际上是给不法分子以可乘之机的"通道",大致可分为以下3个方面,如图5-5所示。

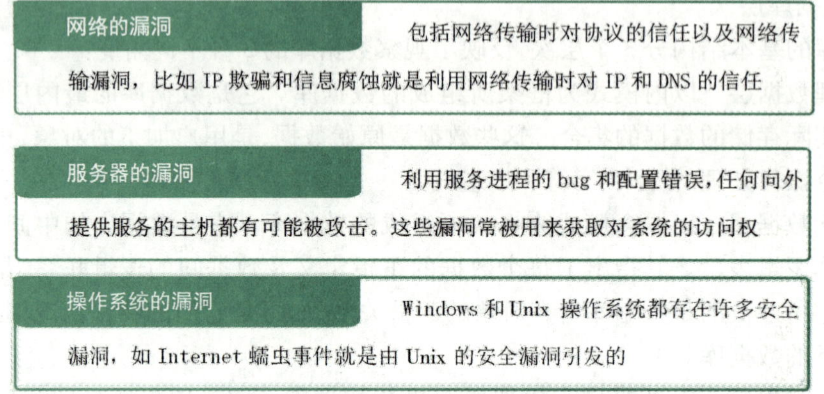

图5-5 计算机网络安全漏洞

网络安全破坏的技术手段是多种多样的,了解最通常的破坏手段,有利于加强技术防患,常用手段如图5-6所示。

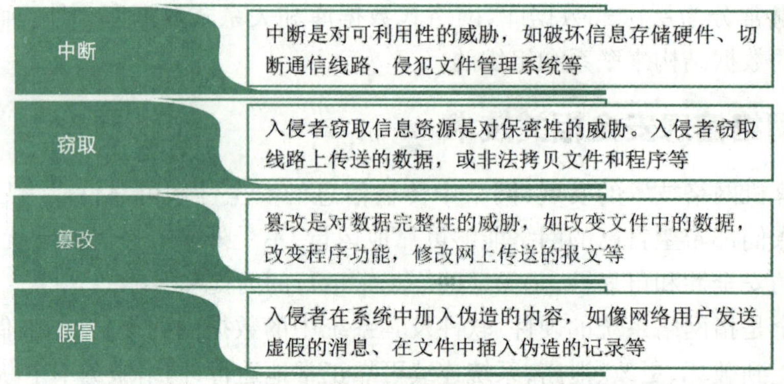

图5-6 网络安全破坏的技术手段

2. 网络安全措施

在网络设计和运行中应考虑一些必要的安全措施,以便使网络得以正常运行。网络的安全措施主要从物理安全、访问控制、网络通信安全和网络安全管理等4个方面进行考虑:

(1)物理安全措施。物理安全性包括机房的安全、所有网络的网络设备(包括服务器、工作站、通信线路、路由器、网桥、磁盘、打印机等)的安全性以及防火、防水、防盗、防雷等。网络物理安全性除了在系统设计中需要考虑之外,还要在网络管理制度中分析物理安全性可能出现的问题及相应的保护措施。

(2)访问控制措施。访问控制措施的主要任务是保证网络资源不被非法使用和非常规访问,包括以下8个方面,如图5-7所示。

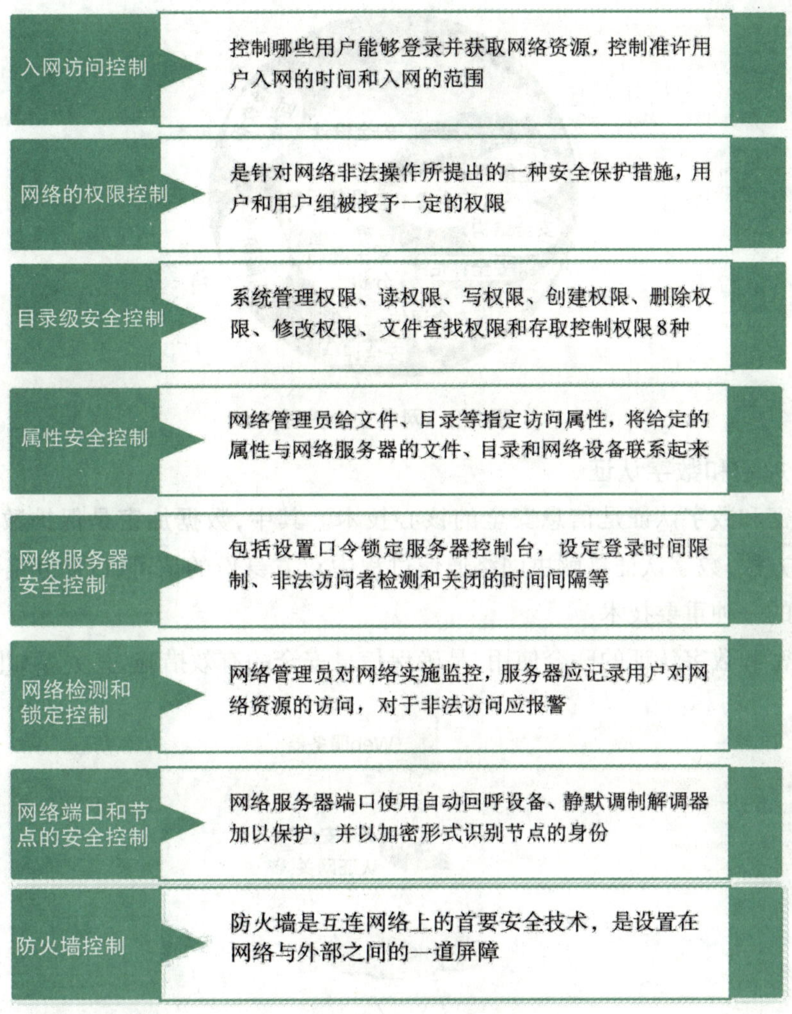

图 5-7　计算机网络访问控制措施

(3)网络通信安全措施。

①建立物理安全的传输媒介。

②对传输数据进行加密。

(4)网络安全管理措施。除了技术措施外,加强网络的安全管理,制定相关配套的规章制度、确定安全管理等级、明确安全管理范围、采取系统维护方法和应急措施等,对网络安全、可靠地运行,将起到很重要的作用。实际上,网络安全策略要从可用性、实用性、完整性、可靠性和保密性等方面综合考虑,才能得到有效的安全策略,其关系如图 5-8 所示。

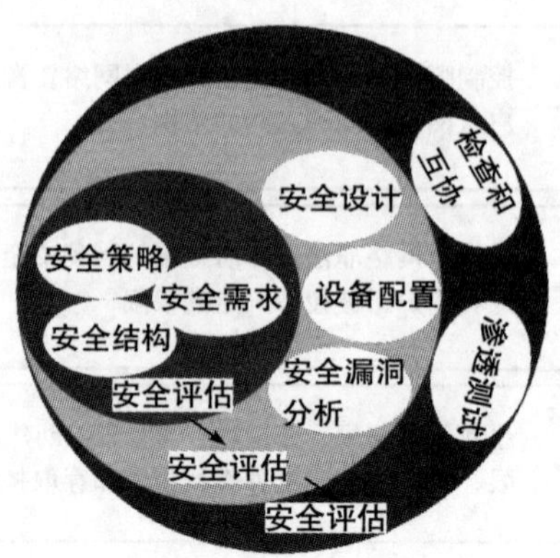

图 5-8　网络安全策略

3. 数据加密和数字认证

数据加密和数字认证是信息安全的核心技术。其中，数据加密是保护数据免遭攻击的一种主要方法；数字认证是解决网络通信过程中双方身份的认可，以防止各种敌手对信息进行篡改的一种重要技术。

数据加密和数字认证的联合使用，是确保信息安全的有效措施，其关系如图 5-9 所示。

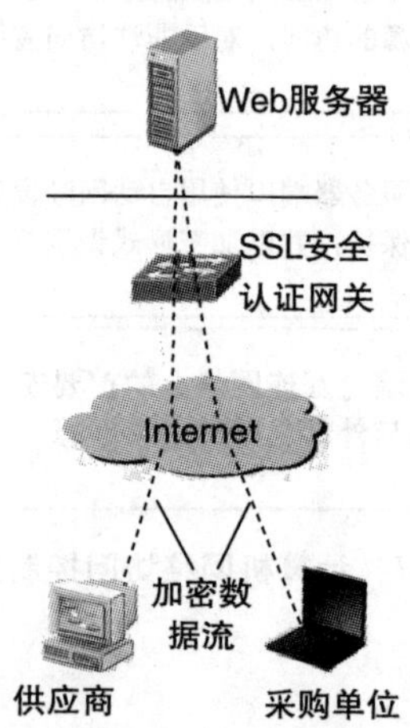

图 5-9　数据加密和数字认证的关系

4. 密码技术

计算机密码学是研究计算机信息加密、解密及其变换的新兴科学，密码技术是密码学的具体实现，它包括以下 4 个方面，如图 5-10 所示。

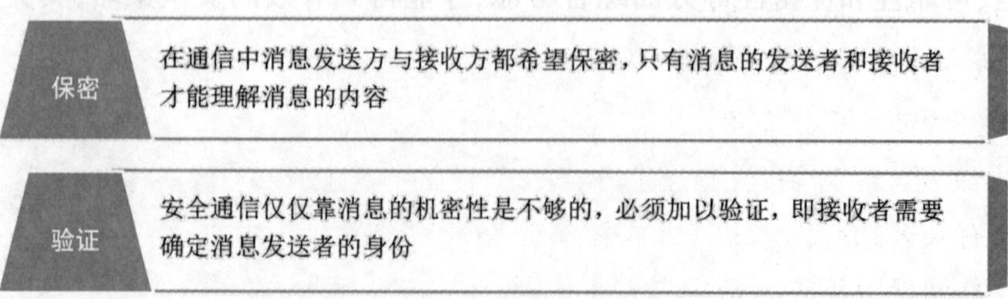

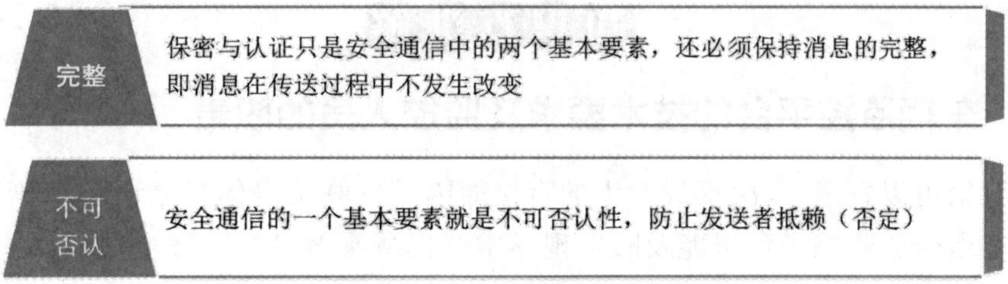

完整
保密与认证只是安全通信中的两个基本要素，还必须保持消息的完整，即消息在传送过程中不发生改变
不可否认
安全通信的一个基本要素就是不可否认性，防止发送者抵赖（否定）

图 5-10　计算机网络的密码技术

密码技术包括数据加密和解密两部分:加密是把需要加密的报文按照以密码钥匙(简称密钥)为参数的函数进行转换,产生密码档;解密是按照密钥参数进行解密,还原成原文件。数据加密和解密过程是在信源发出与进入通信之间进行加密,经过通道传输,到信宿接收时进行解密,以实现数据通信保密,加密解密模型如图 5-11 所示。

密钥
报文
明文
加密
密文传输
解 密
明文
原报文
信源
加密单元
解密单元
信宿

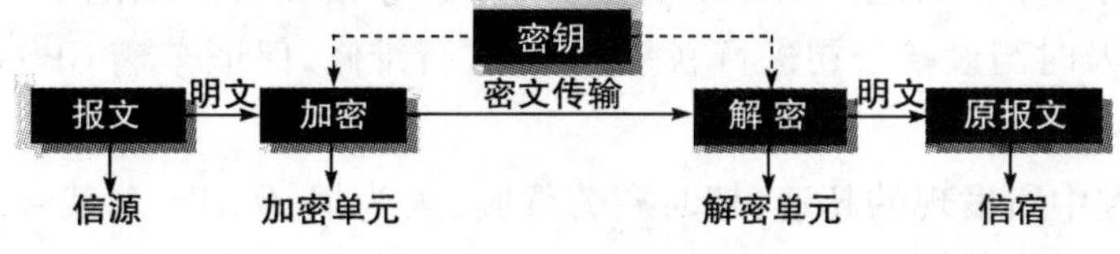

图 5-11　加密解密模型

案例分析

案例场景

2022 年 8 月 28 日上午 10 时,某超大运输集团有限责任公司一辆营运客车在途经某高速时发生翻车事故,造成包括驾驶员在内 2 人遇难,9 人受伤。

根据运输公司所在地人民政府 29 日上午召开的事故通报会中对现场情况的还原回放,事发前 2 ~3 分钟客车驾驶员甲出现明显的呼吸急促及呼吸困难等症状并随后陷入昏迷,失去驾驶与操控客车的能力。尽管当时车上有关人员对司机进行紧急施救,最终却未控制情况,客车仍然失控,倒翻后冲出护栏、翻入路边边沟。

经初步调查,事故车辆运行过程情况如下:

(1)案发时,事故客车从所在市城东客运中心出车,车上当时无乘客。事故发生时车上实载乘客为 42 人(核载 40 人)。据初步调查了解,客车途中经过沿途几个地方均无进站配客的记录。车上乘客几乎均为沿途上车。

(2)事故发生前,客车所属运输企业的车辆动态监控系统显示该车车载卫星定位终端工作完全正常,所记录该车的行驶轨迹也属完整。客车内配置有 4 路视频监控设备也属正常工作状态。该事件经初步核查,系该企业监控平台服务商的服务器出了问题,遭受大量网络攻击,致使该事故车辆的相关动态数据未能上传。

(3)事故发生后,据回放事故的车载视频监控录像显示,当客车驾驶员出现异常现象时,车内所有乘客站起来观察车头情况并施救。直至事故发生时,车上大部分乘客都已解开安全带,从而导致该事故伤亡量较大,损失较严重。

知识点讲解

考点一　车辆监控平台的技术要求及监控人员的职责

根据背景可以看出，本次事故发生的直接原因是驾驶员身体异常引起车辆失控，深层次原因是客运企业监控平台未能及时发现异常并提醒乘客，因此，案例题可对客运企业监控的相关知识点提出问题。常考的知识点包括车辆监控人员的职责和车辆监控平台应具备的主要功能，车辆监控平台的主要功能详见本章考点解读考点二，此处着重对监控人员的职责进行说明。车辆监控人员的主要职责包括：

(1)熟悉本部门客运车辆及所运行的线路，对安装 GPS 动态监控终端的车辆要做到管理到位，监控到位，对 GPS 动态监控的日常使用情况做到心中有数。

(2)每日及时对车辆的运行动态进行监控，并做好相关的监控记录，对因故障不能进行监控的车辆要及时与设备公司进行联系，及时进行维修，保证车辆 GPS 动态监控的正常使用。

(3)对在监控中所发现的超速，超时疲劳驾驶、人为损坏 GPS 车载终端等违法行为及时进行提示、警告，发现问题及时纠正。

(4)加强夜间监控，实时向夜间运行车辆发送安全提示信息。

(5)收到特殊天气、封路、拥堵、限时、断路等特殊情况道路消息，及时发送信息向驾驶人员进行安全提示。

(6)对车辆的求助信息及时答复或处理，及时确认突发事件信息并上报。

(7)及时如实地向有关部门和值班领导汇报工作动态和进度，积极大胆地提出工作改进方法和合理化建议，详实详细记录工作日志。

(8)对超速、超时疲劳驾驶等违法行为每日要进行归纳、分析和统计、并统计 GPS 动态监控情况报表。

提示

本题还可以考查事故发生的主要原因。与事故原因有关的信息有：

(1)该车辆超载，且乘客未在规定的客运站上车，监控人员未能及时发现并提醒驾驶员，说明该运输集团安全管理制度不健全。

(2)企业监控网络平台出现问题，未能及时解决，属于企业安全管理方面的失职。

(3)事故发生时，乘客的应急处理方法不当，由此可知企业在安全告知方面没有做到位。

(4)驾驶员身体异常，事故发生前还途经好几个营运站，营运站相关人员未能履行安全职责(对驾驶员身体进行出车前检查)，属于安全生产制度落实不到位。

考点二　客运企业对驾驶员的安全管理

客运驾驶员出车前身体检查属于客运站安全生产工作的主要内容之一，案例题可针

对此项内容考查与驾驶员相关的安全管理制度。针对驾驶员,客运站应做好以下安全措施:

(1)车检人员对客运驾驶人出车前进行询问、告知,督促客运驾驶人做好对车辆的日常维护和检查,防止客运驾驶人酒后、带病或带不良情绪上岗。

(2)询问驾驶员的休息情况,是否饮酒和服用药品情况,确定驾驶员是否符合安全行车的基本要求,检查驾驶员所携带的驾驶证、从业资格证、车辆行驶证、道路运输证等证件是否齐全合法有效,车辆当日安全例检是否合格,通报沿途天气情况,车辆行驶路线上的道路情况,叮嘱驾驶员牢记"安全第一、谨慎驾驶、不超速、不超员、不疲劳驾驶、不酒后驾驶、按规定的途中休息点休息及高速公路上不违法停车上下客"。

(3)如发现驾驶人有饮酒、生病或者情绪不良者及时报告公司安全管理科处理,门检处暂时不予放行,待安全管理科处理完毕后按公司相关安全管理规定给予符合条件的车辆和驾驶人放行并告诫驾驶人不得再次出现类似情况。

考点三　客运车辆发生事故的应急处置

本案例中客运驾驶员发生身体异常属于突发状况,因此也可能考查发生异常状况时的应急处置方法,常见的意外情况及处置措施如下。

1. 驾驶员突发疾病

驾驶员突发疾病时,应按照以下要求进行应急处置:

(1)立即开启危险报警闪光灯,尽快选择安全区域停车。

(2)车辆停稳后,拉紧驻车制动器,打开车门并告知现场人员临时停车原因,请他人协助摆放危险警告标志和组织现场人员安全疏散。

(3)及时采取自救措施,若病情不明或病情较严重时,立即拨打120急救电话,同时向所属单位管理人员报告现场情况及车辆停靠位置,请求救援。

2. 车辆转向失灵

车辆转向失灵时,应按照以下要求进行应急处置:

(1)立即采取以下强制减速措施,保持车辆平稳减速,并尽快平稳停车:

①踩踏制动踏板并注意制动强度不要过大,降低挡位。

②装备有缓速器等辅助制动装置的车辆,同时开启辅助制动装置。

(2)全面观察周边的交通情况,通过开启危险报警闪光灯、交替变换远近光灯、鸣喇叭或打手势,向其他道路交通参与者发出警示信号。

3. 车辆制动失效

车辆制动失效时,应按照以下要求进行应急处置:

(1)握稳转向盘,控制车辆行驶方向。

(2)降低挡位至最低挡,逐渐拉紧驻车制动器,装备有缓速器等辅助制动装置的车辆,同时开启辅助制动装置,保持车辆平稳减速停车。

(3)观察周边的地形条件,利用紧急避险车道、坡道或用车辆侧面擦碰岩壁、安全护栏等方式减速停车。

(4)全面观察周边的交通情况,通过开启危险报警闪光灯、交替变换远近光灯、鸣喇叭或打手势,向其他道路交通参与者发出警示信号。

4. 车辆侧滑

车辆发生侧滑时,应按照以下要求进行应急处置,使车辆迅速恢复到正常行驶状态:

(1)发生整车侧滑时,按照以下要求操作:

①迅速向侧滑的方向小幅转动转向盘,并及时回转转向盘进行调整。

②若车辆配备防抱制动装置,立即踩踏制动踏板到底;若车辆未配备防抱制动装置,连续踩踏、放松制动踏板。

(2)发生前轮侧滑时,迅速向侧滑的相反方向小幅转动转向盘,并及时回转转向盘进行调整。

(3)发生后轮侧滑时,迅速向侧滑的方向小幅转动转向盘,并及时回转转向盘进行调整。

(4)遇路面湿滑时,除按上述的要求操作外,还可同时轻踩加速踏板。

5. 车辆自燃

车辆发动机舱、车厢、行李舱、轮胎等部位出现冒烟、火苗时,应按照以下要求进行应急处置:

(1)立即选择安全区域停车,打开车门,关闭点火开关、电源总开关。

(2)按照以下要求组织现场人员安全疏散:

①遇电气开关无法打开车门时,通过操纵设置在车门附近的应急阀手动开启车门或使用安全锤破窗,组织现场人员逃生。

②将现场人员疏散到来车方向距事故发生地点 100 m 以外道路或护栏外侧的安全区域;有人员受伤时,及时采取自救和互救措施。

(3)拨打 119 报警电话,并向所属单位报告。

(4)起火初期,按照以下要求采取控制火势的措施:

①灭火时,站在上风位置,将灭火器对准火焰根部喷射,由近及远,左右扫射,快速推进。

②遇发动机舱内冒烟或出现火苗,尽量不要打开发动机罩,从车身通气孔、散热器或车底侧采取灭火措施。

③遇车厢内冒烟或出现火苗,对准起火部位采取灭火措施。

6. 遇前方有障碍物

车辆遇前方有障碍物时,应按照以下要求进行应急处置:

(1)握紧转向盘,立即减速,同时迅速观察车辆前方和两侧的交通情况。

(2)待车速明显降低后,转动转向盘绕过障碍物,或操控车辆向道路情况简单或人员、障碍物较少的一侧避让；转动转向盘的幅度不应过大，转动速度不应过猛。

(3)车辆重心较高或车速较高时，不得采取紧急转向避让措施。

7. 乘客突发疾病

乘客突发疾病时，应按照以下要求进行应急处置：

(1)立即选择安全区域停车，开启危险报警闪光灯，放置危险警告标志。

(2)探查乘客病情，及时采取救助措施。

(3)若病情不明或病情较严重时，立即向车内寻求医务专业人员进行救助、拨打 120 急救电话或送往就近医院救治，同时向其他乘客做好解释工作。

8. 车内发现可疑爆炸物品

车内发现可疑爆炸物品时，应按照以下要求进行应急处置：

(1)立即选择安全区域停车，尽量将车辆停靠在远离危险源和人流密集的地方。

(2)迅速组织现场人员安全疏散，关闭电源、燃油总开关，按规定摆放危险警告标志。

(3)拨打 110 报警电话，并向所属单位报告，不应触动可疑爆炸物品。

(4)取下车载灭火器，做好初期火情扑救准备。

9. 收到爆炸威胁信息

收到爆炸威胁信息时，应按照以下要求进行应急处置：

(1)立即选择安全区域停车，尽量将车辆停靠在远离危险源和人流密集的地方。

(2)迅速组织现场人员安全疏散，关闭电源、燃油总开关，按规定摆放危险警告标志。

(3)拨打 110 报警电话，并向所属单位报告，等待警察抵达现场进行处置。

10. 发生恐怖劫持

发生恐怖劫持时，应按照以下要求进行应急处置：

(1)选择安全区域停车，尽量与作案人员周旋，记清作案人员的体貌特征、衣着、口音、凶器等。

(2)设法用短信等方式报警或将险情传递出去，疏散现场人员，保护自身安全。

(3)作案人员逃离现场时，观察其逃跑方向，立即拨打 110 报警电话，并向所属单位报告。

(4)维护好现场秩序，保护现场，对伤员进行必要的救护，并视情拨打 120 急救电话。

(5)遇持枪射击拦截时，驾驶车辆加速冲过，远离拦截地，选择安全区域停车并拨打 110 报警电话。

同步自测

单项选择题(每题的备选项中，只有 1 个最符合题意)

1. 道路运输车辆卫星定位监控系统的核心是(　　)。

A. 车载终端　　B. 通信网络

C. 监控中心　　D. 平台数据

2. 企业车辆监控平台的基本功能不包括(　　)。

A. 统计分析功能　　B. 监控功能

C. 平台接口功能　　D. 疲劳驾驶报警

3. 下列不属于计算机硬件的是(　　)。

A. 运算器　　B. 输入设备

C. 输出设备　　D. 操作系统

4. 省域道路客运联网售票系统主要功能不包括(　　)。

A. 数据交换管理　　B. 业务管理

C. 售票服务　　D. 信息查询

答案详解 

单项选择题

1. C。【解析】道路运输使用的车辆卫星定位监控系统由监控中心和车载终端组成。其中,监控中心是道路运输车辆卫星定位监控系统的核心。

2. D。【解析】企业车辆监控平台的基本功能包括报表导出功能、报警和警情处理功能、监控功能、平台接口功能、监管功能、统计分析功能、管理功能等。疲劳驾驶报警属于业务功能。

3. D。【解析】计算机硬件主要由5部分组成,分别是运算器、储存器、控制器、输入设备和输出设备。操作系统属于计算机软件部分。

4. D。【解析】省域道路客运联网售票系统主要功能包括业务管理系统、售票服务系统、数据交换管理系统、清分结算系统及客运信息监测系统5个方面。

第六章　道路运输事故应急处置与救援

考情解读 

 考·纲·要·求

运用道路运输安全技术和相关法律法规、规章制度、标准规范，根据道路运输以及维修、检测企业潜在的安全风险，编制相应的应急预案，制定典型道路运输事故的应急救援流程及现场处置措施；根据具体的事故场景，制定应急救援方案和培训演练方案。了解常见的道路运输事故应急处理器材、安全防护设施设备基本原理及使用要求，了解道路运输事故调查处理的相关要求。

命·题·分·析

本章内容主要包括应急预案的编制，应急演练的相关规定，应急演练的实施，典型道路运输事故的应急救援流程，典型道路运输事故现场处置措施，道路运输应急救援培训，危险货物道路运输企业应急预案编制要求，汽车客运站及货运站的消防安全，常见的道路运输事故应急处理器材、安全防护设施设备的规定，车辆应急处理器材、安全防护设施设备管理，个人应急处理器材、安全防护设施设备管理，危险货物运输应急处理器材、安全防护设施设备管理，道路运输事故调查处理的相关要求。

历年考试主要考查了应急预案的公布和备案，应急预案演练频次，应急救援人员及应急救援队伍的公布，客运企业生产安全事故处理“四不放过”原则等内容。

除了已考查知识点，本章重点内容还包括应急预案的编制程序，应急预案的评审，应急预案体系及其内容，应急演练的实施，典型道路运输事故的应急救援流程，典型道路运输事故现场处置措施，道路运输应急救援培训的主要内容，贮气式防毒面具，过滤式防毒面具，危险货物运输应急处理器材、安全防护设施设备管理，事故调查等。

考点解读

考点一　应急预案的编制

1. 应急预案编制的基本要求

《生产安全事故应急预案管理办法》第八条规定，应急预案的编制应当符合下列基本要求：

(1)有关法律、法规、规章和标准的规定。

(2)本地区、本部门、本单位的安全生产实际情况。

(3)本地区、本部门、本单位的危险性分析情况。

(4)应急组织和人员的职责分工明确，并有具体的落实措施。

(5)有明确、具体的应急程序和处置措施，并与其应急能力相适应。

(6)有明确的应急保障措施,满足本地区、本部门、本单位的应急工作需要。

(7)应急预案基本要素齐全、完整,应急预案附件提供的信息准确。

(8)应急预案内容与相关应急预案相互衔接。

2. 应急预案编制的原则

应急预案的编制应当遵循以人为本、依法依规、符合实际、注重实效的原则,以应急处置为核心,明确应急职责、规范应急程序、细化保障措施。

3. 应急预案的编制程序

应急预案编制程序包括成立应急预案编制工作组、资料收集、风险评估、应急资源调查、应急预案编制、桌面推演、应急预案评审和批准实施 8 个步骤:

(1)成立应急预案编制工作组。

结合本单位职能和分工,成立以单位有关负责人为组长,单位相关部门人员(如生产、技术、设备安全、行政、人事、财务人员)参加的应急预案编制工作组,明确工作职责和任务分工,制订工作计划,组织开展应急预案编制工作。预案编制工作组中应邀请相关救援队伍以及周边相关企业、单位或社区代表参加。

(2)资料收集。

应急预案编制工作组应收集下列相关资料:

①适用的法律法规、部门规章、地方性法规和政府规章、技术标准及规范性文件。

②企业周边地质、地形、环境情况及气象、水文、交通资料。

③企业现场功能区划分、建(构)筑物平面布置及安全距离资料。

④企业工艺流程、工艺参数、作业条件、设备装置及风险评估资料。

⑤本企业历史事故与隐患、国内外同行业事故资料。

⑥属地政府及周边企业、单位应急预案。

(3)风险评估。

开展生产安全事故风险评估,撰写评估报告,其内容包括但不限于:

①辨识生产经营单位存在的危险有害因素,确定可能发生的生产安全事故类别。

②分析各种事故类别发生的可能性、危害后果和影响范围。

③评估确定相应事故类别的风险等级。

(4)应急资源调查。

全面调查和客观分析本单位以及周边单位和政府部门可请求援助的应急资源状况,撰写应急资源调查报告,其内容包括但不限于:

①本单位可调用的应急队伍、装备、物资、场所。

②针对生产过程及存在的风险可采取的监测、监控、报警手段。

③上级单位、当地政府及周边企业可提供的应急资源。

④可协调使用的医疗、消防、专业抢险救援机构及其他社会化应急救援力量。

(5)应急预案编制。

应急预案编制工作包括但不限下列:

①依据事故风险评估及应急资源调查结果,结合本单位组织管理体系、生产规模及处

置特点，合理确立本单位应急预案体系。

②结合组织管理体系及部门业务职能划分，科学设定本单位应急组织机构及职责分工。

③依据事故可能的危害程度和区域范围，结合应急处置权限及能力，清晰界定本单位的响应分级标准，制定相应层级的应急处置措施。

④按照有关规定和要求，确定事故信息报告、响应分级与启动、指挥权移交、警戒疏散方面的内容，落实与相关部门和单位应急预案的衔接。

(6)桌面推演。

按照应急预案明确的职责分工和应急回应程序，结合有关经验教训，相关部门及其人员可采取桌面演练的形式，模拟生产安全事故应对过程，逐步分析讨论并形成记录，检验应急预案的可行性，并进一步完善应急预案。

(7)应急预案评审。

应急预案评审内容主要包括风险评估和应急资源调查的全面性、应急预案体系设计的针对性、应急组织体系的合理性、应急响应程序和措施的科学性、应急保障措施的可行性、应急预案的衔接性。

应急预案评审程序包括下列步骤：评审准备→组织评审→修改完善。

(8)批准实施。

通过评审的应急预案，由生产经营单位主要负责人签发实施。

4. 应急预案的评审、公布和备案

(1)矿山、金属冶炼企业和易燃易爆物品、危险化学品的生产、经营(带储存设施的，下同)、储存、运输企业，以及使用危险化学品达到国家规定数量的化工企业、烟花爆竹生产、批发经营企业和中型规模以上的其他生产经营单位，应当对本单位编制的应急预案进行评审，并形成书面评审纪要。前款规定以外的其他生产经营单位可以根据自身需要，对本单位编制的应急预案进行论证。

生产经营单位的应急预案经评审或者论证后，由本单位主要负责人签署，向本单位从业人员公布，并及时发放到本单位有关部门、岗位和相关应急救援队伍。

(2)地方各级人民政府应急管理部门的应急预案，应当报同级人民政府备案，同时抄送上一级人民政府应急管理部门，并依法向社会公布。

地方各级人民政府其他负有安全生产监督管理职责的部门的应急预案，应当抄送同级人民政府应急管理部门。

(3)易燃易爆物品、危险化学品等危险物品的生产、经营、储存、运输单位，矿山、金属冶炼、城市轨道交通运营、建筑施工单位，以及宾馆、商场、娱乐场所、旅游景区等人员密集场所经营单位，应当在应急预案公布之日起20个工作日内，按照分级属地原则，向县级以上人民政府应急管理部门和其他负有安全生产监督管理职责的部门进行备案，并依法向社会公布。

前款所列单位属于中央企业的，其总部(上市公司)的应急预案，报国务院主管的负有安全生产监督管理职责的部门备案，并抄送应急管理部；其所属单位的应急预案报所在地的省、自治区、直辖市或者设区的市级人民政府主管的负有安全生产监督管理职责的部门

备案，并抄送同级人民政府应急管理部门。

5. 应急预案体系

生产经营单位应急预案分为综合应急预案、专项应急预案和现场处置方案。生产经营单位应根据有关法律、法规和相关标准，结合本单位组织管理体系、生产规模和可能发生的事故特点，科学合理确立本单位的应急预案体系，并注意与其他类别应急预案相衔接。

(1)综合应急预案。综合应急预案是生产经营单位为应对各种生产安全事故而制定的综合性工作方案，是本单位应对生产安全事故的总体工作程序、措施和应急预案体系的总纲。

(2)专项应急预案。专项应急预案是生产经营单位为应对某一种或者多种类型生产安全事故，或者针对重要生产设施、重大危险源、重大活动防止生产安全事故而制定的专项工作方案。专项应急预案与综合应急预案中的应急组织机构、应急回应程序相近时，可不编写专项应急预案，相应的应急处置措施并入综合应急预案。

(3)现场处置方案。现场处置方案是生产经营单位根据不同事故类型，针对具体的场所、装置或者设施所制定的应急处置措施。现场处置方案重点规范事故风险描述、应急工作职责、应急处置措施和注意事项，应体现自救互救、信息报告和先期处置的特点。

链接

事故风险单一、危险性小的企业，可只编制现场处置方案。

典型例题

【单选题】从总体上阐述预案的应急方针、政策、应急组织结构及相应的职责、应急行动的总体思路的是(　　)。

A. 城市应急预案　　B. 综合应急预案

C. 专项应急预案　　D. 现场处置方案

B。【解析】综合应急预案是生产经营单位为应对各种生产安全事故而制定的综合性工作方案，是本单位应对生产安全事故的总体工作程序、措施和应急预案体系的总纲。

6. 综合应急预案内容

(1)总则。说明应急预案适用的范围。依据事故危害程度、影响范围和生产经营单位控制事态的能力，对事故应急回应进行分级，明确分级回应的基本原则。影响分级不必照搬事故分级。

(2)应急组织机构及职责。明确应急组织形式(可用图示)及构成单位(部门)的应急处置职责。应急组织机构可设置相应的工作小组，各小组具体构成、职责分工及行动任务应以工作方案的形式作为附件。

(3)应急响应。应急响应包括信息报告、预警、响应启动、应急处置、应急支援、响应终止。

(4)后期处置。明确污染物处理、生产秩序恢复、人员安置方面的内容。

(5)应急保障。应急保障包括通信与信息保障、应急队伍保障、物资装备保障、其他保障。

链接

道路运输企业应根据生产安全事故的情况，针对事故危险程度、影响范围，结合本企业对事故的控制能力，将事故应急响应级别分为Ⅰ级、Ⅱ级、Ⅲ级。

(1)出现下列情况时启动Ⅰ级响应(社会及道路运输企业联动级)：事故后果超出本单位处置能力，需要外部力量介入方可处置的。

(2)出现下列情况时启动Ⅱ级响应(道路运输企业与基层部门联动级)：事故后果超出基层单位处置能力，需要本单位采取应急响应行动方可处置的。

(3)出现下列情况时启动Ⅲ级响应(基层部门级)：事故后果仅限于本单位的局部区域，基层单位采取应急响应行动即可处置的。

应急预案的管理应明确4个方面的内容：

(1)对于应急预案的宣传与培训安排。

(2)应急预案演练的方法及频率。

(3)应急预案评估期限及修订的程序。

(4)开展应急预案一系列内容所要报备的部门。

7. 专项应急预案内容

(1)适用范围。说明专项应急预案适用的范围，以及与综合应急预案的关系。

(2)应急组织机构及职责。明确应急组织形式(可用图示)及构成单位(部门)的应急处置职责。应急组织机构以及各成员单位或人员的具体职责。应急组织机构可以设置相应的应急工作小组，各小组具体构成、职责分工及行动任务建议以工作方案的形式作为附件。

(3)回应启动。明确回应启动后的程序性工作，包括应急会议召开、信息上报、资源协调、信息公开、后勤及财力保障工作。

(4)处置措施。针对可能发生的事故风险、危害程度和影响范围，明确应急处置指导原则，制定相应的应急处置措施。

(5)应急保障。根据应急工作需求确定保障的内容。

8. 现场处置方案内容

(1)事故风险描述。简述事故风险评估的结果。

(2)应急工作职责。明确应急组织分工和职责。

(3)应急处置。应急处置包括但不限于下列内容：

①应急处置程序。根据可能发生的事故及现场情况，明确事故报警、各项应急措施启动、应急救护人员的引导、事故扩大及同生产经营单位应急预案的衔接程序。

②现场应急处置措施。针对可能发生的事故从人员救护、工艺操作、事故控制、消防、现场恢复等方面制定明确的应急处置措施。

③明确报警负责人以及报警电话及上级管理部门、相关应急救援单位联络方式和联系人员，事故报告基本要求和内容。

(4)注意事项包括人员防护和自救互救、装备使用、现场安全等方面的内容。

考点二　应急演练的相关规定

1. 应急演练目的

应急演练目的主要包括：

（1）检验预案。发现应急预案中存在的问题，提高应急预案的针对性、实用性和可操作性。

（2）完善准备。完善应急管理标准制度，改进应急处置技术，补充应急装备和物资，提高应急能力。

（3）磨合机制。完善应急管理部门、相关单位和人员的工作职责，提高协调配合能力。

（4）宣传教育。普及应急管理知识，提高参演和观摩人员风险防范意识和自救互救能力。

（5）锻炼队伍。熟悉应急预案，提高应急人员在紧急情况下妥善处置事故的能力。

2. 应急演练分类

应急演练按照演练内容分为综合演练和单项演练，按照演练形式分为实战演练和桌面演练，按目的与作用分为检验性演练、示范性演练和研究性演练，不同类型的演练可相互组合。

3. 应急演练工作原则

应急演练应遵循以下原则：

（1）符合相关规定。按照国家相关法律法规、标准及有关规定组织开展演练。

（2）依据预案演练。结合生产面临的风险及事故特点，依据应急预案组织开展演练。

（3）注重能力提高。突出以提高指挥协调能力、应急处置能力和应急准备能力组织开展演练。

（4）确保安全有序。在保证参演人员、设备设施及演练场所安全的条件下组织开展演练。

考点三　应急演练的实施

应急演练实施基本流程包括计划、准备、实施、评估总结、持续改进5个阶段。

1. 计划

（1）需求分析。全面分析和评估应急预案、应急职责、应急处置工作流程和指挥调度程序、应急技能和应急装备、物资的实际情况，提出需通过应急演练解决的内容，有针对性地确定应急演练目标，提出应急演练的初步内容和主要科目。

（2）明确任务。确定应急演练的事故情景类型、等级、发生地域，演练方式，参演单位，应急演练各阶段主要任务，应急演练实施的拟定日期。

（3）制订计划。根据需求分析及任务安排，组织人员编制演练计划文本。

2. 准备

（1）成立演练组织机构。综合演练通常成立演练领导小组，负责演练活动筹备和实施过程中的组织领导工作,审定演练工作方案、演练工作经费、演练评估总结以及其他需要决定的重要事项。演练领导小组下设策划与导调组、宣传组、保障组、评估组。根据演练规模大小,其组织机构可进行调整。

①策划与导调组。负责编制演练工作方案、演练脚本、演练安全保障方案,负责演练活动筹备、事故场景布置、演练进程控制和参演人员调度以及相关单位、工作组的联络和协调。

②宣传组。负责编制演练宣传方案,整理演练信息、组织新闻媒体和开展新闻发布。

③保障组。负责演练的物资装备、场地、经费、安全保卫及后勤保障。

④评估组。负责对演练准备、组织与实施进行全过程、全方位的跟踪评估;演练结束后,及时向演练单位或演练领导小组及其他相关专业组提出评估意见、建议,并撰写演练评估报告。

(2)编制文件。包括编制工作方案、脚本、评估方案、保障方案、观摩手册、宣传方案等,其具体内容如下:

①工作方案。演练工作方案内容包括:

a. 目的及要求。

b. 事故情景。

c. 参与人员及范围。

d. 时间与地点。

e. 主要任务及职责。

f. 筹备工作内容。

g. 主要工作步骤。

h. 技术支撑及保障条件。

i. 评估与总结。

②脚本。演练一般按照应急预案进行,按照应急预案进行时,根据工作方案中设定的事故情景和应急预案中规定的程序开展演练工作。演练单位根据需要确定是否编制脚本,如编制脚本,一般采用表格形式,主要内容包括:

a. 模拟事故情景。

b. 处置行动与执行人员。

c. 指令与对白、步骤及时间安排。

d. 视频背景与字幕。

e. 演练解说词。

f. 其他。

③评估方案。演练评估方案内容包括:

a. 演练信息:目的和目标、情景描述,应急行动与应对措施简介。

b. 评估内容:各种准备、组织与实施、效果。

c. 评估标准:各环节应达到的目标评判标准。

d. 评估程序：主要步骤及任务分工。

e. 附件：所需要用到的相关表格。

④保障方案。演练保障方案应包括应急演练可能发生的意外情况、应急处置措施及责任部门，应急演练意外情况中止条件与程序。

⑤观摩手册。根据演练规模和观摩需要，可编制演练观摩手册。演练观摩手册通常包括应急演练时间、地点、情景描述、主要环节及演练内容、安全注意事项。

⑥宣传方案。编制演练宣传方案，明确宣传目标、宣传方式、传播途径、主要任务及分工、技术支持。

(3)工作保障。根据演练工作需要，做好演练的组织与实施需要相关保障条件。保障条件主要内容包括：

①人员保障。按照演练方案和有关要求，确定演练总指挥、策划导调、宣传、保障、评估、参演人员参加演练活动，必要时设置替补人员。

②经费保障。明确演练工作经费及承担单位。

③物资和器材保障。明确各参演单位所准备的演练物资和器材。

④场地保障。根据演练方式和内容，选择合适的演练场地；演练场地应满足演练活动需要，应尽量避免影响企业和公众正常生产、生活。

⑤安全保障。采取必要安全防护措施，确保参演、观摩人员以及生产运行系统安全。

⑥通信保障。采用多种公用或专用通信系统，保证演练通信信息通畅。

⑦其他保障。提供其他保障措施。

3. 实施

(1)现场检查。确认演练所需的工具、设备、设施、技术资料以及参演人员到位。对应急演练安全设备、设施进行检查确认，确保安全保障方案可行，所有设备、设施完好，电力、通信系统正常。

(2)演练简介。应急演练正式开始前，应对参演人员进行情况说明，使其了解应急演练规则、场景及主要内容、岗位职责和注意事项。

(3)启动。应急演练总指挥宣布开始应急演练，参演单位及人员按照设定的事故情景，参与应急响应行动，直至完成全部演练工作。演练总指挥可根据演练现场情况，决定是否继续或中止演练活动。

(4)执行。包括桌面演练执行、实战演练执行，其具体内容如下：

①在桌面演练过程中，演练执行人员按照应急预案或应急演练方案发出信息指令后，参演单位和人员依据接收到的信息，回答问题或模拟推演的形式，完成应急处置活动。通常按照 4 个环节循环往复进行：

a. 注入信息：执行人员通过多媒体档、沙盘、消息单等多种形式向参演单位和人员展示应急演练场景，展现生产安全事故发生发展情况。

b. 提出问题：在每个演练场景中，由执行人员在场景展现完毕后根据应急演练方案提出一个或多个问题,或者在场景展现过程中自动呈现应急处置任务,供应急演练参与人员根据各自角色和职责分工展开讨论。

c. 分析决策:根据执行人员提出的问题或所展现的应急决策处置任务及场景信息,参演单位和人员分组开展思考讨论,形成处置决策意见。

d. 表达结果:在组内讨论结束后,各组代表按要求提交或口头阐述本组的分析决策结果,或者通过模拟操作与动作展示应急处置活动。

各组决策结果表达结束后,导调人员可对演练情况进行简要讲解,接着注入新的信息。

②实战演练执行。按照应急演练工作方案,开始应急演练,有序推进各个场景,开展现场点评,完成各项应急演练活动,妥善处理各类突发情况,宣布结束与意外终止应急演练。实战演练执行主要按照以下步骤进行:

a. 演练策划与导调组对应急演练实施全过程的指挥控制。

b. 演练策划与导调组按照应急演练工作方案(脚本)向参演单位和人员发出信息指令,传递相关信息,控制演练进程;信息指令可由人工传递,也可以用对讲机、电话、手机、传真机、网络方式传送,或者通过特定声音、标志与视频呈现。

c. 演练策划与导调组按照应急演练工作方案规定程序,熟练发布控制信息,调度参演单位和人员完成各项应急演练任务;应急演练过程中,执行人员应随时掌握应急演练进展情况,并向领导小组组长报告应急演练中出现的各种问题。

d. 各参演单位和人员,根据导调资讯和指令,依据应急演练工作方案规定流程,按照发生真实事件时的应急处置程序,采取相应的应急处置行动。

e. 参演人员按照应急演练方案要求,做出信息反馈。

f. 演练评估组跟踪参演单位和人员的回应情况,进行成绩评定并作好记录。

(5)演练记录。演练实施过程中,安排专门人员采用文字、照片和音像等手段记录演练过程。

(6)中断。在应急演练实施过程中,出现特殊或意外情况,短时间内不能妥善处理或解决时,应急演练总指挥按照事先规定的程序和指令中断应急演练。

(7)结束。完成各项演练内容后,参演人员进行人数清点和讲评,演练总指挥宣布演练结束。

4. 评估总结

(1)评估。按照相关要求执行。

(2)总结。包括撰写演练总结报告和演练资料归档。

①撰写演练总结报告。应急演练结束后,演练组织单位应根据演练记录、演练评估报告、应急预案、现场总结材料,对演练进行全面总结,并形成演练书面总结报告。报告可对应急演练准备、策划工作进行简要总结分析。参与单位也可对本单位的演练情况进行总结。演练总结报告的主要内容:

a. 演练基本概要。

b. 演练发现的问题，取得的经验和教训。

c. 应急管理工作建议。

②演练资料归档。应急演练活动结束后，演练组织单位应将应急演练工作方案、应急演练书面评估报告、应急演练总结报告文字资料，以及记录演练实施过程的相关图片、视频、音频资料归档保存。

5. 持续改进

(1)应急预案修订完善。根据演练评估报告中对应急预案的改进建议，按程序对预案进行修订完善。

(2)应急管理工作改进。应急管理工作改进应包括下列内容：

①应急演练结束后，演练组织单位应根据应急演练评估报告、总结报告提出的问题和建议，对应急管理工作(包括应急演练工作)进行持续改进。

②演练组织单位应督促相关部门和人员，制订整改计划，明确整改目标，制定整改措施，落实整改资金，并跟踪督查整改情况。

链接

生产经营单位应当制定本单位的应急预案演练计划，根据本单位的事故风险特点，每年至少组织 1 次综合应急预案演练或者专项应急预案演练，每半年至少组织 1 次现场处置方案演练。

易燃易爆物品、危险化学品等危险物品的生产、经营、储存、运输单位，矿山、金属冶炼、城市轨道交通运营、建筑施工单位，以及宾馆、商场、娱乐场所、旅游景区等人员密集场所经营单位，应当至少每半年组织 1 次生产安全事故应急救援预案演练，并将演练情况报送所在地县级以上地方人民政府负有安全生产监督管理职责的部门。

考点四　典型道路运输事故的应急救援流程

在道路运输过程中发生事故时，应落实“安全第一，预防为主”的指导方针，妥善处理道路运输安全生产环节中的事故及险情，做好道路运输安全生产工作。建立健全重大道路运输事故应急处置机制，一旦发生重大道路运输事故，要快速反应，全力抢救，妥善处理，最大程度地减少人员伤亡和财产损失，维护社会稳定。通常情况下，在事故现场进行应急救援的流程如下：

(1)救助伤员。根据事故现场情况，参与对伤员的救助。对伤员实施救助时，要采取正确的方法，避免对伤员造成二次伤害。

(2)就事故情况进行报警。报警时，简要说明事故的情况，包括事故发生时间、地点，人员伤亡情况，报警人姓名及联系方式，事故类型等其他相关信息。

(3)采取防范措施。在事故现场采取的防范措施包括摆放危险警告标志、开启危险报警闪光灯、开启车辆示廓灯和前后位灯等。

(4)疏散现场人员。应按照要求对事故现场人员进行疏散,撤离。

(5)保护原始事故现场。保护现场对于公安交通管理部门了解事故情况,正确处理事故具有极其重要的意义。其内容包括肇事车停位,伤亡人员位置,各种碰撞碾压的痕迹,刹车拖痕,血迹等。寻找现场周围合适的工具,设置保护警戒线,禁止无关人员和车辆进入。标围现场时,应尽量做到不妨碍交通。

考点五 典型道路运输事故现场处置措施

1. 乘客干扰驾驶员

车辆行驶过程中,驾驶员与乘客因沟通等问题导致矛盾冲突,进而发生乘客干扰驾驶员,危及行车安全的情形。干扰行为按照强度递增分为谩骂驾驶员、抢夺车辆控制权、攻击驾驶员等。

发生驾乘矛盾时,为减轻驾驶员所受干扰影响,避免事态升级,应采取对应的应急处置措施:

(1)受到谩骂干扰但未影响正常行车或人身安全时,驾驶员应先告知乘客其行为可能带来的法律后果,并责令其立即停止干扰,如果阻止无效,要立即选择安全地点靠边停车,打开危险报警闪光灯,摆放危险警告标志。在保证自身安全情况下,保持沉着冷静,尽量做好沟通解释,并尽量安抚乘客情绪。

(2)驾驶控制权或人身安全突然受到干扰时,驾驶员要尽可能保持驾驶姿势,牢牢把稳方向盘,尽量保持行车路线,尽快减速,并靠路侧选择安全地点停车,打开危险报警闪光灯,不要随意开启车门。在保证自身安全情况下,保持沉着冷静,尽量安抚乘客情绪,做好沟通解释。

(3)与乘客沟通解释过程中如果出现矛盾激化、事态升级或受到攻击时,驾驶员应及时拨打110报警电话,并向所属企业管理人员报告现场情况。如有可能,留下至少2名目击证人及其联系方式。

2. 驾驶视线不良

车辆行驶过程中,外在环境变化可导致驾驶员无法清晰观察车辆周围情况,常见的视线不良情形包括暴雪、暴雨、团雾等气象因素导致的道路能见度降低,以及夜间光照因素导致的可视距离不足。

车辆行驶过程中,突遇暴雪、暴雨、团雾等导致能见度快速下降,驾驶员要保持冷静,及时采取以下应急处置措施:

(1)开启前后雾灯与危险报警闪光灯,能见度过低时也要开启示廓灯、近光灯,提高警示效果。

(2)迅速降低车辆行驶速度,加大行车间距,严禁超车或变换车道,尽量选择中间车道或外侧车道行驶。

(3)握稳方向盘,连续平缓踩踏制动踏板,提醒后方车辆保持车距,避免追尾事故。

(4)能见度不具备安全行驶条件时,驾驶员应就近选择道路出口低速驶出,或驶入公路服务区停车。无法驶离道路时,可将车辆停靠于紧急停车带或应急车道,开启前后雾灯与危险报警闪光灯，人员撤至路侧或护栏外侧，等待能见度恢复，同时要按规定在车后方50m至150m处摆放好警告标志(三角警示牌)。

(5)车辆发生事故无法继续行驶时，及时开启双闪灯，并在车辆后方放置警告标志。

夜间行驶遇照明不良路段时，驾驶员应保持精力集中，谨慎驾驶，避免交通事故。

(1)严禁超速，遇地面积水反光、隧道出入口等明暗快速变化路段，以及弯道、坡路、桥梁、窄路等视距不足路段时，提前减速，适度加大行车间距。

(2)关闭远光灯，使用近光灯，保持视线远离对向来车的明亮光线，避让路边行人与非机动车。如对向来车使用远光灯，影响自车观察路况时，变换远光灯、近光灯，提醒对方及时变换近光灯。

(3)车辆超车时，提前开启转向灯，变换远近光灯提醒前车驾驶员，仔细观察周围情况，在保证安全的前提下，稳妥超越前车。完成超车后，观察周围交通状况，在确保安全的情况下，驶回原车道。

(4)注意观察交通标志，及时识别陡坡、急弯、窄路、窄桥、临水临崖等复杂路面情况，提前采取减速、制动、变换挡位等措施。

3. 突遇自然灾害

常见的自然灾害情形包括冰雹、台风、泥石流、山体滑坡、地震等。突遇自然灾害时的处置措施及要领如下：

(1)行车过程中突遇恶劣天气时，驾驶员立即降低车速，尽量跟车行驶，保持安全车距，开启危险报警闪光灯，控稳方向盘，平稳行驶，如需改变行驶路线应尽量缓打方向。

(2)行车过程中，如遇暴雨、冰雹等极端恶劣天气时，要及时选择安全区域停车躲避，开启危险报警闪光灯、示廓灯。

(3)行车过程中突遇台风时，驾驶员要握稳方向盘，降低车速，防止因横风作用致使行驶方向偏移，尽量减少超车。如果是逆风行驶，要注意风向突然改变或者道路出现较大弯度时，因风阻突然减小而导致车速猛然增大。

(4)行车过程中突遇泥石流、山体滑坡时，驾驶员应立即减速或停车观察，确认安全后尽快通过，或行驶到安全区域停车，情况不明时避免自行清理路障。若行驶车辆无法避让泥石流、山体滑坡时，应及时弃车逃生，等待救援。

(5)行车过程中突遇地震时，驾驶员要握稳方向盘，立即寻找开阔地点停车，避免驶入桥梁、隧道、堤坝等设施，同时提醒车内人员加强自身防护。地震过后，应保持低速行驶，观察道路损坏情况，保障行车安全。

4. 车辆碰撞

车辆发生碰撞时，驾驶员按照"碰撞时自救、碰撞后逃生"的先后处置程序，进行应急处置。首先确保发生碰撞时尽量减少人员伤亡，然后尽量采取措施顺利逃生，并及时报警、报告。

5. 车辆侧翻

车辆侧翻，驾驶员按照"侧翻时自救、侧翻后逃生"的先后处置程序，进行应急处置。首先，确保发生侧翻时尽量减少人员伤亡，然后尽量采取措施顺利逃生，并及时报警、报告。

6. 车辆起火

车辆起火时，驾驶员应保持清醒头脑，根据“先人后车”的原则，按照“停车、开门、断电、疏散、警示、扑救、报警”等一系列处置程序，进行应急处置。首先，确保人员顺利逃生，然后尽量采取措施减少车辆及周围物品损失，及时进行报警、报告。

(1)立即选择安全地段停车，尽量避开加油站、人员密集区、住宅区、学校、高压线、易燃物、树林等区域。

(2)打开车门，关闭点火开关、电源总开关。若情况紧急，可就地停车，及时疏散车上和车外人员，做好后方安全警示。

(3)若车门打不开，应组织乘客打开应急门窗或用应急锤击破车窗玻璃，让乘客尽快从应急门、应急窗逃生。

(4)车厢内着火，驾驶员应首先利用车内应急逃生设施、设备，打开车辆应急逃生通道，并利用车载灭火器进行扑救，压制火势，减少乘客受伤的危险。发动机或车轮着火，应尽量不要打开发动机罩，并从车身通气孔、散热器或车底侧采取灭火措施。

(5)灭火时，应站在上风位置顺风对准火源根部。同时，也可用路边的湿沙、湿土掩盖灭火。若起火位置位于长大隧道内，且车辆无法驶出时，可使用隧道内侧壁配置的灭火器、消火栓、固定式水成膜灭火装置等消防设施。

(6)在疏散乘客时要逆风方向躲避。当火焰逼近自己时，应注意保护裸露的皮肤、不要张嘴呼吸或高声呼喊，以防烟火灼伤上呼吸道。

(7)驾驶员在做好车上人员疏散后，应立即拨打119,122报警电话，报告事故相关情况，并向所属企业报告。

链接

近年来新能源汽车的安全事故频发，2021年我国新能源汽车起火约3 000起，新能源汽车起火事故率为0.9～1.2次/万辆。如何有效防止新能源汽车起火已成为当前新能源汽车发展急需解决的问题。以下介绍几种防止新能源汽车起火的有效措施：

(1)小心驾驶。尽量不要依赖新能源汽车的自动(辅助)驾驶技术，手一直放在方向盘上，时刻关注路况。很多自动驾驶系统容易出现故障和事故，比如无法识别的路障、桥墩、信号灯等。应及时处理。

(2)充电前，检查充电枪内部是否有异物或水渍，确保充电枪清洁后再充电。

(3)充电时，司机和乘客尽量不要待在车里。由于车辆在充电时连接的是高压接口，充电电压很高，坐在车内的人容易发生安全事故和火灾。

(4)不要擅自改变电路系统，不要去没有资质的修理厂修车。由于新能源汽车的维修技术不同于传统燃油汽车，维修人员不要随意修理或更换它们。在维修保养车辆时，尽量去正规品牌店进行车辆保养。

(5)避免在高温下充电，尤其是夏天。另外，车辆长时间暴露在阳光下，容易引起自燃。尽量在傍晚、清晨等相对凉爽的时间或空间充电。

(6)进行定期保养，注意按规定定期到店保养，保证正常的油量和车辆的正常状况。

(7)在夏季高温的情况下,不要长时间驾驶后,立即给车辆充电。尽量将车辆停在原地,切断电源半小时左右再充电,给电池组一个合适的冷却时间。

(8)开车时要随时注意车辆的情况。如果在行驶中闻到烧焦的味道,或者看到车头冒烟、着火等异常现象,应立即靠边停车,不要打开发动机罩。发生自燃,立即逃离事故车辆,引导周围群众,迅速报警。

(9)不要用干粉灭火器自己灭火。干粉灭火器的原理是将燃烧的物质与氧气隔离,而锂电池在短路发热时并不需要氧气。所以很有可能燃烧车辆的火势会越来越大。新能源汽车一旦起火,其火势非常迅猛,关键是第一时间逃生。

7. 车辆落水

车辆落水后,驾驶员应保持清醒头脑,按照"开门、砸窗、疏散、逃生"等处置程序,进行应急处置。

(1)车辆落水瞬间,切勿急于解开安全带,防止落水时的冲击力造成人员受伤,不要试图关闭车窗阻挡车内进水或拨打急救电话,以免耽误逃生时机。

(2)车辆刚落水尚未完全下沉时,驾驶员应尽快解开安全带,第一时间开启车门或车窗,组织乘客疏散逃生。当外部水压较大难以开启车门或车窗时,驾驶员要迅速使用应急锤等尖锐器械砸开车窗等,组织逃生。如果车上未配备应急锤,可将座椅头枕拔下,用尖锐的插头敲击侧面玻璃,或把座椅金属插头插入侧窗玻璃缝隙中,撬碎玻璃。

(3)车辆完全下沉时,驾驶员要采取一切可能措施,打开车门或打碎车窗玻璃,尽最大可能组织乘客逃生。

考点六　道路运输应急救援培训

1. 应急救援培训的目的

(1)测试应急预案和操作程序的充分程度。

(2)测试紧急装置、设备及物质资源的供应情况。

(3)提高现场内、外应急部门的协调能力。

(4)判别和改正应急预案的缺陷。

(5)提高企业员工及公众的应急意识。

2. 应急救援培训工作原则

(1)坚持理论联系实际、学以致用的原则。

(2)坚持分级负责,分类管理的原则。

(3)坚持集中培训与在岗自学相结合的原则。

(4)坚持以人为本、按需施教的原则。

(5)坚持教学相长、保证质量的原则。

(6)坚持与时俱进、改革创新的原则。

3. 应急救援培训对象

(1)经理和主要管理人员。经理和主要管理人员负责公司的安全生产,负责制定和修订公司的事故应急预案，在应急状况下组织指挥抢险救援工作。因此，他们培训的重点应放在执行国家方针、政策；严格贯彻安全生产责任制；落实规章制度、标准等方面。

(2)驾驶员。由于驾驶员的素质参差不齐，安全知识、安全技术水平有高有低，必须加强培训，以提高应急反应能力。对驾驶员培训的重点在于：树立法律意识，遵章守纪；应急预案的基本内容和程序；严格执行安全操作规程；与驾驶有关的安全技术；自救和互救的常识和基本技能等。所有的驾驶员都应通过培训熟悉并了解自己工作所在的岗位的应急预案的内容，知道启动应急预案后自己所承担的相应职责和工作。使他们能够在实际操作中，应用所学到的知识，提高安全生产操作和处理、控制事故的技能。

(3)应急抢险人员。应急抢险人员是发生事故时应急抢险的主力军，因此要大力加强技术培训工作。抢险人员要熟悉应急预案每一个步骤和自己的职责，切实做到临危不乱，人人出手得过硬。对应急抢险人员培训的主要内容包括：熟悉应急预案的全部内容，各种情况的抢险方案；熟练掌握本单位在应急救援过程中所应用器具、装备的使用及维护，掌握和了解重大危害及事故的控制系统；有关安全生产方面的规章制度、操作规程、安全常识；应急救援过程中的自身安全防护知识，防护器具的正确使用；事故案例分析等。

4. 应急救援培训的主要内容

(1)有关应急救援的法律、法规和规章，本单位应急救援相关管理制度和安全操作规程。

(2)本单位、本岗位作业风险和应急措施。

(3)有关应急设施的性能、应急器材的使用方法。

(4)生产安全事故专项应急预案和现场处置方案。

(5)个人防护器具的使用和安全防护措施。

(6)异常情况的鉴别和紧急处置技术要求和程序。

(7)突发事件处置过程的自救、互救知识。

(8)应急通信联络方法。

(9)应急救援案例。

5. 应急救援培训方式

(1)以岗代培。通过参加工作实践和接受指导，提高应急管理的规划组织能力和管理水平。

(2)以学代培。大力倡导和鼓励工作人员自行组织学习和培训工作，通过自学不断更新观念、强化内在素质，提高工作能力。

(3)以研代培。组织各种研究活动，安排有关人员参与，提高工作水平。

(4)以会代培。有计划有层次地组织工作人员参加企业内外各级各类学术研讨会、专题报告会、经验交流会等，通过交流实践经验、探索方法、交流成果来激发积极性和创造精神。

(5)以察代培。有计划有目的地分期分批组织有关人员外出学习、考察，开阔眼界，通过学习、比较，提出本单位今后发展的意见、建议、思路和方法。

(6)以演代培。预想情况和设置背景，组织有关单位、部门进行应急处置突发事件的演练,检验和锻炼应急管理机构和有关人员的应急反应能力、组织协调能力、联动配合能力以及处置应对能力等。

6. 其他应急救援培训相关要求

(1)企业应建立应急管理培训考核和激励机制,对各单位、部门进行年度考核。考核内容包括培训机构、培训人员、培训设施、培训手段、培训计划、培训经费、参训人员受训情况、考勤情况、考试成绩、单位参训人员比率等。考核结果作为各部门年终考核、个人考核及其他评优评先的指标之一。

(2)各部门可根据本单位的实际,组织编写或采用相应的培训教材,确保培训工作的顺利开展。

(3)应重视培训师资的培养,建立相应的培训师资档案。采取请进来、送出去等多种方式培养培训教师,还可采取从地方应急管理工作专业人才库和专家组内聘请专家等办法,解决好培训的师资问题。

(4)将教育培训工作纳入应急管理建设的重要内容进行部署和规划,必须在预算中列支开展应用培训的所需经费,保证培训工作经费的及时足额到位。

(5)加强培训的管理,应急管理办公室须建立和完善培训工作档案,如实记载培训工作和受培训人员情况,教育培训档案建立的是否完备作为本单位年度目标考核中的一项内容。

考点七　危险货物道路运输企业应急预案编制要求

1. 编制步骤

(1)编制准备。包括:成立由管理人员、专业人员组成的应急预案编制小组,指定负责人;制定应急预案编制计划;收集、调查应急预案标志所需的各种资料;制定事故及其灾害后果预测表;分析本企业和托运人的应急资源。

(2)应急预案编制。根据《危险货物道路运输企业运输事故应急预案编制要求》给定的应急预案内容要求,编制应急预案。编制过程中做到责任分明、科学适用、便于操作,并注重与生产单位和托运人的合作。

(3)应急预案评审和上报。应急预案编写完后,可组织有关人员、机构和专家进行评审。评审通过后,按规定备案,并经企业主要负责人签署发布。

(4)应急预案更新有下列情形之一的,应当进行更新:

①原则上每2年组织修订、完善应急预案。

②应急预案依据的法规、标准发生变化,或者出台新的相关法规和标准。

③应急预案涉及的要素发生变化。

④应急演练结束后及企业发生事故应急行动结束后取得经验。

2. 应急预案内容

(1)企业概况。企业基本情况,至少应包括以下内容:企业地址;从业人数;运输车辆车型、罐车罐体材质;主要运输危险货物联合国编号(UN编号)、品名、运量、起始地、目的地、行驶路线图等;企业应急资源。

(2)应急救援组织设置。设置应急救援组织,至少包括应急领导组、技术指导组和现场工作组,明确各组职责。

(3)事故及其灾害后果预测。确定可能引起的事故,预测灾害后果,形成事故及其灾害后果预测表。

(4)驾驶人员和押运人员应急处置。

①停车处置,至少应明确以下内容:立即停车,明确停车后将发动机熄火并切断所有电源的规定;对于无法立即停车的,明确移动后停车的条件,以及停车位置的要求;撤离驾驶室时需要携带安全卡等重要资料清单。

②事故发生时的信息报告,至少应明确以下方面:事故发生地报警电话;事故发生地交通运输主管部门、本企业24小时有效的联络方式、手段;事故信息报告的流程和时限;事故信息报告的内容和方式。

③事故信息报告的内容,至少应包括以下部分:报告人姓名,联系方式;发生的事故及部分:发生时间、具体地点、行驶方向;车辆牌照、荷载吨位、车辆类型、罐车罐体容积,当前状况;UN编号、危险货物品名和数量,当前状况;人员伤亡及危害情况;已采取或拟采取的应急处置措施。

④现场处置,针对灾害后果预测表中事故和灾害后果,至少应明确以下内容:个体防护措施;初期应急处置措施;放置警告标志、设置警戒、协助疏散人员方案;现场保护方案;配合政府部门开展应急救援的要求。

(5)企业应急处置。

①信息报送与通信联络,至少应明确以下内容:当地应急管理部门、环境保护、公安、卫生主管部门有效的联络方式和手段;本企业和托运人24小时有效的应急通信联络方式;事故信息接收和通报程序、内容和时限。

②响应分级。依据事故等级,确定应急响应级别。

③应急响应和行动。依据应急响应级别,至少应明确以下内容:应急指挥;分析、评估事态及发展;对现场应急处置的技术指导:应急资源调配;接受主管部门的组织、调度和指挥,协助应急救援;扩大应急。

④应急结束,至少应明确以下内容:应急终止条件:事故情况上报事项;需向事故调查处理小组移交的相关事项。

(6)信息发布。明确事故信息发布的条件、部门、范围和内容等。

(7)后期处置。恢复和重建等后期处置措施,至少应明确以下内容:污染物处理;受伤人员处理;事故后果影响消除和生产运输秩序恢复;善后赔偿;事故经过、原因和应急处置工作经验教训报告;应急预案的更新。

(8)应急保障。至少应明确以下内容:

①与应急工作相关联的单位或人员通信联系方式和方法,并提供备用方案。

②本企业和托运人的应急救援队伍。

③应急装备、物资和储备运力,主要包括名称、型号、数量、性能、存放地点、管理者及其通信联系方式等。

④应急专项经费，主要包括来源、使用范围、额度和监督管理措施。

⑤其他相关保障，如运输保障、治安保障、技术保障、医疗保障、后勤保障等。

(9)应急培训和演练。

①应急培训，至少应明确以下内容：培训对象；培训内容；培训方式；培训频率和时间。

②应急演练，至少应明确以下内容：演练目标、内容、规模；参加演练的部门及人员；演练频次；评估、总结。

考点八　汽车客运站及货运站的消防安全

1. 汽车客运站消防安全

(1)汽车客运站应建立消防安全责任体系，并严格按照《人员密集场所消防安全管理》和《机关、团体、企业、事业单位消防安全管理规定》的要求明确逐级和岗位消防安全职责、权限，落实逐级和岗位消防安全责任。

(2)汽车客运站应根据消防法规的规定和实际需要建立专职消防队或志愿消防队。志愿消防队员应从员工中以不低于10%的比例确定，并不少于10人。有“保安队”的应建立“保消合一”消防队。

2. 货运站消防安全

货运站应有与其经营规模相适应的安全、消防设备。

考点九　常见的道路运输事故应急处理器材、安全防护设施设备的规定

1. 基本要求

(1)国家建立健全应急物资储备保障制度，完善重要应急物资的监管、生产、储备、调拨和紧急配送体系。设区的市级以上人民政府和突发事件易发、多发地区的县级人民政府应当建立应急救援物资、生活必需品和应急处置装备的储备制度。县级以上地方各级人民政府应当根据本地区的实际情况，与有关企业签订协议，保障应急救援物资、生活必需品和应急处置装备的生产、供给。

(2)交通运输主管部门、交通运输企业应当按照有关规划和应急预案的要求，根据应急工作的实际需要，建立健全应急装备和应急物资储备、维护、管理和调拨制度，储备必需的应急物资和运力，配备必要的专用应急指挥交通工具和应急通信装备，并确保应急物资装备处于正常使用状态。

(3)交通运输主管部门应当将本辖区内应急装备、应急物资、运力储备和应急队伍的实时情况及时报上级交通运输主管部门和本级人民政府备案。交通运输企业应当将本单位应急装备、应急物资、运力储备和应急队伍的实时情况及时报所在地交通运输主管部门备案。

(4)所有列入应急队伍的交通运输应急人员，其所属单位应当为其购买人身意外伤害保险，配备必要的防护装备和器材，减少应急人员的人身风险。

(5)县级以上地方人民政府应当根据本行政区域内可能发生的生产安全事故的特点和危害，储备必要的应急救援装备和物资，并及时更新和补充。易燃易爆物品、危险化学品等危险物品的生产、经营、储存、运输单位，矿山、金属冶炼、城市轨道交通运营、建筑施

工单位，以及宾馆、商场、娱乐场所、旅游景区等人员密集场所经营单位，应当根据本单位可能发生的生产安全事故的特点和危害，配备必要的灭火、排水、通风以及危险物品稀释、掩埋、收集等应急救援器材、设备和物资，并进行经常性维护、保养，保证正常运转。

2. 应急处理器材、安全防护设施设备配备原则

应急救援装备的配备数量，应坚持3个原则，确保应急救援装备的配备数量到位。

(1)依法配备。对法律法规明文要求必备数量的，必须依法配备到位。

(2)合理配备。对法律法规没做明文要求的，按照预案要求和企业实际情况，合理配备。

(3)双套配备。任何设备都可能损坏，应急救援装备在使用过程中突然出现故障，无论从理论上分析，还是从实践中考虑，都会发生。一旦发生故障，不能正常使用，应急行动就很可能被迫中断。如总指挥的手机突然损坏，不能正常使用，就很可能使应急救援行动处于等待指示的中断状态之中。又如遇到氨气泄漏，如果仅有的一具空气呼吸器出现故障不能正常使用或者余量不足，现场救援处置行动必将停止。因此，对于一些特殊的应急救援装备，必须进行双套配置，当设备出现故障不能正常使用时，立即启用备用设备。

提示

对于双套配置的问题，要根据实际情况全面考虑。既不要怕花钱，也不能一概双套配置，造成过度投入，浪费资金。要坚持“必须保证救援行动不出现严重的中断，不受到严重的影响”的准则。因此，应急救援设备的双套配备应坚持以下原则：

(1)如有能力，尽可能双套配置，对一些关键设备(如通信话机、电源、事故照明等)必须双套配置。

(2)如能力不足或设备性能稳定性高，可单套配置，通过加强维护，并预想设备损坏情况下的应急对策，如通过互助协议寻求支援。

3. 应急救援队伍的相关规定

除了应急处理器材、安全防护设施设备外，应急救援队伍也应受到同样的重视。应急救援队伍的相关规定如下：

(1)县级以上人民政府应当加强对生产安全事故应急救援队伍建设的统一规划、组织和指导。县级以上人民政府负有安全生产监督管理职责的部门根据生产安全事故应急工作的实际需要，在重点行业、领域单独建立或者依托有条件的生产经营单位、社会组织共同建立应急救援队伍。国家鼓励和支持生产经营单位和其他社会力量建立提供社会化应急救援服务的应急救援队伍。

(2)易燃易爆物品、危险化学品等危险物品的生产、经营、储存、运输单位，矿山、金属冶炼、城市轨道交通运营、建筑施工单位，以及宾馆、商场、娱乐场所、旅游景区等人员密集场所经营单位，应当建立应急救援队伍；其中，小型企业或者微型企业等规模较小的生产经营单位，可以不建立应急救援队伍，但应当指定兼职的应急救援人员，并且可以与邻近的应急救援队伍签订应急救援协议。工业园区、开发区等产业聚集区域内的生产经营单位，可以联合建立应急救援队伍。

(3)应急救援队伍的应急救援人员应当具备必要的专业知识、技能、身体素质和心理素质。应急救援队伍建立单位或者兼职应急救援人员所在单位应当按照国家有关规定对应急救援人员进行培训;应急救援人员经培训合格后,方可参加应急救援工作。应急救援队伍应当配备必要的应急救援装备和物资,并定期组织训练。

(4)生产经营单位应当及时将本单位应急救援队伍建立情况按照国家有关规定报送县级以上人民政府负有安全生产监督管理职责的部门,并依法向社会公布。县级以上人民政府负有安全生产监督管理职责的部门应当定期将本行业、本领域的应急救援队伍建立情况报送本级人民政府,并依法向社会公布。

考点十　车辆应急处理器材、安全防护设施设备管理

客运企业应主动排查并及时消除车辆安全隐患,每月检查车内安全带、应急锤、灭火器、三角警告牌以及应急门、应急窗、安全顶窗的开启装置等是否齐全、有效,安全出口通道是否畅通,确保客运车辆应急装置和安全设施处于良好的技术状况。客运企业配备新能源车辆的,应该根据新能源车辆种类、特点等,建立专门的检查制度,确保车辆技术状况良好。客运企业不得要求客运驾驶员驾驶技术状况不良的客运车辆从事运输作业。发现客运驾驶员驾驶技术状况不良的客运车辆时,应及时采取措施纠正。

客车、货车(三轮汽车除外)的所有座椅均应装备汽车安全带,装备的汽车安全带均应为三点式(或全背带式)汽车安全带。

客车、货车等汽车应配备相应的应急停车安全附件,应急停车安全附件应满足以下要求:

(1)汽车(无驾驶室的三轮汽车除外)应配备三角警告牌。

(2)汽车(无驾驶室的三轮汽车除外)应配备 1 件汽车乘员反光背心。

(3)车长大于或等于 6 m 的客车和总质量大于 3 500 kg 的货车,应装备至少 2 个停车楔(如三角垫木)。

客车、货车应按照规定配备灭火器,配备的灭火器应在使用有效期内,不应有欠压失效等情形。

链接

驾驶员应掌握正确的灭火器使用方法。常用的灭火器是干粉灭火器。

干粉灭火器适用于扑救各种易燃、可燃液体和易燃、可燃气体火灾,以及电器设备火灾,使用方法如下:

(1)右手拖着压把,左手拖着灭火器底部,轻轻取下灭火器。

(2)右手提着灭火器到现场。

(3)除掉铅封。

(4)拔掉保险销。

(5)左手握着喷管,右手提着压把。

(6)在距离火焰 2 m 的地方,右手用力压下压把,左手拿着喷管左右摆动,喷射干粉覆盖整个燃烧区。

客车、货车等汽车应安装有符合要求的行驶记录装置(包括汽车行驶记录仪或行驶记录功能符合要求的卫星定位装置等),且行驶记录装置的连接、固定应可靠,时间、速度等信息显示功能应正常。

以下车辆应安装车内外录像监控系统,且安装的车内外录像监控系统的功能应正常:卧铺客车;设有乘客站立区的客车。

除上述内容外,客车、货车还应配备车身反光标识、车辆尾部标志板、侧后前下部防护装置、应急锤、急救箱、车速限制/报警功能或装置、防抱制动装置、辅助制动装置、盘式制动器、制动间隙自动调整装置、紧急切断装置、发动机舱自动灭火装置、手动机械断电开关等安全装置。

考点十一　个人应急处理器材、安全防护设施设备管理

1. 贮气式防毒面具

贮气式防毒面具,即人们常说的空气呼吸器。空气呼吸器是一种自给开放式空气呼吸器,空气呼吸器广泛应用于消防、化工、船舶、石油、冶炼、仓库、试验室、矿山等部门,供消防员或抢险救护人员在浓烟、毒气、蒸汽或缺氧等各种环境下安全有效地进行灭火,抢险救灾和救护工作。

(1)使用方法。空气呼吸器的使用包括用前检查和佩戴方法,其具体内容如下:

①用前检查。用前检查的内容包括:

a. 打开空气瓶开关,气瓶内的储存压力一般为 25 ~ 30 MPa,随着管路、减压系统中压力的上升,会听到余压报警器报警。

b. 关闭气瓶阀,观察压力表的读数变化,在 5 分钟内,压力表读数下降应不超过 2 MPa,表明供管系统高压气密性好。否则,应检查各接头部位的气密性。

c. 通过供给阀的杠杆,轻轻按动供给阀膜片组,使管路中的空气缓慢排出,当压力下降至 4 ~ 6 MPa 时,余压报警器应发出报警声音,并且连续响到压力表指示值接近零时。否则,就要重新校验报警器。

d. 压力表有无损坏,它的连接是否牢固。

e. 中压导管是否老化,有无裂痕,有无漏气处,它和供给阀、快速接头、减压器的连接是否牢固,有无损坏。

f. 供给阀的动作是否灵活,是否缺件,它和中压导管的连接是否牢固,是否损坏。供给阀和呼气阀是否匹配。戴上呼气器,打开气瓶开关,按压供给阀杠杆使其处于工作状态。在吸气时,供给阀应供气,有明显的“咝咝”响声。在呼气或屏气时,供给阀停止供气,没有“咝咝”响声,说明匹配良好。如果在呼气或屏气时供给阀仍然供气,可以听到“咝咝”声,说明不匹配,应校验空气呼气阀的通气阻力,或调换全面罩,使其达到匹配要求。

g. 检查全面罩的镜片、系带、环状密封、呼气阀、吸气阀是否完好,有无缺件和供给阀的连接位置是否正确,连接是否牢固。全面罩的镜片及其他部分要清洁、明亮和无污物。检查全面罩与面部贴合是否良好并气密,方法是:关闭空气瓶开关,深吸数次,将空气呼吸器管路系统的余留气体吸尽。全面罩内保持负压,在大气压作用下全面罩应向人体面部

移动，感觉呼吸困难，证明全面罩和呼气阀有良好的气密性。

h. 检查空气瓶和减压器的连接是否牢固、气密性是否良好。背带、腰带是否完好，有无断裂处等。

②佩戴方法。佩戴的方法要求如下：

a. 佩戴时，先将快速接头断开（以防在佩戴时损坏全面罩），然后将背托在人体背部（空气瓶开关在下方），根据身材调节好肩带、腰带并系紧，以合身、牢靠、舒适为宜。

b. 把全面罩上的长系带套在脖子上，使用前全面罩置于胸前，以便随时佩戴，然后将快速接头接好。

c. 将供给阀的转换开关置于关闭位置，打开空气瓶开关。

d. 戴好全面罩（可不用系带）进行 2 ~ 3 次深呼吸，应感觉舒畅。屏气或呼气时，供给阀应停止供气，无"咝咝"的响声。用手按压供给阀的杠杆，检查其开启或关闭是否灵活。一切正常时，将全面罩系带收紧，收紧程度以既要保证气密又感觉舒适、无明显的压痛为宜。

e. 撤离现场到达安全处所后，将全面罩系带卡子松开，摘下全面罩。

f. 关闭气瓶开关，打开供给阀，拔开快速接头，从身上卸下呼吸器。

（2）注意事项。使用空气呼吸器时应注意以下内容：

①正确佩戴面具，检查合格即可使用，面罩必须保证密封，面罩与皮肤之间无头发或胡须等，确保面罩密封。

②供气阀要与面罩接口粘合牢固。

③使用过程中要注意报警器发出的报警信号，听到报警信号后应立即撤离现场。

2. 过滤式防毒面具

过滤式防毒面具，是防毒面具最为常见的一种。

（1）使用和维护。

①使用面具时，由下巴处向上佩戴，再适当调整头带，戴好面具后用手掌堵住滤毒盒进气口用力吸气，面罩与面部紧贴不产生漏气，则表明面具已经佩戴严密，可以进入危险涉毒区域工作。

②面具使用完后，应擦尽各部位汗水及脏物，尤其是镜片，呼气活门，吸气活门要保持清洁，必要时可以用水冲洗面罩部位，对滤毒盒部分也要擦干净。

③如在具有传染性质的病毒环境使用后，面罩及滤毒盒可用 1% 过氧乙酸消毒液擦拭，清洗消毒，必要时面罩可浸泡在 1% 过氧乙酸消毒液中，但滤毒盒不可浸泡，也不可进水以防失效。而且经消毒液消毒后，应用清水擦拭，晾干后再用。

（2）注意事项。使用过滤式防毒面具应注意以下事项：

①防毒面具属于有毒、有害环境下使用的产品，未经过专业培训的人员不得随意拆卸，减少其零部件及维修产品。

②防毒面具不得在 65 ℃以上环境中使用及高温环境中存放。

③滤毒盒吸湿后会降低防毒能力，平时注意严防进水。

④应储存在阴凉干燥的地方，并不得接触有机溶剂。

3. 防酸碱工作服

防酸碱工作服，是工作人员在有危险性化学物品或腐蚀性物品的现场作业时，为保护自身免遭化学危险品或腐蚀性物质的侵害而穿着的防护服，也称全密封防化服。

(1)使用方法。全密封防化服的使用方法如下：

①先撑开服装的颈口、胸襟、两脚伸进裤子内，将裤子提至腰部，再将两臂伸进两袖，并将内袖口环套在拇指上。

②将上衣护胸布折叠后，拉过胸襟布盖严，然后将前胸大白扣掀牢。

③将腰带收紧后，将大白扣掀牢。

④戴好消防面具后再将头罩罩在头上，并将颈扣带的大白扣掀上。

⑤最后戴上手套，将内袖压入手套里。

(2)注意事项。使用全密封防化服时应注意以下内容：

①全密封防化服不得与火焰及熔化物直接接触。

②使用前必须认真检查服装有无破损，如有破损，严禁使用。

③使用全密封防化服时，必须注意头罩与面具的面罩紧密配合，颈扣带、胸部的大白扣必须扣紧，以保证颈部、胸部气密。腰带必须收紧，以减少运动时的“风箱效应”。

④每次使用后，根据脏污情况用肥皂水或0.5% ~1%的碳酸钠水溶液洗涤，然后用清水冲洗，放在阴凉通风处，晾干后包装。

⑤折叠全密封防化服时，将头罩开口向上铺于地面。折回头罩、颈扣带及两袖，再将服装纵折，左右重合，两靴尖朝外一侧，将手套放在中部，靴底相对卷成一卷，横向放入全密封防化服包装袋内。

⑥全密封防化服在保存期间严禁受热及阳光照射，不许接触活性化学物质及各种油类。

考点十二　危险货物运输应急处理器材、安全防护设施设备管理

道路危险货物运输企业或者单位应当加强安全生产管理，制定突发事件应急预案配备应急救援人员和必要的应急救援器材、设备，并定期组织应急救援演练，严格落实各项安全制度。

专用车辆应当配备符合有关国家标准及与所载运的危险货物相适应的应急处理器材和安全防护设施设备。

运输单元运载危险货物时，应随车携带便携式灭火器。灭火器应适用于扑救《火灾分类》规定的A,B,C三类火灾。

便携式灭火器的数量及容量应符合规定(见第三章考点解读考点十五)。运输剧毒和爆炸品的车辆灭火器数量要求应符合《道路运输爆炸品和剧毒化学品车辆安全技术条件》的规定。

符合《危险货物道路运输规则　第1部分：通则》中规定的运输单元，应配备至少1个最小容量为2 kg干粉灭火器(或其他通风效用的适用灭火器)。

便携式灭火器应满足有关车用便携式灭火器的规定。如果车辆已装备可用于扑灭发动机起火的固定式灭火器,则其所携带的便携式灭火器无需适用于扑灭发动机起火。

便携式灭火器应在检验合格有效期内。

灭火器应放置于运输单元中易于被车组人员拿取的地方。

用于个人防护的装备包括以下内容:

(1)应根据所运载的危险货物标志式样(包括包件标志、车辆或集装箱标志牌)选择个人防护装备。危险货物标志式样应符合《危险货物道路运输规则　第5部分:托运要求》的规定。

(2)运输单元应配备以下装备:

①每辆车需携带与最大允许总质量和车轮尺寸相匹配的轮挡。

②一个三角警示牌。

③眼部冲洗液(第1类和第2类除外)。

(3)运输单元应为每名车组人员配备以下装备:

①反光背心。

②防爆的(非金属外表面,不产生火花)便携式照明设备。

③合适的防护性手套。

④眼部防护装备(如护目镜)。

(4)特定类别危险货物还应包括以下附加装备:

①对于危险货物危险标志式样为2.3项或6.1项,每位车组人员随车携带一个应急逃生面具。逃生面具的功能需与所装载化学品相匹配(如具备气体或粉尘过滤功能)。

②对于危险货物危险标志式样为第3类、4.1项、4.3项、第8类或第9类固体或液体的危险货物,配备:

a.1把铲子(对具有第3类、4.1项、4.3项危险性的货物,铲子应具备防爆功能)。

b.一个下水道口封堵器具,如堵漏垫、堵漏袋等。

考点十三　道路运输事故调查处理的相关要求

1.事故调查处理的基本要求

(1)事故调查处理应当坚持实事求是、尊重科学的原则,及时、准确地查清事故经过、事故原因和事故损失,查明事故性质,认定事故责任,总结事故教训,提出整改措施,并对事故责任者依法追究责任。

(2)县级以上人民政府应当依照规定,严格履行职责,及时、准确地完成事故调查处理工作。事故发生地有关地方人民政府应当支持、配合上级人民政府或者有关部门的事故调查处理工作,并提供必要的便利条件。参加事故调查处理的部门和单位应当互相配合,提高事故调查处理工作的效率。

(3)工会依法参加事故调查处理,有权向有关部门提出处理意见。

(4)任何单位和个人不得阻挠和干涉对事故的报告和依法调查处理。

链接

客运企业应当建立生产安全事故责任倒查制度。按照“事故原因不查清不放过、事故责任者得不到处理不放过、整改措施不落实不放过、教训不吸取不放过”的原则(简称“四不放过”原则),对相关责任人进行严肃处理。

货运企业生产安全事故处理也应遵循同样的“四不放过”原则。

2. 事故调查

(1)特别重大事故由国务院或者国务院授权有关部门组织事故调查组进行调查。重大事故、较大事故、一般事故分别由事故发生地省级人民政府、设区的市级人民政府、县级人民政府负责调查。省级人民政府、设区的市级人民政府、县级人民政府可以直接组织事故调查组进行调查,也可以授权或者委托有关部门组织事故调查组进行调查。未造成人员伤亡的一般事故,县级人民政府也可以委托事故发生单位组织事故调查组进行调查。

(2)上级人民政府认为有必要时,可以调查由下级人民政府负责调查的事故。自事故发生之日起30日内(道路交通事故、火灾事故自发生之日起7日内),因事故伤亡人数变化导致事故等级发生变化,依照规定应当由上级人民政府负责调查的,上级人民政府可以另行组织事故调查组进行调查。

(3)特别重大事故以下等级事故,事故发生地与事故发生单位不在同一个县级以上行政区域的,由事故发生地人民政府负责调查,事故发生单位所在地人民政府应当派人参加。

(4)事故调查组的组成应当遵循精简、效能的原则。根据事故的具体情况,事故调查组由有关人民政府、应急管理部门、负有安全生产监督管理职责的有关部门、监察机关、公安机关以及工会派人组成,并应当邀请人民检察院派人参加。事故调查组可以聘请有关专家参与调查。

(5)事故调查组成员应当具有事故调查所需要的知识和专长,并与所调查的事故没有直接利害关系。

(6)事故调查组组长由负责事故调查的人民政府指定。事故调查组组长主持事故调查组的工作。

(7)事故调查组履行下列职责:

①查明事故发生的经过、原因、人员伤亡情况及直接经济损失。

②认定事故的性质和事故责任。

③提出对事故责任者的处理建议。

④总结事故教训,提出防范和整改措施。

⑤提交事故调查报告。

(8)事故调查组有权向有关单位和个人了解与事故有关的情况,并要求其提供相关档、资料,有关单位和个人不得拒绝。事故发生单位的负责人和有关人员在事故调查期间不得擅离职守,并应当随时接受事故调查组的询问,如实提供有关情况。事故调查中发现涉嫌犯罪的,事故调查组应当及时将有关材料或者其复印件移交司法机关处理。

(9)事故调查中需要进行技术鉴定的,事故调查组应当委托具有国家规定资质的单位进行技术鉴定。必要时,事故调查组可以直接组织专家进行技术鉴定。技术鉴定所需时间不计入事故调查期限。

(10)事故调查组成员在事故调查工作中应当诚信公正、恪尽职守,遵守事故调查组的纪律,保守事故调查的秘密。未经事故调查组组长允许,事故调查组成员不得擅自发布有关事故的信息。

(11)事故调查组应当自事故发生之日起 60 日内提交事故调查报告;特殊情况下,经负责事故调查的人民政府批准,提交事故调查报告的期限可以适当延长,但延长的期限最长不超过 60 日。

链接

事故发生后,事故现场有关人员应当立即向本单位负责人报告;单位负责人接到报告后,应当于 1 小时内向事故发生地县级以上人民政府应急管理部门和负有安全生产监督管理职责的有关部门报告。情况紧急时,事故现场有关人员可以直接向事故发生地县级以上人民政府应急管理部门和负有安全生产监督管理职责的有关部门报告。

典型例题

【单选题】事故调查组应在事故发生之日起(　　)日内提交事故调查报告。

A. 15　　B. 30

C. 45　　D. 60

D。**【解析】**《生产安全事故报告和调查处理条例》第二十九条规定,事故调查组应当自事故发生之日起 60 日内提交事故调查报告;特殊情况下,经负责事故调查的人民政府批准,提交事故调查报告的期限可以适当延长,但延长的期限最长不超过 60 日。

(12)事故调查报告应当包括下列内容:

①事故发生单位概况。

②事故发生经过和事故救援情况。

③事故造成的人员伤亡和直接经济损失。

④事故发生的原因和事故性质。

⑤事故责任的认定以及对事故责任者的处理建议。

⑥事故防范和整改措施。

(13)事故调查报告应当附具有关证据材料。事故调查组成员应当在事故调查报告上签名。事故调查报告报送负责事故调查的人民政府后,事故调查工作即告结束。事故调查的有关资料应当归档保存。

典型例题

【单选题】下列不属于事故调查报告应包括的内容是(　　)。

A. 事故救援情况　　B. 事故造成的经济损失

C. 事故责任的认定　　D. 事故发生的原因

B。【解析】《生产安全事故报告和调查处理条例》第三十条规定,事故调查报告应当包括下列内容:(1)事故发生单位概况。(2)事故发生经过和事故救援情况。(3)事故造成的人员伤亡和直接经济损失。(4)事故发生的原因和事故性质。(5)事故责任的认定以及对事故责任者的处理建议。(6)事故防范和整改措施。事故调查报告只需报直接经济损失即可。故选项B错误。

3. 事故处理

(1)重大事故、较大事故、一般事故,负责事故调查的人民政府应当自收到事故调查报告之日起15日内做出批复;特别重大事故,30日内做出批复,特殊情况下,批复时间可以适当延长,但延长的时间最长不超过30日。有关机关应当按照人民政府的批复,依照法律、行政法规规定的权限和程序,对事故发生单位和有关人员进行行政处罚,对负有事故责任的国家工作人员进行处分。事故发生单位应当按照负责事故调查的人民政府的批复,对本单位负有事故责任的人员进行处理。负有事故责任的人员涉嫌犯罪的,依法追究刑事责任。

(2)事故发生单位应当认真吸取事故教训,落实防范和整改措施,防止事故再次发生。防范和整改措施的落实情况应当接受工会和职工的监督。应急管理部门和负有安全生产监督管理职责的有关部门应当对事故发生单位落实防范和整改措施的情况进行监督检查。

(3)事故处理的情况由负责事故调查的人民政府或者其授权的有关部门、机构向社会公布,依法应当保密的除外。

案例分析

案例场景

2022年12月20日18时,6号高速公路因降雪封闭,21日7时重新开放。9时该高速公路Y路段M隧道内距入口20 m处,一辆以60 km/h速度自西向东行驶的空载货车,与前方缓行的运输甲醇的罐车发生追尾碰撞,罐车失控前冲碰撞到隧道内同方向行驶的小客车。

事故发生后,甲醇罐车押运员甲从右侧门下车,走到车后,发现甲醇罐车尾部防撞设施损坏,卸料管断裂,甲醇泄漏,为关闭卸料管根部球阀,防止甲醇进一步泄漏,甲要求司机乙向前移动车辆,该车重新启动向前移动1 m后停止,司机乙熄火下车走到车身左侧罐体中部时,发现地面泄露的甲醇已经起火燃烧,并形成流淌火,迅速引燃前后车辆。事发时受气象和地势影响,隧道内气流由西向东流动,且隧道东高西低,形成烟囱效应,甲醇和车辆燃烧产生的高温有毒烟气迅速在隧道内向东蔓延，继而在隧道内引起大火和浓烟，事故烧毁隧道内车辆12辆，造成25人死亡，6人受伤，隧道受损严重。

事故调查发现：甲醇罐车由轻型货车改装而成，车辆整备质量2.76 t，核定载货量2.24 t，实际装载甲醇3.7 t，司机乙持大货车驾驶证，驾驶证在有效期内，押运员甲为临时工，空载货车为D物流运输公司零担货车，车辆和驾驶员手续齐全，均在有效期内。事发时，因长时间封路等待，零担货车驾驶员丙疲劳驾驶，未及时注意到前方路况变化，导致追尾碰撞。

甲醇罐车隶属E公司，该公司自2022年6月开始一直使用改装车运输甲醇。

E公司为危险化学品经营企业，危险化学品经营许可证在有效期内，无危险化学品道路运输资质，该公司共有员工15名，其中安全生产管理人员1名，由公司出纳兼任。该公司实际控制人为丁，丁上一次接受安全生产培训时间为2020年12月。

知识点讲解

考点一　危险化学品运输安全的相关规定

（1）从事危险化学品道路运输、水路运输的，应当分别依照有关道路运输、水路运输的法律、行政法规的规定，取得危险货物道路运输许可、危险货物水路运输许可，并向市场监督管理部门办理登记手续。危险化学品道路运输企业、水路运输企业应当配备专职安全管理人员。

（2）危险化学品道路运输企业、水路运输企业的驾驶人员、船员、装卸管理人员、押运人员、申报人员、集装箱装箱现场检查员应当经交通运输主管部门考核合格，取得从业资格。危险化学品的装卸作业应当遵守安全作业标准、规程和制度，并在装卸管理人员的现场指挥或者监控下进行。水路运输危险化学品的集装箱装箱作业应当在集装箱装箱现场检查员的指挥或者监控下进行，并符合积载、隔离的规范和要求；装箱作业完毕后，集装箱装箱现场检查员应当签署装箱证明书。

（3）运输危险化学品，应当根据危险化学品的危险特性采取相应的安全防护措施，并配备必要的防护用品和应急救援器材。用于运输危险化学品的槽罐以及其他容器应当封口严密，能够防止危险化学品在运输过程中因温度、湿度或者压力的变化发生渗漏、洒漏；槽罐以及其他容器的溢流和泄压装置应当设置准确、起闭灵活。运输危险化学品的驾驶人员、船员、装卸管理人员、押运人员、申报人员、集装箱装箱现场检查员，应当了解所运输的危险化学品的危险特性及其包装物、容器的使用要求和出现危险情况时的应急处置方法。

（4）通过道路运输危险化学品的，应当按照运输车辆的核定载质量装载危险化学品，不得超载。危险化学品运输车辆应当符合国家标准要求的安全技术条件，并按照国家有关规定定期进行安全技术检验。

（5）通过道路运输危险化学品的，应当配备押运人员，并保证所运输的危险化学品处于押运人员的监控之下。运输危险化学品途中因住宿或者发生影响正常运输的情况，需要较长时间停车的，驾驶人员、押运人员应当采取相应的安全防范措施；运输剧毒化学品或者易制爆危险化学品的，还应当向当地公安机关报告。

考点二　生产经营单位安全培训的相关规定

(1)生产经营单位应当进行安全培训的从业人员包括主要负责人、安全生产管理人员、特种作业人员和其他从业人员。生产经营单位从业人员应当接受安全培训,熟悉有关安全生产规章制度和安全操作规程,具备必要的安全生产知识,掌握本岗位的安全操作技能,增强预防事故、控制职业危害和应急处理的能力。未经安全生产培训合格的从业人员,不得上岗作业。

(2)生产经营单位主要负责人和安全生产管理人员应当接受安全培训,具备与所从事的生产经营活动相适应的安全生产知识和管理能力。煤矿、非煤矿山、危险化学品、烟花爆竹等生产经营单位主要负责人和安全生产管理人员,必须接受专门的安全培训,经安全生产监管监察部门对其安全生产知识和管理能力考核合格,取得安全资格证书后,方可任职。

(3)生产经营单位主要负责人和安全生产管理人员初次安全培训时间不得少于 32 学时。每年再培训时间不得少于 12 学时。煤矿、非煤矿山、危险化学品、烟花爆竹等生产经营单位主要负责人和安全生产管理人员安全资格培训时间不得少于 48 学时;每年再培训时间不得少于 16 学时。

(4)生产经营单位新上岗的从业人员,岗前培训时间不得少于 24 学时。煤矿、非煤矿山、危险化学品、烟花爆竹等生产经营单位新上岗的从业人员安全培训时间不得少于 72 学时,每年接受再培训的时间不得少于 20 学时。

提示

培训学时通常可通过事故原因分析进行考查。

考点三　危险化学品道路运输事故的应急救援

(1)剧毒化学品、易制爆危险化学品在道路运输途中丢失、被盗、被抢或者出现流散、泄漏等情况的,驾驶人员、押运人员应当立即采取相应的警示措施和安全措施,并向当地公安机关报告。公安机关接到报告后,应当根据实际情况立即向应急管理部门、生态环境主管部门、卫生主管部门通报。有关部门应当采取必要的应急处置措施。

(2)发生危险化学品事故,事故单位主要负责人应当立即按照本单位危险化学品应急预案组织救援,并向当地应急管理部门和生态环境、公安、卫生主管部门报告;道路运输、水路运输过程中发生危险化学品事故的,驾驶人员、船员或者押运人员还应当向事故发生地交通主管部门报告。

(3)发生危险化学品事故,有关地方人民政府应当立即组织应急管理、生态环境、公安、卫生、交通运输等有关部门,按照本地区危险化学品事故应急预案组织实施救援,不得拖延、推诿。有关地方人民政府及其有关部门应当按照下列规定,采取必要的应急处置措施,减少事故损失,防止事故蔓延、扩大:

①立即组织营救和救治受害人员，疏散、撤离或者采取其他措施保护危害区域内的其他人员。

②迅速控制危害源，测定危险化学品的性质、事故的危害区域及危害程度。

③针对事故对人体、动植物、土壤、水源、大气造成的现实危害和可能产生的危害，迅速采取封闭、隔离、洗消等措施。

④对危险化学品事故造成的环境污染和生态破坏状况进行监测、评估，并采取相应的环境污染治理和生态修复措施。

考点四　道路危险货物运输安全生产行为的相关规定

本案例设计使用改装车辆运输危险货物及无资质运输，案例题可由此考查企业安全生产行为方面的内容。

(1)道路危险货物运输企业或者单位应当按照《道路运输车辆技术管理规定》中有关车辆管理的规定，维护、检测、使用和管理专用车辆，确保专用车辆技术状况良好。

(2)禁止使用报废的、擅自改装的、检测不合格的、车辆技术等级达不到一级的和其他不符合国家规定的车辆从事道路危险货物运输。除铰接列车、具有特殊装置的大型物件运输专用车辆外，严禁使用货车列车从事危险货物运输；倾卸式车辆只能运输散装硫磺、萘饼、粗蒽、煤焦沥青等危险货物。禁止使用移动罐体(罐式集装箱除外)从事危险货物运输。

(3)道路危险货物运输企业或者单位应当通过岗前培训、例会、定期学习等方式，对从业人员进行经常性安全生产、职业道德、业务知识和操作规程的教育培训。

(4)道路危险货物运输企业或者单位应当加强安全生产管理，制定突发事件应急预案，配备应急救援人员和必要的应急救援器材、设备，并定期组织应急救援演练，严格落实各项安全制度。

考点五　安全生产管理人员的配备

本案例中，安全生产管理人员的配备存在错误，案例题可据此考查安全生产管理人员的配备要求。

《中华人民共和国安全生产法》第二十四条规定，矿山、金属冶炼、建筑施工、运输单位和危险物品的生产、经营、储存、装卸单位，应当设置安全生产管理机构或者配备专职安全生产管理人员。前款规定以外的其他生产经营单位，从业人员超过 100 人的，应当设置安全生产管理机构或者配备专职安全生产管理人员；从业人员在 100 人以下的，应当配备专职或者兼职的安全生产管理人员。

提示

道路运输企业安全生产管理人员的配备主要依据车辆的数量。

同步自测

一、单项选择题(每题的备选项中,只有1个最符合题意)

1. 关于应急预案编制的说法,正确的是(　　)。
   A. 生产经营单位应当针对危险性较大的岗位,制定专项应急预案
   B. 生产经营单位应当针对某种类型的事故风险,制定现场处置方案
   C. 生产经营单位应当根据存在的重大危险源,制定综合应急预案
   D. 现场处置方案应当包括事故风险描述、应急工作职责、应急处置

2. 为应对某一种或者多种类型生产安全事故,或者针对重要生产设施、重大危险源、重大活动,防止生产安全事故而制定的专项性工作方案是(　　)。
   A. 综合应急预案　　B. 专项应急预案
   C. 现场处置方案　　D. 应急处置卡

3. 下列不属于专项应急预案内容的是(　　)。
   A. 适用范围　　B. 应急组织机构及职责
   C. 处置措施　　D. 事故风险描述

4. 利用图纸、沙盘等辅助手段,依据应急预案进行交互式讨论或模拟应急状态下应急行动的演练活动属于(　　)。
   A. 实战演练　　B. 研究性演练
   C. 示范性演练　　D. 桌面演练

5. 某企业生产车间发生安全生产事故,事故造成3人死亡。根据《生产安全事故报告和调查处理条例》,该事故由(　　)负责组织调查。
   A. 事故发生单位上级主管部门　　B. 所在地县级人民政府
   C. 所在地设区的市级人民政府　　D. 省级人民政府

6. 根据《生产安全事故报告和调查处理条例》,道路交通事故应当自事故发生之日起(　　)日内,因事故伤亡人数变化导致事故等级发生变化的,可由上级人民政府另行组织调查。
   A. 7　　B. 15
   C. 30　　D. 60

7. 下列不属于事故调查组应履行职责的是(　　)。
   A. 认定事故的性质　　B. 查明事故直接经济损失
   C. 提出对事故责任者的处理建议　　D. 救援物资消耗情况

8. 事故调查组的成员不应包括(　　)。
   A. 应急管理部门　　B. 监察机关
   C. 公安机关　　D. 事故发生单位

二、案例分析题

第一题

6月是"安全生产月",某市交通运输局在某运输有限公司院内开展"2022年道路运输安全应急救援演练"活动。

活动主要包括“五不两确保”演示、事故救援演练和消防演练及消防器材使用培训等内容。

该局所属运管所、公客局、交管站和全市客运、货运、驾培、维修企业的负责人及安全管理人员等共277人参加观摩和演练活动。

本次演练还有针对性地模拟了客车发生事故、车辆起火、人员受伤救援等科目。演练内容涉及交通运输事故的发现上报、预案启动、现场抢险、医疗救援、安全疏散等内容，涵盖了事故应急救援处置的各个环节。在应急演练过程中，该运输有限公司的参演队员反应迅速，应急处置合理，对各种情况的处置措施准确到位。

随后，在消防演练及消防器材使用培训环节，该运输有限公司的消防工作人员现场讲解灭火器的使用知识后，只见“路边冒烟，出现两处火情”，队员在统一指挥下迅速端起灭火器，按照演示的方法将大火快速扑灭。

根据以上场景，回答下列问题(1 ~2 题为单选题，3 ~5 题为多选题)：

1. “五不两确保”不包括(　　)。

A. 不超速　　B. 不酒后驾驶

C. 不疲劳驾驶　　D. 确保乘客系好安全带

E. 确保乘客生命安全

2. 安全生产应急预案演练按演练形式可分为(　　)。

A. 单项演练和综合演练　　B. 单项演练和桌面演练

C. 综合演练和现场演练　　D. 现场演练和桌面演练

E. 检验性演练和示范性演练

3. 应急预案演练的目的主要有(　　)。

A. 检验预案　　B. 宣传教育

C. 锻炼队伍　　D. 磨合机制

E. 认知火灾

4. 根据《生产安全事故应急预案管理办法》，应急预案应当及时修订并归档的情形包括(　　)。

A. 单位经营状况发生变化的　　B. 面临的事故风险发生重大变化的

C. 单位主要领导部门及负责人发生变化的　　D. 应急演练中发现重大问题的

E. 重要应急资源发生重大变化的

5. 综合应急预案的主要内容不包括(　　)。

A. 应急响应　　B. 后期处置

C. 应急组织机构及职责　　D. 事故风险描述

E. 适用范围

第二题

一高速公路某处，一辆大型普通客车在行驶过程中，失控与中央护栏刮擦、碰撞后起火燃烧，造成8人死亡，13人受伤。

经调查，驾驶人刘某事发前多日未充分休息，睡眠严重不足，身体过度疲劳影响安全驾驶，当日驾驶车辆行驶至事发路段时注意力不集中，造成车辆失控，与高速公路中央护栏发生碰撞后，导致车辆油箱破损、燃油泄漏。燃油起火的原因是，事故车辆高压导线的绝缘层老化,高压电击穿绝缘层,从而短路产生电火花引燃燃油。据事故车辆所属公司出具的相关资料表明,事故车辆已达到国家规定的车辆报废标准。

调查发现事故车辆所属公司未有效落实驾驶员休息制度和防疲劳驾驶制度,未按规定开展车辆动态监控和应急管理各项工作。

根据以上场景,回答下列问题:

1. 客运车站发车前应对乘客进行安全告知,请简述安全告知的内容。
2. 道路运输车辆动态监督管理的车辆类型主要有哪些?
3. 已注册机动车有哪些情况应当强制报废?
4. 简述车辆起火后的应急救援措施。

答案详解

一、单项选择题

1. D。**【解析】**生产经营单位为应对某一种或者多种类型生产安全事故,或者针对重要生产设施、重大危险源、重大活动防止生产安全事故,制定专项应急预案。故选项 A 错误。生产经营单位根据不同事故类型,针对具体的场所、装置或者设施,制定现场处置方案。故选项 B 错误。生产经营单位为应对各种生产安全事故,制定综合应急预案。故选项 C 错误。
2. B。**【解析】**《生产经营单位生产安全事故应急预案编制导则》第 5.3 条规定,专项应急预案是生产经营单位为应对某一种或者多种类型生产安全事故,或者针对重要生产设施、重大危险源、重大活动,防止生产安全事故而制定的专项工作方案。专项应急预案与综合应急预案中的应急组织机构、应急响应程序相近时,可不编写专项应急预案,相应的应急处置措施并入综合应急预案。
3. D。**【解析】**专项应急预案的内容包括适用范围、应急组织机构及职责、响应启动、处置措施和应急保障;综合应急预案的内容包括总则、应急组织机构及职责、应急响应、后期处置和应急保障;现场处置方案的内容包括事故风险描述、应急工作职责、应急处置和注意事项。
4. D。**【解析】**《生产安全事故应急演练基本规范》第 3.5 条规定,桌面演练是针对事故情景,利用图纸、沙盘、流程图、计算机模拟、视频会议等辅助手段,进行交互式讨论和推演的应急演练活动。第 3.6 条规定,实战演练是针对事故情景,选择(或模拟)生产经营活动中的设备、设施、装置或场所,利用各类应急器材、装备、物资,通过决策行动、实际操作,完成真实应急响应的过程。第 3.8 条规定,示范性演练是指为检验和展示综合应急救援能力,按照应急预案开展的具有较强指导宣教意义的规范性演练。第 3.9 条规定,研究性演练是指为讨论和解决事故应急处置的重点、难点问题,试验新方案、新技术、新装备而组织的演练。
5. C。**【解析】**较大事故是指造成 3 人以上 10 人以下死亡,或者 10 人以上 50 人以下重伤,或者 1 000 万元以上 5 000 万元以下直接经济损失的事故。上述所称的“以上”包括本数,“以下”不包括本数。根据题干,该事故造成 3 人死亡,属于较大事故。《生产安全事故报告和调查处理条例》第十九条规定,特别重大事故由国务院或者国务院授权有关部门组织事故调查组进行调查。重大事故、较大事故、一般事故分别由事故发生地省级人民政府、设区的市级人民政府、县级人民政府负责调查。省级人民政府、设区的市级人民政府、县级人民政府可以直接组织事故调查组进行调查,也可以授权或者委托有关部门组织事故调查组进行调查。未造成人员伤亡的一般事故县级人民政府也可以委托事故发生单位组织事故调查组进行调查。

6. A。【解析】《生产安全事故报告和调查处理条例》第二十条规定,上级人民政府认为有必要时,可以调查由下级人民政府负责调查的事故。自事故发生之日起30日内(道路交通事故、火灾事故自发生之日起7日内),因事故伤亡人数变化导致事故等级发生变化,依照规定应当由上级人民政府负责调查的,上级人民政府可以另行组织事故调查组进行调查。

7. D。【解析】《生产安全事故报告和调查处理条例》第二十五条规定,事故调查组履行下列职责:(1)查明事故发生的经过、原因、人员伤亡情况及直接经济损失。(2)认定事故的性质和事故责任。(3)提出对事故责任者的处理建议。(4)总结事故教训,提出防范和整改措施。(5)提交事故调查报告。

8. D。【解析】《生产安全事故报告和调查处理条例》第二十二条规定,事故调查组的组成应当遵循精简、效能的原则。根据事故的具体情况,事故调查组由有关人民政府、应急管理部门、负有安全生产监督管理职责的有关部门、监察机关、公安机关以及工会派人组成,并应当邀请人民检察院派人参加。事故调查组可以聘请有关专家参与调查。

二、案例分析题

第一题

1. B。【解析】根据《关于在道路客运行业深入开展驾驶员安全承诺和安全教育工作的通知》,道路客运车辆发车前,驾驶员要结合贯彻落实安全告知制度,向乘客进行"面对面"的安全承诺,承诺在驾驶过程中做到"五不两确保":不超速,严格按照道路限速要求行驶;不超员,车辆乘员不得超过核定载客人数;不疲劳驾驶,日间连续驾驶不超过4小时,夜间连续驾驶不超过2小时;不接打手机,在驾驶过程中保持注意力集中;不关闭动态监控系统,做到车辆运行实时在线;确保乘客系好安全带,全程按要求佩戴使用;确保乘客生命安全,为旅途平安保驾护航。

2. D。【解析】《生产安全事故应急演练基本规范》第4.2条规定,应急演练按照演练内容分为综合演练和单项演练,按照演练形式分为实战(现场)演练和桌面演练,按目的与作用分为检验性演练、示范性演练和研究性演练,不同类型的演练可相互组合。

3. ABCD。【解析】《生产安全事故应急演练基本规范》第4.1条规定,应急演练目的包括:(1)检验预案:发现应急预案中存在的问题,提高应急预案的针对性、实用性和可操作性。(2)完善准备:完善应急管理标准制度,改进应急处置技术,补充应急装备和物资,提高应急能力。(3)磨合机制:完善应急管理部门、相关单位和人员的工作职责,提高协调配合能力。(4)宣传教育:普及应急管理知识,提高参演和观摩人员风险防范意识和自救互救能力。(5)锻炼队伍:熟悉应急预案,提高应急人员在紧急情况下妥善处置事故的能力。

4. BDE。**【解析】**《生产安全事故应急预案管理办法》第三十六条规定，有下列情形的，应急预案应当及时修订并归档：(1)依据的法律、法规、规章、标准及上位预案中的有关规定发生重大变化的。(2)应急指挥机构及其职责发生调整的。(3)安全生产面临的风险发生重大变化的。(4)重要应急资源发生重大变化的。(5)在应急演练和事故应急救援中发现需要修订预案的重大问题的。(6)编制单位认为应当修订的其他情况。
5. DE。**【解析】**综合应急预案一般包括以下方面的内容：应急预案体系；应急组织机构及职责；应急响应；后期处置；应急保障。

第二题

【答案】

1. 班线客车和旅游客车驾驶员应口头或通过播放宣传片、在车内明显位置标示等方式，对乘客进行安全告知，告知内容包括：

(1)客运公司名称、客车号牌、驾驶员及乘务员姓名和监督举报电话。

(2)客运车辆核定限载人数、行驶线路、经批准的停靠站点、中途休息站点。

(3)车辆安全出口及应急出口的逃生方法、安全带和安全锤的使用方法。

(4)法律法规规定事项。

2. 道路运输车辆动态监督管理的车辆类型主要包括用于公路营运的载客汽车、危险货物运输车辆、半挂牵引车以及重型载货汽车(总质量为12 t及以上的普通货运车辆)。
3. 已注册机动车有下列情形之一的应当强制报废，其所有人应当将机动车交售给报废机动车回收拆解企业。由报废机动车回收拆解企业按规定进行登记、拆解、销毁等处理，并将报废机动车登记证书、号牌、行驶证交公安机关交通管理部门注销：

(1)达到规定使用年限的。

(2)经修理和调整后仍不符合机动车安全技术国家标准对在用车有关要求的。

(3)经修理和调整或者采用控制技术后，向大气排放污染物或者噪声仍不符合国家标准对在用车有关要求的。

(4)在检验有效期届满后连续3个机动车检验周期内未取得机动车检验合格标志的。

4. 车辆起火后的应急救援措施如下：

(1)立即选择安全地段停车，尽量避开加油站、人员密集区、住宅区、学校、高压线、易燃物、树林等区域。

(2)打开车门，关闭点火开关、电源总开关。若情况紧急，可就地停车，及时疏散车上和车外人员，做好后方安全警示。

(3)若车门打不开，应组织乘客打开应急门窗或用应急锤击破车窗玻璃，让乘客尽快从应急门、应急窗逃生。

(4)车厢内着火，驾驶员应首先利用车内应急逃生设施、设备，打开车辆应急逃生通道，并利用车载灭火器进行扑救，压制火势，减少乘客受伤的危险。发动机或车轮着火，应尽量不要打开发动机罩，并从车身通气孔、散热器或车底侧采取灭火措施。

(5)灭火时，应站在上风位置顺风对准火源根部。同时，也可用路边的湿沙、湿土掩盖灭火。若起火位置位于长大隧道内，且车辆无法驶出时，可使用隧道内侧壁配置的灭火器、消火栓、固定式水成膜灭火装置等消防设施。

(6)在疏散乘客时要逆风方向躲避。当火焰逼近自己时,应注意保护裸露的皮肤、不要张嘴呼吸或高声呼喊,以防烟火灼伤上呼吸道。

(7)驾驶员在做好车上人员疏散后,应立即拨打119,122报警电话,报告事故相关情况,并向所属企业报告。

【解析】

1. 本案例第1问主要考查客运车辆安全告知的内容。客运车辆应在发车前对乘客进行安全告知与安全承诺。安全告知的内容详见答案处。客车驾驶员应向乘客进行安全承诺,承诺内容包括:(1)不超速,严格按照道路限速要求行驶。(2)不超员,车辆乘员不得超过核定载客人数。(3)不疲劳驾驶,日间连续驾驶时间不超过4小时,夜间22时至凌晨6时连续驾驶时间不超过2小时,每次停车休息时间不少于20分钟。(4)不接打手机,在驾驶过程中保持注意集中。(5)不关闭动态监控系统,做到车辆运行实时在线。(6)确保提醒乘客系好安全带,全程按要求佩戴使用。(7)确保乘客生命安全,为旅途平安保驾护航。
2. 本案例第2问主要考查道路运输车辆动态监督的范围。道路运输车辆动态监督管理的车辆类型包括用于公路营运的载客汽车、危险货物运输车辆、半挂牵引车以及重型载货汽车(总质量为12 t及以上的普通货运车辆)。道路旅客运输企业、道路危险货物运输企业和拥有50辆及以上重型载货汽车或者牵引车的道路货物运输企业应当按照标准建设道路运输车辆动态监控平台,或者使用符合条件的社会化卫星定位系统监控平台,对所属道路运输车辆和驾驶员运行过程进行实时监控和管理。
3. 本案例第3问主要考查已注册机动车强制报废的情形。已注册机动车强制报废的情形详见答案处。《机动车强制报废标准规定》第六条规定,变更使用性质或者转移登记的机动车应当按照下列有关要求确定使用年限和报废:(1)营运载客汽车与非营运载客汽车相互转换的,按照营运载客汽车的规定报废,但小、微型非营运载客汽车和大型非营运轿车转为营运载客汽车的,应按照规定核算累计使用年限,且不得超过15年。(2)不同类型的营运载客汽车相互转换,按照使用年限较严的规定报废。(3)小、微型出租客运汽车和摩托车需要转出登记所属地省、自治区、直辖市范围的,按照使用年限较严的规定报废。(4)危险品运输载货汽车、半挂车与其他载货汽车、半挂车相互转换的,按照危险品运输载货车、半挂车的规定报废。距本规定要求使用年限1年以内(含1年)的机动车,不得变更使用性质、转移所有权或者转出登记地所属地市级行政区域。
4. 本案例第4问主要考查车辆起火的应急救援措施。车辆起火的应急救援措施详见答案处。

第七章　道路运输其他安全生产

考情解读 

考纲要求

运用车辆维修、检测安全技术和相关法律法规、规章制度、标准规范，分析车辆维修和检测作业中安全生产要求，制定维修、检测设备操作规程及各工位安全技术和管理措施，以及车辆检验在检测区的安全防范措施；制定特种车辆以及危险品运输车辆维修场地及作业过程相关安全技术措施；制定驾驶员培训工作中相关安全管理制度，以及培训机构训练场的安全防范措施；解决场地和实际道路训练过程中的相关安全要求，制定在特殊情况下的安全应对措施。

命题分析

本章内容主要包括车辆维修作业的要求，车辆检测作业的要求，车辆维修设备操作规程，车辆检测设备操作规程，车辆维修、检测各工位安全技术，维修、检测工位从业人员从业条件要求，车辆检验在检测区的安全防范措施，危险品运输车辆维修企业及条件的相关规定，危险货物运输车辆技术要求，驾驶员培训管理，驾驶员培训机构的安全防范措施，驾驶员培训机构教练场的安全防范措施，实际道路训练过程中的相关安全要求。

历年考试主要考查了汽车维修危险废物的种类，砂轮机安全操作要求，驾驶员培训机构教练场的安全设置等内容。

除了已考查知识点，本章重点内容还包括汽车维修危险废物的处置，汽车举升机操作规程，废气分析仪操作规程，车间维修工安全操作要求，焊割工安全操作要求，驾驶员培训机构教练场的安全防范措施，实际道路训练过程中的相关安全要求等。

考点解读

考点一　车辆维修作业的要求

1. 车辆维护

(1)汽车维护分为日常维护、一级维护和二级维护。

①日常维护。以清洁、补给和安全性能检视为中心内容的维护作业。

②一级维护。除日常维护作业外，以润滑、紧固为作业中心内容，并检查有关制动、操纵等系统中的安全部件的维护作业。

③二级维护。除一级维护作业外，以检查、调整制动系、转向操纵系、悬架等安全部件，并拆检轮胎，进行轮胎换位，检查调整发动机工作状况和汽车排放相关系统等为主的维护作业。

(2)汽车维护周期。汽车维护周期具体规定如下:

①日常维护周期为出车前、行车中和收车后。

②汽车一级维护、二级维护周期的确定应以行驶里程间隔为基本依据,行驶里程间隔执行车辆维修资料等有关技术档的规定。

③对于不便用形式里程间隔统计、考核的汽车,可用行驶时间间隔确定一级维护、二级维护周期。

典型例题

【单选题】车辆的一级维护和二级维护由(　　)组织,并做好记录。

A. 驾驶员　　B. 机动车维修企业

C. 道路运输经营者　　D. 道路交通管理部门

C。【解析】道路运输经营者应当建立车辆维护制度,包括一级维护、二级维护和日常维护。其中,一级维护和二级维护由道路运输经营者组织实施,并做好相关记录;日常维护由驾驶员组织实施。

2. 车辆维修

车辆维修是指汽车维护和修理的泛称。汽车维护是指为维持汽车完好技术状况或工作能力而进行的作业。汽车修理是指为恢复汽车完好技术状况(或工作能力)和寿命而进行的作业。

(1)企业应建立车辆维护管理制度,内容包括维护管理部门及职责、作业分类、质量管理、定额指标和统计考核要求。

(2)企业应依据《汽车维护、检测、诊断技术规范》《压缩天然气汽车维护技术规范》《液化石油气汽车维护技术规范》《液化天然气汽车维护技术规范》等标准以及车辆维修手册、使用说明书等技术档,结合车辆类别、运行状况、行驶里程、道路条件、使用年限等因素,确定车辆维护周期(用维护间隔时间或间隔里程表示)。

(3)企业应根据车辆维护周期要求,制订车辆维护计划,并按期组织实施。

(4)设有机动车维修机构并自行实施车辆维护的企业,应根据《汽车维护、检测、诊断技术规范》《压缩天然气汽车维护技术规范》《液化石油气汽车维护技术规范》《液化天然气汽车维护技术规范》等标准制定车辆维护作业规范或细则,明确维护作业项目、内容及技术要求,维护过程中应做好维护记录。

(5)委托外单位机动车维修企业实施二级维护的车辆,作业项目、内容和技术要求应符合《汽车维护、检测、诊断技术规范》《压缩天然气汽车维护技术规范》《液化石油气汽车维护技术规范》《液化天然气汽车维护技术规范》及相关标准要求,维护完成后应妥善保存竣工出厂合格证及相关凭证。

(6)车辆技术管理人员应不定期开展车辆维护执行情况抽查并建立台账,对抽查中发现的问题应及时处理。

(7)车辆修理应遵循视情修理的原则,技术条件应符合《商用汽车发动机大修竣工出厂技术条件》《大客车车身修理技术条件》等标准要求。

企业应根据车辆类型和使用条件等,制定车辆维修费用定额指标,并定期进行统计分析。

提示

应加强车辆维修过程中的危险废物管理。

车辆维修过程中产生的主要危险废物包括:

(1)各类废矿物油(包括车辆维修和拆解过程中产生的废发动机油、制动器油、自动变速器油、齿轮油等废润滑油,清洗金属零部件过程中产生的废弃煤油、柴油、汽油及其他由石油和煤炼制生产的溶剂油)。

(2)废铅蓄电池和废电路板。

(3)未引爆的安全气囊。

(4)废尾气净化催化剂。

(5)使用油漆(不包括水性漆)。

(6)有机溶剂进行喷漆、上漆过程中产生的废物。

(7)含有或沾染危险废物的废弃包装物、容器、过滤吸附介质(如废机油桶、废油漆桶、吸附漆雾产生的废活性炭等,未混入生活垃圾单独收集的废弃含油抹布和劳保用品,含有或沾染汽油、机油的过滤器,废弃的含汞灯泡)等。

危险废物应按危险废品集中贮存、处置。

典型例题

【单选题】汽车维修时更换下来的危险废物,应按危险废品集中贮存、处置,下列物品不属于危险废物的是(　　)。

A. 废弃的三元催化转化装置　　B. 废弃的废旧轮胎

C. 废弃的含汞灯泡　　D. 废弃的集成电路板

B。【解析】对于维修更换下的废弃的三元催化转化装置、废弃的含汞灯泡、废弃的集成电路板均按危险废品进行集中贮存、处置。轮胎不属于危险废物。

考点二　车辆检测作业的要求

1. 检测站的职责

汽车综合性能检测站的建立应根据本地区的具体条件而定,依据经营类别、服务对象范围、生产规模、车型种类等条件,确定检测站的年检测量、检测工位数、设备及人员配备、检测车间面积及检测站总面积。汽车综合性能检测站设计成功与否,关键在于工位布局。工位布局是整个设计的基础,也是整个设计的主脉。工位布局的合理性对检测的方便性、工作效率的提高、出具数据的客观性、公正性、科学性有很大影响。因此,必须科学布置,合理安排,力求技术与经济的完美结合。

(1)检测站的主要任务。根据《汽车运输业车辆综合性能检测站管理办法》,汽车检测站的主要任务如下：

①对在用运输车辆的技术状况进行检测诊断。

②对汽车维修行业的维修车辆进行质量检测。

③接受委托，对车辆改装、改造、报废及其有关新工艺、新技术、新产品、科研成果等项目进行检测，提供检测结果。

④接受公安、生态环境、商检、计量和保险等部门的委托，为其进行有关项目的检测，提供检测结果。

(2)检测站应根据国家和行业标准进行检测，确保检测质量。尚未制定国家、行业标准的项目，可根据地方标准进行检测；没有国家、行业、地方标准的项目，可根据委托单位提供的资料进行检测。

(3)检测站使用的计量检测仪具应按技术监督部门的有关规定，组织周期检定，保证检测结果准确可靠。

(4)对经过综合性能检测的车辆，经认定的检测站应出具检测结果证明。检测结果证明可作为交通运输管理部门发放或吊扣营运证依据之一和维修车辆的出厂凭证。

(5)检测站应建立检测档案，并定期向交通运输管理部门提供统计资料；检测结果证明和检测档案的格式，由各省、自治区、直辖市交通厅(局)制定。

2. 检测站安全生产管理制度

汽车检测站安全生产管理制度一般有以下要求：

(1)全站人员必须树立“安全第一”的思想，严格遵守消防条例，落实消防方针，确保检测过程安全。

(2)全部人员必须严格遵守安全管理制度，严格执行安全生产操作规程，严禁违规违章作业，严禁违规违章指挥。

(3)做好检测站的消防检测工作，要经常检查消防设施，确保消防设施状态良好，便于快速投入应急使用。

(4)检测站的用电安全由电工负责，电工应合理布设用电线路与设备并对其进行定期检查维修，确保用电安全。严禁私拉乱扯电线。

(5)易燃易爆物品严禁带入检测站，工作场所应保持整洁，不得有污浊。检测间内必须保持良好通风，出入口须设置明显标志，且保持通信畅通。

(6)无火警时不得任意挪用消防设施，发生火灾时要及时报警，在保证自身安全的前提下进行扑救，并保护现场。

(7)送检车辆必须由引车员按有关规定进入检测间，经检测后及时驶离检测间，其他人员不得擅自进入检测间内，确需进入检测间联系工作时，必须先经站长同意后，方可入内。

(8)检测站工作人员不得擅自接待参观人员或向其他人员泄露秘密，档案管理工作人员对各种资料必须妥善保管，凡需参观学习的必须来电联系，经站长同意后，由指定人员进行引导参观。

(9)认真履行安全生产监督管理职责，各参与方之间、各岗位之间相互配合，严格按国家规定的汽车检测标准和企业车辆检测操作规程做好车辆检测工作，确保车辆检测工作的安全，出具真实可靠的检测结果。

3. 检测站安全生产规章制度

汽车检测站安全生产规章制度一般有以下要求：

(1)检测站安全责任人必须对检测站定期进行安全检查，排除隐患，解决问题确保安全，对检测站发现隐患及时提出解决，排除问题，并做好相应记录参与公司的安全生产会议，将不能解决的问题进行汇报。

(2)操作人员都必须严格执行操作规程，工作中出现事故应及时停机停车并及时报告相关人员进行检修，决不能带故障运转验车。

(3)检测员在进行车下作业时，驾驶员或引车员不得启动车辆，防止安全事故发生，必须由本站人员看管。

(4)行车检测中严禁在检测线内超速加快，时速5 km/h。检车过程中发生无油断电熄火、油管气管破裂等意外事故，应立即制动停车，向部门主管报告，并进行处理。

(5)不得醉酒上岗，身体欠佳、睡眠不足决不得上岗操作验车。

(6)非检测站工作人员未经邀请不得擅自入站。参观人员必须遵守检测站规章制度，在指定的地点参观。

(7)每周电工都应检查设备及所有带电线路的绝缘界面是否良好。检查时必须有人看管电闸或悬挂警告标志牌。工作人员每天下班前必须检查所有电源是否切断。

(8)所有工作人员下班时关好门窗并回收保管好仪器设备工具。员工须穿厂服上班，严禁穿拖鞋、凉鞋。

(9)每周进行一次卫生检查，公司领导及车间管理人员陪同。

4. 检测站各岗位职责

(1)站长职责。车辆检测站站长的职责如下：

①认真贯彻执行国家的法律、法规和本检测站的各项规章制度。组织开展质量教育，提高职工的质量意识。确保质量管理体系持续有效运行。

②负责组织机构的设置和职责的确定，任命关键岗位人员，为管理体系的实施、保持和改进提供资源保证。

③负责检测站资源合理配置。

④负责组织并制定全体人员的考核奖惩制度。

(2)技术负责人职责。车辆检测站技术负责人的职责如下：

①及时了解、掌握国家对机动车检测的相关法律法规、政策、标准和其他要求。

②在站长的领导下，在检测站工作技术上全面负责组织管理工作。

③负责检测设备配置的策划，仪器设备的检查、维护及管理工作。

④负责制定本检测站的技术管理文件、仪器设备安全操作规程及检查周期、安全防护措施等工作。

⑤严格遵守质量检测标准，对检测站质量问题进行控制。

⑥规划和组织人员培训和考核。

⑦协同站长处理客户投诉和检测中发生的事故。

(3)质量负责人职责。车辆检测站质量负责人的职责如下：

①负责组织运行检测机构质量管理体系。

②组织实施内部审核工作，落实纠正措施。

③负责处理检测工作中发生的质量问题。

④负责处理客户对检测工作的投诉和意见。

⑤负责质量监督人员管理，处理质量监督人员反馈意见和信息。

⑥组织检测人员进行定期质量管理培训工作，对计算机终端操作人员进行业务培训。

⑦熟悉检测机构中所使用的测试仪器的工作原理、性能及操作，能解决检测中出现的质量与技术问题。

(4)检测人员职责。车辆检测站检测人员的职责如下：

①严格执行国家和行业技术标准、检测范围和质量手册的各项规定，确保检测结果准确可靠。

②热情服务，礼貌待人，虚心听取客户的批评意见和建议。

③遵守工作纪律，坚守公正原则，不得以权谋私，出具虚假检测报告。

④做好本检测站检测设备的维护、保养，定期清洁检测设备和场地，保证环境整洁。

⑤遵守考勤制度，不迟到，不早退，不擅离岗位。

⑥服从主控计算机操作员的统一指挥，不得擅自违背调度指令。

⑦不断学习检测技术，提高检测技能。

考点三　车辆维修设备操作规程

车辆维修设备包括废油收集设备、齿轮油加注设备、液压油加注设备、制动液更换加注器、脂类加注器、轮胎轮辋拆装设备、轮胎螺母拆装机、车轮动平衡机、四轮定位仪、四轮定位仪或转向轮定位仪、制动鼓和制动盘、维修设备、汽车空调冷媒回收净化加注设备、总成吊装设备或变速箱等总成顶举设备、汽车举升设备(如汽车举升机)、汽车故障电脑诊断仪、冷媒鉴别仪、蓄电池检查、充电设备、无损探伤设备、车身清洗设备、打磨抛光设备(如砂轮机)、除尘除垢设备、车身整形设备、车身校正设备、车架校正设备、悬架试验台、喷烤漆房及设备、喷油泵试验设备(针对柴油车)、喷油器试验设备、调漆设备、自动变速器维修设备、氦气置换装置(针对燃气汽车维修企业)、气瓶支架强度校验装置(针对燃气汽车维修企业)。以下主要介绍汽车举升机和砂轮机。

1. 汽车举升机

汽车举升机是指用以支承在汽车底盘或车身的某一部位，使汽车升降的设备。其按传动方式分为液压传动和机械传动，按结构分为柱式和剪式。

汽车举升机相关要求如下：

(1)汽车举升机的设置要求。汽车举升机的设置应主要考虑下列影响其安全操作的因素：

①汽车举升机的支承条件。

②现场和附近的其他危险因素。

③具备安装汽车举升机的通道。

④在整个举升过程中,与其他邻近设备的距离不应小于600 mm。

(2)汽车举升机的支承条件。主管人员应负责确保地面或其他支承设施能承受汽车举升机施加的载荷。汽车举升机制造商或设计单位应提供汽车举升机在工作、非工作状态和在安装、拆卸过程中产生的载荷。该载荷应包括下列荷载的组合:

①汽车举升机的自重载荷。

②额定举升载荷。

③汽车举升机运行引起的动载荷。

(3)汽车举升机的操作要求。汽车举升机安全操作要求如下:

①操作人员操作举升机时,不应分散注意力。

②操作人员体力和精神不适时,不应操作举升机。

③操作人员应接受举升作业指挥信号,当汽车举升机的操作不需要指挥员时,操作人员负有举升作业的责任。任何情况下,操作人员随时都应执行来自任何人发出的停止信号。

④任何情况下,当怀疑有不安全情况时,操作人员在举升作业前应告知指派人员。

⑤如对于电源切断装置或启动控制器有报警信号,在指定人员取消这类信号之前,操作人员不得接通电路或开动设备。

⑥在接通电源或开动设备之前,操作人员应查看所有控制器,使其处于"零位"或空挡位置。确保所有现场人员均在安全区内。

⑦在作业期间发生供电故障,操作人员应该做到下列要求:

a. 应将所有的控制器手柄调回零位。

b. 如果可行,通过手动装置使举升车辆放到地面。

c. 操作人员应熟悉设备和设备的正常维护;如举升机需要调试或修理,操作人员应把情况迅速地报告给管理人员并应通知接班操作人员。

d. 在每一个工作班开始,操作人员应试验所有控制器;如果控制器操作不正常,应在举升机运行之前调试和修理。

e. 夜班操作举升机时,作业现场应有足够的照度。

2. 砂轮机

使用砂轮机时,工作台面高度应与砂轮中心高度相同或稍微高一点。

开动砂轮时必须待转速稳定后方可磨削,磨削刀具时应站在砂轮的侧面,不可正对砂轮,以防砂轮片破碎飞出伤人。

同一块砂轮上,禁止两人同时使用,更不准在砂轮的侧面磨削。磨削时,操作者应站在砂轮机的侧面,不要站在砂轮机的正面,以防砂轮崩裂,发生事故。同时不允许戴手套操作,严禁围堆操作和在磨削时嬉笑与打闹。

磨削时的站立位置应与砂轮机成一夹角,且接触压力要均匀,严禁撞击砂轮,以免碎裂。砂轮只限于磨刀具、不得磨笨重的物料或薄铁板以及软质材料(铝、铜等)和木质品。

磨刃时,操作者应站在砂轮的侧面或斜侧位置,不要站在砂轮的正面,同时刀具应略高于砂轮中心位置。不得用力过猛,以防滑脱伤手。

砂轮不准沾水,要经常保持干燥,以防湿水后失去平衡,发生事故。

不允许在砂轮机上磨削较大较长的物体,防止震碎砂轮飞出伤人。

不得单手持工件进行磨削,防止脱落在防护罩内卡破砂轮。

典型例题

【单选题】汽车维修工在使用台式砂轮机磨削作业时,符合安全要求的操作是(　　)。

A. 磨削时接触压力要均匀,严禁撞击砂轮

B. 调整工作台面高度与砂轮中心高度相同或略低一点

C. 在同一块砂轮上,两人可同时操作

D. 可以在砂轮侧面磨削

A。【解析】使用砂轮机时,工作台面高度应与砂轮中心高度相同或稍微高一点。故选项 B 错误。同一块砂轮上,禁止两人同时使用,更不准在砂轮的侧面磨削。磨削时,操作者应站在砂轮机的侧面。故选项 C,D 错误。

考点四　车辆检测设备操作规程

车辆检测设备包括废气分析仪或不透光烟度计、底盘测功机、车速检测台、汽车前照灯检测设备(可用手动灯光仪或投影板检测)、侧滑试验台(可用单板侧滑台)等。以下主要介绍废气分析仪、底盘测功机、车速检测台。

1. 废气分析仪

废气分析仪,一般是基于气体的红外吸收原理,即由多原子组成的气体分子,在某一特定波长范围内,吸收红外光能量与气体浓度成正比的关系,进行工作的。用于测量机动车汽油发动机排放废气中的 HC,CO,CO_2,O_2浓度。其中对 HC,CO,CO_2采用先进的 NDIR 不分光红外分析技术进行检测,对 O_2采用最新的电化学分析技术进行检测。

(1)仪器准备。

①按仪器使用说明书的要求对仪器进行各项检查工作,特别是尾气取样系统进行泄漏检查。

②接通电源,使分析仪预热 15 min(0 级、Ⅰ级)或 30 min(Ⅱ级)以上,达到稳定状态。在 5 min 内不经任何调整,零位及 HC,CO,CO_2,O_2 的量距读数,应稳定在精度要求范围内。

③每次试验前 2 min 内,分析仪器应完成自动调零、环境空气测定和 HC 残留量的检查。

(2)汽车准备。

①进气系统应装有空气滤清器,排气系统应装有消声器,且不得有泄漏。

②应在发动机上安装转速仪、点火正时仪、冷却液和润滑油温度计等测量仪器。

③应保证取样探头插入排气管的深度大于或等于 400 mm,并能固定于排气管上。当车辆排气管长度小于测量深度时,应使用排气加长管。

④预热发动机,使其冷却液和润滑油温度达到 80 ℃或汽车说明书中规定的热车状态。

⑤按车辆维修手册的规定调整好发动机的怠速和点火正时。

(3)测量程序。

①应保证被检测车辆处于制造厂规定的正常状态,发动机进气系统应装有空气滤清器,排气系统应装有排气消声器和排气后处理装置,排气系统不允许有泄漏。

②进行排放测量时,发动机冷却液或润滑油温度应不低于 80 ℃,或者达到汽车使用说明书规定的热状态。

③发动机从怠速状态加速至70%额定转速或企业规定的暖机转速,运转 30 s 后降至高怠速状态。将双怠速法排放测试仪取样探头插入排气管中,深度不少于400 mm,并固定在排气管上。维持 15 s 后,由具有平均值计算功能的双怠速法排放测试仪读取 30 s 内的平均值,该值即为高怠速污染物测量结果。对使用闭环控制电子燃油喷射系统和三元催化转化器技术的汽车,还应同时计算过量空气系数的数值。

④发动机从高怠速降至怠速状态 15 s 后,由具有平均值计算功能的双怠速法排放测试仪读取 30 s 内的平均值,该值即为怠速污染物测量结果。

⑤在测试过程中,如果任何时刻 CO 与 CO_2 的浓度之和小于 6.0%,或者发动机熄火,应终止测试,排放测量结果无效,需重新进行测试。

⑥对多排气管车辆,应取各排气管测量结果的算术平均值作为测量结果。

⑦若车辆排气系统设计导致的车辆排气管长度小于测量深度时,应使用排气延长管。

2. 底盘测功机

底盘测功机是用于测试汽车动力性、多工况排放指标、燃油指标等性能的室内台架试验设备。汽车底盘测功机通过滚筒模拟路面,计算出道路模拟方程,并用加载装置进行模拟,实现对汽车各工况的模拟。

(1)使用前的准备工作。底盘测功机使用前的准备工作如下:

①车辆外部清洗干净。

②不容许轮胎花纹中夹有石粒。

③轮胎气压符合标准。

④发动机底壳机油油面应在允许范围内。

⑤发动机机油压力应在允许范围内。

⑥自动变速器(液力变扭器)的液面应在规定的范围内。

(2)底盘测功机的使用。底盘测功机的使用要求如下:

①开机前必须按使用说明书的要求,对底盘测功机做好准备工作。

②按规定程序操作。

③惯性模拟系统除进行多工况油耗试验和加速、滑行试验外,不允许任意使用。

④突然停电时,引车驾驶员应松油门并挂空挡。

⑤被测汽车驾驶员必须严格按引导系统提示操作。

3. 车速检测台

(1)操作规程。车辆检测台的操作规程如下:

①车辆沿引车线慢速驶上速度检测台,将驱动轮停在两测试滚筒中间,尽可能使车轴

与滚筒保持平行。

②车辆停到位后,举升器下降。

③使用三角挡块抵住汽车非驱动车轮。

④引车员将车速平稳地加至40 km/h,按下申报按钮。

⑤车速检测台读取数据后,引车员松开油门踏板,检测结束。

⑥举升器升起后,撤掉抵住汽车非驱动车轮的三角挡块后,车辆驶离车速检测台。

(2)注意事项。车速检测台的注意事项如下:

①使用前,应清除车速台、盖板及滚筒上的油、水、泥沙等杂物。

②使用前,检查滚筒是否运转自如、举升器工作是否正常。

③使用前,接通电器仪表电源,预热10分钟以上。

④被检车辆轮胎上的油、水、泥、砂和胎面花纹槽内的小石子应清除干净,轮胎气压要符合规定。

⑤被检车辆的轴荷不应超过检验台的允许载荷。

⑥测试中,绝对不能将举升器升起,避免汽车从车速台上冲出,造成重大事故。

⑦当被检车辆为前轮驱动时,引车员一定要在低速情况下操纵方向盘准确地保持车辆处于直驶状态,然后再加速到检测车速。切忌汽车一上试验台就迅速加速。

⑧进行连续、高速检验时,应保证轮胎气压在标准范围内。

⑨测试时不要长时间高速进行检测,以延长车速台使用寿命。

⑩被检车辆的前方严禁站人或通行。

⑪测试结束后,应切断总电源和气路。按正确的关机顺序关闭计算机。

考点五　车辆维修、检测各工位安全技术

1. 车间维修工安全操作要求

一般车间维修工安全操作要求如下:

(1)车间维修人员必须衣着整洁,服从车间调度工作安排,严格按照维修手册、行业标准、维修工艺等操作规程进行维修作业,做好维修过程中的自检、记录等工作。

(2)维护好维修设备,保持作业场所的清洁,根据设备的特性正确使用设备,不得盲目操作。借用工作时,必须做到借前检查、还前检查,发现问题必须回报给保管员,还回工具必须保持清洁,不得把工具外带。借用工具必须当天归还,不得过夜。

(3)维修人员必须依据委托书所立项目进行维修作业,不得在维修中漏项。维修过程中要对车辆进行检查,发现委托书未定项目必须报服务顾问,由服务顾问与用户磋商,如用户在车旁,维修人员必须填写好需要检修的项目,然后请用户签字确认。

(4)维修人员在实施维修作业过程中根据委托书批示认真仔细检修,不得对一些难以排除的故障向客户推托解释,必须报技术部门由技术人员共同处理。

(5)维修人员有责任对用户的财产实施保护及保管。在维修过程中不得任意动用与维修不相关的车内装备或物品(如收放机、杂物箱等)。每辆进车间车辆套好三件套,对过夜车必须在接车时根据接车单项目检查随车物品和车况,并妥善保管车钥匙。

(6)维修人员必须对更换的旧件按要求返回仓库,对索赔要求做好记录,填写并捆绑标签。对借用配件必须以旧件换新件,领用配件原则上以返还旧件后领新件,返还件外表需清洁干净。

(7)维修人员必须安全使用维修工具和维修设备。维修工具的安全使用要求如下:

①作业中应使用大小合适的扳手。

②一字或十字旋具只能用来拧螺钉,切勿当作冲子或撬棍使用。

③鲤鱼钳有固定、夹紧、挤压和剪切作用,但不能用于转动。

④当使用切削工具时,一定要使金属屑朝飞离身体的方向飞出,使双手以及手指处在刀口的后边。手柄应清洁、干燥及确保牢固地握住。

⑤动力、手动或冲击工具的套筒不应互换使用。否则会导致损坏或伤害。

⑥切勿用锤敲击锉刀或把锉刀当作撬棍使用。

⑦使用敲击工具时,要戴合适的眼睛保护装置。

⑧切勿把尖的或削尖的工具放在衣袋里。

(8)维修设备的安全使用要求如下:

①维修企业必须对安全设备进行经常性的维护,并定期检测,保证设备正常运行。

②对设备的操作不了解或未经正确使用培训,切勿操作动力设备。开动设备前,应确信没有别的物件会碰到设备的运转部件。

③操作机器设备时,要全神贯注,不要环顾四周或与人交谈。

④随车千斤顶和移动式举升机器常用来做汽车的局部举升。使用前要检查千斤顶、举升器有无损坏,确保完好方可使用。

⑤使用举升机进行维修作业时,务必严格遵守举升汽车安全操作规则。

(9)维修人员不得出现领用不用或过失领用,在维修中损坏而仍用旧件以次充好的行为。

(10)维修人员必须检查所负责设备的运行状况,做好保养工作,发现问题及时汇报。使用设备时,先查后用,有保险装置的设备一定查看保险是否到位,不得在保险未到位的情况下使用设备。

(11)维修人员维修完毕后,必须进行自检,自检合格后交技术人员检查。在维修中需应路试的应报技术人员或业务主管,原则上不允许维修人员外出试车,试车人员不得单独外出试车,试车应在公司内部场地进行。

(12)钣金维修工在动用焊接设备时必须遵照有关的安全规定进行操作,在车上焊接必须熟悉车辆技术要求后再实施操作。设备使用完毕必须关闭好各种气体并重复检查关闭情况。

(13)汽车维修工须了解所修车辆的构造、性能、修理方法及安全要求。工作前应清理好场地,并检查工具、量具和设备是否完好。工作中必须正确合理使用各种工具及设备,专用工具不得代用或乱用。使用千斤顶时,要用木板垫稳,不得垫砖头或易碎物品,进入车下修理检查前,拉紧手制动。吊起物件时,绳扣应仔细检查,确保牢固可靠。在吊物下严禁站人。用汽油清洗机件时,应做好现场禁火工作,5 m 内严禁明火。清洗结束后,做好清场工作,处理好废油。试验高压火花时,附近不得有汽油等易燃物品。存放过易燃易爆及危险品的容器,严禁动用明火。使用电器工具和接线板之前,必须检查电线插头、插座等是否完好,发现有损坏应及时叫电工修复。加注电解液时,要小心轻放,防止酸液飞溅伤人。油污棉纱不准乱扔,应及时清除。

(14)各维修人员完成维修后必须做好工位与工具清洁工作,打扫好工位或库房,保持工位及库房的绝对清洁。在无维修任务时不得串岗或擅自离开公司。

(15)各工种维修人员要保管好委托书并做好委托书的传递工作。按委托书任务、时间要求实施,在保证质量的前提下尽可能提前完成任务。

随着新能源汽车的普及,新能源汽车的维修安全也引起人们的重视。以下重点介绍氢燃料电池车辆、混合动力及纯电动车型的维修相关要求。

氢燃料电池车辆检修注意事项如下:

(1)非氢系统检查维修:如果不涉及动火的,检查维修工作只需要确保周围空气流通性良好。如在室内维修的,确保厂房内部净空高度不低于 8 m。如果涉及动火的,必须将本车内氢气泄放完毕或将氢系统完整拆卸下来后方可动火。

(2)氢系统动火检修前,保证系统内部和动火区域的氢气体积分数在安全范围以内。检修或检验设施应完好可靠,个人防护用品穿戴符合要求。防止明火和其他激发能源进入禁火区域,禁止使用电炉、电钻、火炉、喷灯等一切产生明火、高温的工具与热物体。动火检修应选用铜质工具。

(3)所有动火检测,必须确保明火周围 3 m 范围内没有其他无关的氢燃料系统。

氢燃料电池车辆维护安全事项如下:

(1)对氢系统管阀件进行维护作业时,选择通风良好的地点,将管路内的氢气排空再进行零部件的维护。

(2)操作人员在放氢气作业前,应设置警示标示或隔离带,要触摸静电释放器,将身体静电导除。

(3)放气操作人员应经过培训、考试合格后上岗操作。

(4)放气现场安全区域内禁止携带手机、打火机、非防爆对讲机、火柴等火源火种和易产生静电的物品入内。

(5)放气现场安全区域 30 m 内禁止使用明火作业。

(6)放气现场严禁穿易产生静电的服装及带铁钉的鞋进入。

(7)放气现场安全区域内使用的工具应为防爆工具。

(8)放气作业区域,仅用于放气作业,其他作业活动严禁在此区域内进行。

(9)放气过程中,应关闭车辆的电源及门窗,同时打开车厢内顶部所有天窗。

(10)放气过程中,除指定的放气操作人员外,其他人员一律不得入内。

(11)车辆放完氢气后,需对车辆四周、舱体和车厢内部进行检测,确保无余气后,方可驶离。

(12)雷雨天气禁止放气作业。

(13)氢燃料电池车辆如需进行动火等整改工作时,需将氢气放空后方可作业。

搭载电动力系统的混合动力及纯电动车型,整车涉及高压的部分有整车橙色线束、动力电池包、高压配电箱、车载充电器、太阳能充电器(装有时)、驱动电机控制器总成、DC 与空调驱动器总成、电动力总成、电动压缩机总成、电加热芯体 PTC。为确保维修人员人身安全,避免违规操作引起安全事故,在维修高压部分时,请按以下要求及规范执行:

(1)高压部件识别。整车橙色线束均为高压线;动力电池包连至电源管理器的红色电压采样线束;高压零部件有动力电池包、高压配电箱、车载充电器、太阳能充电器(装有时)、驱动电机控制器总成、DC 与空调驱动器总成、电动力总成、电动压缩机总成、电加热芯体 PTC。

(2)检修高压系统时,点火开关必须处于 OFF 档(若为智能钥匙系统,则使车辆不在智能钥匙感应范围内,并且车辆处于非充电状态),并拔下紧急维修开关。紧急维修开关拔下后,由专职监护人员保管,并确保在维修过程中不会有人将其插到高压配电箱上。

提示

断开紧急维修开关只是切断了从高压配电箱到各个高压用电设备的电源,并不能切断动力电池包到高压配电箱的电源;当需要维修或更换高压配电箱时,应小心拔出连接动力电池包的电缆正、负极高压接插件,使用绝缘胶带包好裸露出的桩头,避免触电。

(3)在断开紧急维修开关 5 分钟后,检修高压系统前应使用万用表测量整车高压回路,确保无电。确定方法:拔下紧急维修开关手柄后,测量动力电池包正极和车身之间的电压来初步判断是否漏电,若检测到电压大于等于 50 V,应立即停止操作,按规定方法检查。使用万用表测量高压时,需注意选择正确量程,检测用万用表精度不低于 0.5 级,要求具有直流电压测量档位,量程范围不小于或等于 500 V,并遵守“单手操作”原则。所使用的万用表一根表笔线上配备绝缘鳄鱼夹(要求耐压为 3 kV,过电流能力大于 5 A),测量时先把鳄鱼夹夹到电路的一个端子,然后用另一只表笔接到需测量端子测量读数。每次测量时只能用一只手握住表笔;测量过程中,严禁触摸表笔金属部分。

(4)调试高、低压系统注意事项:调试低压前必须断开紧急维修开关;调试高压时,必须由专职监护人指挥装配紧急维修开关;调试高压必须在低压调试好的前提下调试,便于判断动力电池包是否有漏电的情况,如有漏电情况应及时检查,不能进行高压调试。

(5)拆装动力电池包总成时,首先把高压配电箱连接高压线束插接件用绝缘胶带缠好,拆装过程不要损坏线束,以免发生触电危险。

(6)检修或更换高压线束、油管等经过车身钣金孔的部件时,需注意检查与车身钣金的防护是否正常,避免线束、油管磨损。

混合动力及纯电动车安全维修注意事项如下:

(1)在维修作业前请采用安全隔离措施(使用警戒栏隔离),并树立高压警示牌,以警示相关人员,避免发生安全事故。

(2)在维修高压部分过程前,请将车身用搭铁线连接到混合动力及纯电动车型专用维修工位的接地线上。

(3)在检修有电解液泄露的动力电池包时,需佩戴防护眼镜,以防止电解液溅入眼中。

(4)在车辆上电前,注意确认是否还有人员在进行高压维修操作,避免发生危险。

(5)检修高压线束时,对拆下的任何高压配线应立刻用绝缘胶带包扎绝缘。高压线束装配时,必须按照车身固定孔位要求将线束固定好。

(6)不能用手指触摸高压线束插接件里的带电部分以免触电,另外应防止有细小的金属工具或铁条等接触到接插件中的带电部分。

(7)若发生异常事故和火灾时,操作人员应立即切断高压回路,其他人员立即使用灭火器扑救,优先使用二氧化碳灭火器,其次使用干粉灭火器,严禁用水剂灭火器。

(8)维修安全操作的规范,应严格遵照执行,避免发生安全事故。

2. 油漆工安全操作要求

(1)喷、油漆间严禁吸烟或燃火,汽油、油漆、香蕉水等易燃易挥发物品应有专人保管,放置在安全地点,并加盖密封。

(2)室内操作时,应保持良好的自然通风,合理使用防护用品。

(3)喷漆前先开通风机,工作结束后应先停喷漆后关通风机。

(4)喷漆间不准安装砂轮及其他产生火花的设备。

(5)操作人员必须会使用灭火器材,并熟知其放置地点。

(6)擦拭油漆、溶剂及各种油类的棉纱、破布必须集中放在箱内,定期妥善处理,不准乱扔。

3. 焊割工安全操作要求

(1)工作前,穿戴好规定的防护用品,并认真检查电焊机、焊接机、夹钳及电线各部位是否完好。

(2)焊割工件应放置平衡,以免倒塌造成伤人,高空焊割必须落实安全措施。

(3)进入禁火区作业,需经安全部门批准,并采取有效的安全措施方可工作。

(4)氧气瓶、乙炔瓶与明火点应按规定距离放置,严禁一切油脂触及氧气瓶。

(5)对车辆进行电焊作业时,应拆下车辆电瓶桩头,以防损坏电子元器件。

(6)焊割时,必须做到“十不烧”:无焊工操作证不焊割;禁火区没审批无动火证不焊割;不了解作业现场及周围情况不盲目焊割;不了解焊割件内部是否安全不焊割;盛装过易爆易燃物品、有毒物质的各种容器,未经彻底清洗不焊割;用可燃材料做保温层的部位及设备,未经采取可靠的安全措施不焊割;有压力或密封的容器、管道不焊割;附近堆有易燃易爆物品、压力容器,在未经彻底清理或采取有效安全措施前不焊割;作业部位与外单位相接触,在未弄清对外单位是否有影响或明知危险而未采取有效的安全措施不焊割;作业场所附近有与明火相抵触的不焊割。

(7)工作中断时,必须切断电源,并关闭氧气和乙炔瓶开关,下班时应整理场地,消灭火种。

4. 电工(含空调工)安全操作规程

(1)装卸发电机和起电机时,应断开车辆电源的总开关,切断电源后进行装卸工作;对于未安装电源开关的车辆,应包扎好卸下的电源接头。

(2)若检查电路时需起动发动机,首先应检查车下及周围有无其他人工作,事先告知他人,然后放空挡,拉手刹、发动。

(3)车辆内的线路接头必须牢固,并用胶布缠好,需要穿孔的线路要加设胶护套。

(4)配制电解液时,应穿戴橡胶水鞋和橡胶手套,戴防护眼镜,将硫酸缓慢加入蒸馏水内,同时用玻璃棒不断搅拌,达到散热的目的,严禁将水注入硫酸。

(5)装蓄电池时,应在底部垫橡皮胶料,蓄电池之间也应用木板塞紧。

(6)充电时,将电池盖打开,电液温度不得超过 45 ℃。

(7)应用防电叉测量蓄电池,不可使用手钳或其他金属进行实验,防止发生爆炸。

考点六　维修、检测工位从业人员从业条件要求

1. 机修人员

(1)基本条件。具有初中(含)以上文化程度。连续从事机修工作 3 年以上,或本专业中职毕业连续从事机修工作 2 年以上,或本专业高职(含)以上毕业连续从事机修工作 1 年以上。

(2)专业知识。了解本岗位工艺、工时、标准和规范。熟悉安全生产、环境保护和质量管理的知识。熟悉电工电子学的基本知识,掌握机动车电路图识图知识。掌握机械制图、液压传动、公差与配合、机动车常用材料知识。掌握机动车维修专业知识,了解机动车新材料、新工艺、新设备和新技术。掌握发动机、底盘及其控制系统零部件的常规检验方法。掌握发动机、底盘及其控制系统维修工艺规程和竣工验收标准。掌握发动机、底盘及其控制系统故障诊断原理和方法。了解常用维修检测仪器和设备的工作原理及使用方法。

(3)专业技能。具有按工艺规范完成机动车发动机、底盘及其控制系统的故障诊断和维修作业的能力。能熟练使用维修检测仪器和设备准确诊断并排除车辆故障。能熟练应用技术资料解决本岗位的技术问题。具有收集、整理、分析和处理本岗位技术问题的能力。能指导本岗位其他人员完成机修作业。

2. 电器维修人员

(1)基本条件。具有初中(含)以上文化程度。连续从事机动车电器维修工作 3 年以上,或本专业中职毕业连续从事机动车电器维修工作 2 年以上,或本专业高职(含)以上毕业连续从事机动车电器维修工作 1 年以上。

(2)专业知识。了解本岗位工艺、工时、标准和规范。熟悉安全生产、环境保护和质量管理的知识。掌握电工电子学的基本知识、电路图识图知识,掌握车用传感器的基本知识。掌握机动车电气的结构、电路原理和检测诊断方法。熟悉发动机、底盘及其控制系统的结构和基本工作原理。熟悉常用机动车维修检测仪器和设备的工作原理及使用方法。

(3)专业技能。具有完成机动车电器系统故障诊断和维修作业的能力。能熟练使用电器维修所需要的各种检测仪器和设备,准确判断并排除车辆电气系统故障。能应用技术资料解决机动车电器维修的技术问题。具有收集整理、分析处理机动车电器维修技术问题的能力。能指导本岗位其他人员完成机动车电器维修作业。

3. 钣金(车身修复)人员

(1)基本条件。具有初中(含)以上文化程度。连续从事车身修复工作 3 年(含)以上,或相关专业中职毕业连续从事车身修复工作 2 年以上,或相关专业高职毕业连续从事车身修复工作 1 年以上。应持有相关部门发放的具有焊工初级以上的职业资格证书。

(2)专业知识。了解本岗位工艺、工时、标准和规范。熟悉劳动安全与环境保护知识。了解机动车构造知识与维修知识、机械基础知识、熟悉车身材料知识。了解机动车碰撞知识及定损知识。了解机械制图知识,掌握车身测量知识。掌握车身修复工艺知识与车身修复相关的技术标准。掌握车身修复设备的工作原理与使用、维护知识。掌握材料加热及焊接知识。

(3)专业技能。能制定合理的车身修复工艺方案,并实施车身修复作业。能应用车身技术资料正确实施车身修复。能正确使用和维护车身检测、维修设备。能根据车身材料采取相应的防腐工艺。能对车身修复过程记录并正确填写车身修复档案。能指导本岗位其他人员完成车身修复作业。能按照劳动安全和环境保护操作规程作业,能正确使用各种防护器具,能实施简单救护。

4. 涂漆(车身涂装)人员

(1)基本条件。具有初中(含)以上文化程度。连续从事车身涂装工作 3 年(含)以上,或相关专业中职毕业连续从事车身涂装工作 2 年以上,或相关专业高职毕业连续从事车身涂装工作 1 年以上。具有与从事本岗位工作需求相适应的身体条件。

(2)专业知识。了解本岗位工艺、工时、标准和规范。了解劳动安全与环境保护知识。了解机动车结构与机动车维修的基本知识。掌握机动车车身材料知识及车身涂装材料知识,掌握车身涂装颜色知识。掌握机动车涂装设备的工作原理与使用、维护知识。掌握车身涂装工艺知识与相关技术标准。掌握车身养护基本知识。

(3)专业技能。能制定合理的车身涂装工艺方案,并实施车身涂装作业。能熟练进行调漆操作。能根据车身材料采取相应的防腐工艺。能进行车身养护的基本作业和划痕修复。能熟练使用 3 种以上品牌的涂料进行涂装作业。能熟练使用、维护涂装工具和设备。能对车身涂装过程检验进行记录并正确填写车身涂装档案。能对本岗位其他人员进行培训并指导其完成车身涂装作业。能按照劳动安全和环境保护操作规程作业,能正确使用各种防护器具,能实施简单救护。

考点七　车辆检验在检测区的安全防范措施

在不具备驻车坡道的情况下,可使用符合规定的专用设备检测驻车制动性能。

检测车间的长度、宽度和高度应适应承检车型检测的需要,并方便承检车辆进入和驶出。

检测车间应通风、防雨,并设置排(换)气装置和排水装置,并有温度、湿度、大气压力测量装置。

检测车间路面的承载能力应适应承检车型的轴荷要求,行车路面纵向和横向坡度应不大于 0.1%,平整度应不大于 2.0%。在滚筒反力式制动检验台工位前、后,对于 10 t(含)以上级检测线 6 m 内和 3 t 级检测线 3 m 内的行车地面,其附着系数应不低于 0.7,平板式制动检验台工位除外。

检测车间内的采光和照明应符合有关规定。

检测车间出入口应当设有引车道和必要的交通标志，确保被检车辆能方便、安全地进出；应有避免非检测人员误入检测工作区的安全防护装置等。

检测车间应有醒目的工位标志、检测流程指示信号。工位布置应满足以下要求。

(1)检测流程应布置合理，汽车检测线一般可按三工位配置检测项目，整个检测线应能允许同时检测三辆车，检测时各工位互不干涉，并尽量使各工位检测耗时一致，以保证各工位的流水作业不等不停、顺畅有序。

(2)各工位要有能正常开展工作的场地面积；各工位设备间距布置合理、避免检测长车时干扰相邻工位；同一工位内设备间距应能适应不同轴距车辆的检测需求，避免检测过程中倒车检测。

(3)为减少检测车间内的排气污染物滞留，应将车速表检验放在靠进口的位置。

检测线应布置在检测车间内，并按检验流程合理分布。

考点八　危险品运输车辆维修企业及条件的相关规定

1. 危险品运输车辆维修企业的基本要求

(1)该企业必须取得国家危险货物运输车辆的维修经营资质。

(2)应配备维修相应车型的技术人员。

(3)应配备维修危险品运输车辆专用的维修车间、设施、设备等，且设置了明显指示性标志。

(4)应编制齐全的安全操作规程，正规的维修作业流程，特殊工种人员必须证件齐全。

(5)应配备相应的安全管理人员。

(6)应编制突发事件应急预案和应急处置预案。应急预案包括报告程序、应急指挥、处置措施及应急救援设施、设备等内容。

(7)严格按照国家、行业标准或生产企业提供的维修手册进行维修。

(8)必须建立车辆维修档案。

(9)严格执行交通运输部《机动车维修管理规定》。

(10)提供能够证明上述条件的相关资料。

2. 危险品运输车辆维修经营所需条件

申请从事汽车维修经营业务或者其他机动车维修经营业务的，应当符合下列条件：

(1)有与其经营业务相适应的维修车辆停车场和生产厂房。租用的场地应当有书面的租赁合同，且租赁期限不得少于1年。停车场和生产厂房面积按照国家标准《汽车维修业开业条件》相关条款的规定执行。

(2)有与其经营业务相适应的设备、设施。所配备的计量设备应当符合国家有关技术标准要求，并经法定检定机构检定合格。从事汽车维修经营业务的设备、设施的具体要求按照国家标准《汽车维修业开业条件》相关条款的规定执行；从事其他机动车维修经营业务的设备、设施的具体要求，参照国家标准《汽车维修业开业条件》执行，但所配备设施、设备应与其维修车型相适应。

(3)有必要的技术人员。

①从事一类和二类维修业务的,应当各配备至少1名技术负责人员、质量检验人员、业务接待人员以及从事机修、电器、钣金、涂漆的维修技术人员。技术负责人员应当熟悉汽车或者其他机动车维修业务,并掌握汽车或者其他机动车维修及相关政策法规和技术规范;质量检验人员应当熟悉各类汽车或者其他机动车维修检测作业规范,掌握汽车或者其他机动车维修故障诊断和质量检验的相关技术,熟悉汽车或者其他机动车维修服务收费标准及相关政策法规和技术规范,并持有与承修车型种类相适应的机动车驾驶证;从事机修、电器、钣金、涂漆的维修技术人员应当熟悉所从事工种的维修技术和操作规范,并了解汽车或者其他机动车维修及相关政策法规。各类技术人员的配备要求按照《汽车维修业开业条件》相关条款的规定执行。

②从事三类维修业务的,按照其经营项目分别配备相应的机修、电器、钣金、涂漆的维修技术人员;从事汽车综合小修、发动机维修、车身维修、电气系统维修、自动变速器维修的,还应当配备技术负责人员和质量检验人员。各类技术人员的配备要求按照国家标准《汽车维修业开业条件》相关条款的规定执行。

(4)有健全的维修管理制度。包括质量管理制度、安全生产管理制度、车辆维修档案管理制度、人员培训制度、设备管理制度及配件管理制度。具体要求按照国家标准《汽车维修业开业条件》相关条款的规定执行。

(5)有必要的环境保护措施。具体要求按照国家标准《汽车维修业开业条件》相关条款的规定执行。

从事危险货物运输车辆维修的汽车维修经营者,除具备汽车维修经营一类维修经营业务的开业条件外,还应当具备下列条件:

(1)有与其作业内容相适应的专用维修车间和设备、设施,并设置明显的指示性标志。

(2)有完善的突发事件应急预案,应急预案包括报告程序、应急指挥以及处置措施等内容。

(3)有相应的安全管理人员。

(4)有齐全的安全操作规程。

危险货物运输车辆维修,是指对运输易燃、易爆、腐蚀、放射性、剧毒等性质货物的机动车维修,不包含对危险货物运输车辆罐体的维修。

3. 危险货物运输车辆维修维护安全操作规程

(1)危险货物运输车辆进厂维修、维护前必须严格检查是否有泄漏现象,如有泄漏现象必须立即处理。

(2)危险货物运输车辆必须在指定的危险货物车辆工位进行维修维护作业。

(3)确定所制定的危险货物运输车辆维修、维护方案是否可行。维修、维护作业只能在方案可行的条件下才能进行,严禁在无可靠安全保障的情况下进行作业。

(4)在进行维修、维护作业过程中,各操作工必须严格按照操作规程进行作业。

(5)危险货物运输车辆装有货物时,不得对其进行维修、修护作业。

(6)用千斤顶支撑进行底盘作业时,必须选择平坦、坚实场地,并用三角木将前后轮塞稳,然后用安全凳按车型规定支撑点将车辆支撑稳固,严禁单纯用千斤顶顶起车辆在车底作业。

(7)在有可能引起火灾、爆炸的部位,应设置超温、超压等检测仪表、报警(声、光)和安全联锁装置等设施。

(8)禁止在车辆维修区域内存放易燃物品、易爆物品、可燃物和其他杂物,并应配备一定数量的消防器材。

(9)固定维修区要设立明显标志,落实专人管理。

(10)遇节假日或生产不正常情况下的维修,应升级管理。

(11)危险物品的维修作业必须牢固、严密、并按照规定,设立警示专用“危险品”标志。

(12)运输易燃、易爆物品的车辆在维修结束后,需经检查确认无误后,由主修人、维修部门负责人、专职检验人员在作业单上签字后,方可放行。

考点九　危险货物运输车辆技术要求

1. 危险货物运输对载货汽车的安全防护技术要求

《营运货车安全技术条件　第 1 部分:载货汽车》对载货汽车的安全防护要求:

(1)N_2类和N_3类载货汽车应安装侧面防护和后下部防护装置,防护装置的性能应符合《汽车及挂车侧面和后下部防护要求》的规定。

(2)总质量大于 7 500 kg 的载货汽车应安装前下部防护装置,防护装置的性能应符合《商用车前下部防护要求》的规定。

(3)安装起重尾板的载货汽车,起重尾板背部应设置有警示标识,警示标识上的反光标识应始终朝向车辆后侧。

(4)载货汽车驾驶室应具有乘员保护功能;驾驶室应与车架保持连接,允许固定驾驶室的部件产生变形和损坏。

(5)总质量大于或等于 12 000 kg 且最高车速大于 90 km/h 的载货汽车,使用单胎的车轮应安装轮胎气压监测系统。

(6)燃气汽车的气瓶安装位置与强度应符合相关的规定。载货汽车燃料系统的安全防护应符合《机动车运行安全技术条件》的规定。

(7)汽油载货汽车油箱应采用阻隔防爆技术,阻隔防爆技术应符合《道路运输车辆油箱及液体燃料运输罐体阻隔防爆安全技术要求》的规定。

(8)燃气汽车应安装汽车导静电橡胶拖地带,汽车导静电橡胶拖地带的性能应符合规定。

2. 危险货物道路运输规则

交通运输行业标准《危险货物道路运输规则》于 2018 年 12 月 1 日起实施。《危险货物道路运输规则》的规定内容及适用范围,如表 7-1 所示。

表 7-1 《危险货物道路运输规则》的规定内容及适用范围

序号	标准编号	标准名称	规定内容及适用范围
1	JT/T 617.1—2018	危险货物道路运输规则　第 1 部分:通则	本部分规定了危险货物的范围及运输条件、运输条件豁免、国际多式联运相关要求、人员培训要求、各参与方的安全要求以及安保防范要求。本部分适用于危险货物道路运输
2	JT/T 617.2—2018	危险货物道路运输规则　第 2 部分:分类	本部分规定了道路运输危险货物的分类,包括分类的一般要求和具体规定。本部分适用于道路运输危险货物的类别、对应的危险性类型和包装类别的确定
3	JT/T 617.3—2018	危险货物道路运输规则　第 3 部分:品名及运输要求索引	本部分规定了道路运输危险货物品名的一般要求、道路危险货物运输要求索引、特殊规定,以及有限数量危险货物和例外数量危险货物的道路运输要求。本部分适用于危险货物道路运输
4	JT/T 617.4—2018	危险货物道路运输规则　第 4 部分:运输包装使用要求	本部分规定了道路运输危险货物包装、中型散装容器、大型包装、可移动罐柜、罐式车辆罐体的使用要求。本部分适用于道路运输危险货物运输包装的选择和使用
5	JT/T 617.5—2018	危险货物道路运输规则　第 5 部分:托运要求	本部分规定了危险货物道路运输托运的一般要求,集合包装及混合包装的标记标志要求,包件的标记和与标志要求,集装箱、罐体与车辆的标志牌和及标记,运输单据。本部分适用于危险货物道路运输的托运
6	JT/T 617.6—2018	危险货物道路运输规则　第 6 部分:装卸条件及作业要求	本部分规定了危险货物道路运输的装卸作业的一般要求、包件运输装卸条件、散装运输装卸条件、罐式运输装卸条件和装卸作业要求。本部分适用于危险货物道路运输环节的装卸作业
7	JT/T 617.7—2018	危险货物道路运输规则　第 7 部分:运输条件及作业要求	本部分规定了危险货物道路运输的运输装备条件、人员条件及运输作业要求。本部分适用于危险货物道路运输的运输作业

3. 放射性物品道路运输专用车辆管理

放射性物品道路运输企业或者单位应当按照有关车辆及设备管理的标准和规定,维护、检测、使用和管理专用车辆和设备,确保专用车辆和设备技术状况良好。设区的市级道路运输管理机构应当按照《道路运输车辆技术管理规定》的规定定期对专用车辆是否符合规定的许可条件进行审验,每年审验一次。设区的市级道路运输管理机构应当对监测仪器定期检定合格证明和专用车辆投保危险货物承运人责任险情况进行检查。检查可以结合专用车辆定期审验的频率一并进行。禁止使用报废的、擅自改装的、检测不合格的或者其他不符合国家规定要求的车辆、设备从事放射性物品道路运输活动。禁止专用车辆用于非放射性物品运输，但集装箱运输车（包括牵引车、挂车）、甩挂运输的牵引车以及运输放射性药品的专用车辆除外。按照前条规定使用专用车辆运输非放射性物品的，不得将放射性物品与非放射性物品混装。

专用车辆运输放射性物品过程中，应当悬挂符合国家标准《道路危险货物运输车辆标志》要求的警示标志。在放射性物品道路运输过程中，除驾驶人员外，还应当在专用车辆上配备押运人员，确保放射性物品处于押运人员监管之下。运输一类放射性物品的，承运人必要时可以要求托运人随车提供技术指导。

考点十　驾驶员培训管理

1. 一般规定

机动车驾驶员培训业务是指以培训学员的机动车驾驶能力或者以培训道路运输驾驶人员的从业能力为教学任务，为社会公众有偿提供驾驶培训服务的活动。包括对初学机动车驾驶人员、增加准驾车型的驾驶人员和道路运输驾驶人员所进行的驾驶培训、继续教育以及机动车驾驶员培训教练场经营等业务。

交通运输部主管全国机动车驾驶员培训管理工作。县级以上地方人民政府交通运输主管部门负责组织领导本行政区域内的机动车驾驶员培训管理工作。县级以上道路运输管理机构负责具体实施本行政区域内的机动车驾驶员培训管理工作。

2. 经营许可

机动车驾驶员培训依据经营项目、培训能力和培训内容实行分类许可：

（1）机动车驾驶员培训业务根据经营项目分为普通机动车驾驶员培训、道路运输驾驶员从业资格培训、机动车驾驶员培训教练场经营 3 类。

（2）普通机动车驾驶员培训根据培训能力分为一级普通机动车驾驶员培训、二级普通机动车驾驶员培训和三级普通机动车驾驶员培训 3 类。

（3）道路运输驾驶员从业资格培训根据培训内容分为道路客货运输驾驶员从业资格培训和危险货物运输驾驶员从业资格培训 2 类。

获得一级普通机动车驾驶员培训许可的，可以从事 3 种（含 3 种）以上相应车型的普通机动车驾驶员培训业务；获得二级普通机动车驾驶员培训许可的，可以从事 2 种相应车型的普通机动车驾驶员培训业务；获得三级普通机动车驾驶员培训许可的，只能从事 1 种相应车型的普通机动车驾驶员培训业务。

获得道路客货运输驾驶员从业资格培训许可的，可以从事经营性道路旅客运输驾驶员、经营性道路货物运输驾驶员的从业资格培训业务；获得危险货物运输驾驶员从业资格培训许可的，可以从事道路危险货物运输驾驶员的从业资格培训业务。获得道路运输驾驶员从业资格培训许可的，还可以从事相应车型的普通机动车驾驶员培训业务。

获得机动车驾驶员培训教练场经营许可的，可以从事机动车驾驶员培训教练场经营业务。

3. 驾驶员培训企业资格条件

(1)申请从事普通机动车驾驶员培训业务的,应当符合下列条件:

①取得企业法人资格。

②有健全的培训机构。包括教学、教练员、学员、质量、安全、结业考试和设施设备管理等组织机构,并明确负责人、管理人员、教练员和其他人员的岗位职责。具体要求按照《机动车驾驶员培训机构资格条件》相关条款的规定执行。

③有健全的管理制度。包括安全管理制度、教练员管理制度、学员管理制度、培训质量管理制度、结业考试制度、教学车辆管理制度、教学设施设备管理制度、教练场地管理制度、档案管理制度等。具体要求按照《机动车驾驶员培训机构资格条件》相关条款的规定执行。

④有与培训业务相适应的教学人员。其具体规定如下:

a. 有与培训业务相适应的理论教练员。机动车驾驶员培训机构聘用的理论教练员应当具备以下条件。持有机动车驾驶证,具有汽车及相关专业中专以上学历或者汽车及相关专业中级以上技术职称,具有两年以上安全驾驶经历,熟练掌握道路交通安全法规、驾驶理论、机动车构造、交通安全心理学、常用伤员急救等安全驾驶知识,了解车辆环保和节约能源的有关知识,了解教育学、教育心理学的基本教学知识,具备编写教案、规范讲解的授课能力。

b. 有与培训业务相适应的驾驶操作教练员。机动车驾驶员培训机构聘用的驾驶操作教练员应当具备以下条件。持有相应的机动车驾驶证,年龄不超过60周岁,符合一定的安全驾驶经历和相应车型驾驶经历,熟练掌握道路交通安全法规、驾驶理论、机动车构造、交通安全心理学和应急驾驶的基本知识,熟悉车辆维护和常见故障诊断、车辆环保和节约能源的有关知识,具备驾驶要领讲解、驾驶动作示范、指导驾驶的教学能力。

c. 所配备的理论教练员数量要求及每种车型所配备的驾驶操作教练员数量要求应当按照《机动车驾驶员培训机构资格条件》相关条款的规定执行。

⑤有与培训业务相适应的管理人员。管理人员包括理论教学负责人、驾驶操作训练负责人、教学车辆管理人员、结业考核人员和计算机管理人员。具体要求按照《机动车驾驶员培训机构资格条件》相关条款的规定执行。

⑥有必要的教学车辆。其具体规定如下:

a. 所配备的教学车辆应当符合国家有关技术标准要求,并装有副后视镜、副制动踏板、灭火器及其他安全防护装置。具体要求按照《机动车驾驶员培训机构资格条件》相关条款的规定执行。

b. 从事一级普通机动车驾驶员培训的,所配备的教学车辆不少于80辆;从事二级普通机动车驾驶员培训的,所配备的教学车辆不少于40辆;从事三级普通机动车驾驶员培训的,所配备的教学车辆不少于20辆。具体要求按照《机动车驾驶员培训机构资格条件》相关条款的规定执行。

⑦有必要的教学设施、设备和场地。具体要求按照《机动车驾驶员培训机构资格条件》相关条款的规定执行。租用教练场地的,还应当持有书面租赁合同和出租方土地使用

证明，租赁期限不得少于3年。

(2)申请从事道路运输驾驶员从业资格培训业务的，应当具备下列条件：

①取得企业法人资格。

②具备相应车型的普通机动车驾驶员培训资格。

a. 从事道路客货运输驾驶员从业资格培训业务的，应当同时具备大型客车、城市公交车、中型客车、小型汽车(含小型自动挡汽车)等4种车型中至少1种车型的普通机动车驾驶员培训资格和通用货车半挂车(牵引车)、大型货车等2种车型中至少1种车型的普通机动车驾驶员培训资格。

b. 从事危险货物运输驾驶员从业资格培训业务的，应当具备通用货车半挂车(牵引车)、大型货车等2种车型中至少1种车型的普通机动车驾驶员培训资格。

③有与培训业务相适应的教学人员。其具体规定如下：

a. 从事道路客货运输驾驶员从业资格培训业务的，应当配备2名以上教练员。教练员应当具有汽车及相关专业大专以上学历或者汽车及相关专业高级以上技术职称，熟悉道路旅客运输法规、货物运输法规以及机动车维修、货物装卸保管和旅客急救等相关知识，具备相应的授课能力，具有2年以上从事普通机动车驾驶员培训的教学经历，且近2年无不良的教学记录。

b. 从事危险货物运输驾驶员从业资格培训业务的，应当配备2名以上教练员。教练员应当具有化工及相关专业大专以上学历或者化工及相关专业高级以上技术职称，熟悉危险货物运输法规、危险化学品特性、包装容器使用方法、职业安全防护和应急救援等知识，具备相应的授课能力，具有2年以上化工及相关专业的教学经历，且近2年无不良的教学记录。

④有必要的教学设施、设备和场地。其具体规定如下：

a. 从事道路客货运输驾驶员从业资格培训业务的，应当配备相应的机动车构造、机动车维护、常见故障诊断和排除、货物装卸保管、医学救护、消防器材等教学设施、设备和专用场地。

b. 从事危险货物运输驾驶员从业资格培训业务的，还应当同时配备常见危险化学品样本、包装容器、教学挂图、危险化学品实验室等设施、设备和专用场地。

(3)申请从事机动车驾驶员培训教练场经营业务的，应当具备下列条件：

①取得企业法人资格。

②有与经营业务相适应的教练场地。具体要求按照《机动车驾驶员培训教练场技术要求》相关条款的规定执行。

③有与经营业务相适应的场地设施、设备，办公、教学、生活设施以及维护服务设施。具体要求按照《机动车驾驶员培训教练场技术要求》相关条款的规定执行。

④具备相应的安全条件。包括场地封闭设施、训练区隔离设施、安全通道以及消防设施、设备等。具体要求按照《机动车驾驶员培训教练场技术要求》相关条款的规定执行。

⑤有相应的管理人员。包括教练场安全负责人、档案管理人员以及场地设施、设备管理人员。

⑥有健全的安全管理制度。包括安全检查制度、安全责任制度、教学车辆安全管理制度以及突发事件应急预案等。

(4)申请从事机动车驾驶员培训经营的,应当依法向市场监督管理部门办理有关登记手续后,向所在地县级道路运输管理机构提出申请,并提交以下材料:

①《交通行政许可申请书》。

②申请人身份证明及复印件。

③经营场所使用权证明或产权证明及复印件。

④教练场地使用权证明或产权证明及复印件。

⑤教练场地技术条件说明。

⑥教学车辆技术条件、车型及数量证明(申请从事机动车驾驶员培训教练场经营的无需提交)。

⑦教学车辆购置证明(申请从事机动车驾驶员培训教练场经营的无需提交)。

⑧各类设施、设备清单。

⑨拟聘用人员名册、职称证明。

⑩申请人办理的工商营业执照正、副本及复印件。

⑪根据《机动车驾驶员培训管理规定》需要提供的其他相关材料。

(5)申请从事普通机动车驾驶员培训业务的,在递交申请材料时,应当同时提供由公安交警部门出具的相关人员安全驾驶经历证明,安全驾驶经历的起算时间自申请材料递交之日起倒计。

(6)道路运输管理机构应当按照《中华人民共和国道路运输条例》和《交通行政许可实施程序规定》规范的程序实施机动车驾驶员培训业务的行政许可。

(7)道路运输管理机构应当对申请材料中关于教练场地、教学车辆以及各种设施、设备的实质内容进行核实。

(8)道路运输管理机构对机动车驾驶员培训业务申请予以受理的,应当自受理申请之日起 15 日内审查完毕,作出许可或者不予许可的决定。对符合法定条件的,道路运输管理机构作出准予行政许可的决定,向申请人出具《交通行政许可决定书》,并在 10 日内向被许可人颁发机动车驾驶员培训许可证件,明确许可事项;对不符合法定条件的,道路运输管理机构作出不予许可的决定,向申请人出具《不予交通行政许可决定书》,说明理由,并告知申请人享有依法申请行政复议或者提起行政诉讼的权利。

(9)机动车驾驶员培训许可证件实行有效期制。从事普通机动车驾驶员培训业务和机动车驾驶员培训教练场经营业务的证件有效期为 6 年;从事道路运输驾驶员从业资格培训业务的证件有效期为 4 年。机动车驾驶员培训许可证件由省级道路运输管理机构统一印制并编号,县级道路运输管理机构按照规定发放和管理。机动车驾驶员培训机构应当在许可证件有效期届满前 30 日到作出原许可决定的道路运输管理机构办理换证手续。

(10)机动车驾驶员培训机构变更许可事项的,应当向原作出许可决定的道路运输管理机构提出申请;符合法定条件、标准的,实施机关应当依法办理变更手续。机动车驾驶员培训机构变更名称、法定代表人等事项的,应当向原作出许可决定的道路运输管理机构备案。

(11)机动车驾驶员培训机构需要终止经营的,应当在终止经营前30日到原作出许可决定的道路运输管理机构办理行政许可注销手续。

考点十一　驾驶员培训机构的安全防范措施

驾驶员培训机构的安全防范措施要求如下:

(1)严格按照国家规定对教练车进行检测和维护。

(2)按照规定对教练车进行更新与报废,报废车不能再用作教练车。

(3)每台车都应配备1个灭火器,并定期对其进行检查。

(4)教练车的副制动踏板、副加速踏板、副后视镜、副离合器踏板必须齐全且有效。

(5)训练期间需为每台车选1名学员协助教练员做好安全工作。

(6)教练车需集中停放。

(7)在训练过程中,应严格遵守道路交通安全法规。

(8)对教练车实行“三检制度”,即出车前、行车时、收车后。

(9)禁止外来人员进入教练车。

(10)严禁教练酒后执教。

链接

教练车实行“三检”制度包括的内容如表7-2所示:

表7-2　教练车“三检”制度

三检	内容
出车前检查	轮胎气压;电动机;车身;离合器;方向盘;制动踏板;灯泡;漏水、漏气、漏油现象
行车时检查	行驶时车辆状况;制动装置;转向装置;信号装置;仪表装置
收车后检查	车身;轮胎气压及轮胎表面异物;钢板弹簧;漏水、漏气、漏油现象

考点十二　驾驶员培训机构教练场的安全防范措施

1. 教练场地设施设备要求

场内训练项目设施应完好、功能正常,场地与训练道路的路面无重度坑槽和沉陷。

场内照明设施和安全防护设施应齐全、完好、功能正常。

场内消防栓和灭火器等消防设施应齐全、完好,在有效期内。

场内配备监控设施设备的,监控设施设备应完好、功能正常。

场内训练项目指引标志及训练道路的交通标志和标线应清晰、无遮挡。

场内休息场所应设置在安全区域,配备的休息座椅及遮阳、防雨设施完好、清洁、无缺损。

场内绿化率宜大于15%。除训练项目需要外,场内绿化布置不得影响驾驶视线。

2. 机动车驾驶员培训机构自备教练场地

教练场内应按要求设置道路交通标志和标线,按要求设置交通信号灯。除专门的倒车入库、倒车移位项目训练场地外，教练场内应设置不少于1套的交通信号灯。

教练场应符合以下安全要求：

(1)教练场地与外界应采用物理隔离，设置安全通道，消防设施设备的配备应符合有关规定。

(2)教练场地与场外道路衔接处应具有满足要求的停车视距。

(3)教练场内应按人车分离的原则布置人行便道。

(4)教练场内道路与路侧场地落差超过0.5 m时，应在道路边缘设置防护设施。

(5)教练场内道路转弯、分流路口等处存在可能与车辆发生刚性碰撞的物体前，应设置有效的消能物体或设施。

(6)教练场内应配备照明设施。

3. 租用教练场地

机动车驾驶员培训机构租用教练场地的，应租用符合规定的机动车驾驶员培训经营性教练场。

教练场应设置封闭设施，教练场地与办公、教学和生活等区域之间应有隔离设施，并设有专人看守的通行口。

提示

历年考试中会考查此知识点。

教练场应满足以下安全要求：

(1)教练场地与场外道路衔接处应具有满足要求的停车视距。

(2)教练场内应按人车分离的原则布置人行通道。

(3)教练场内道路与路侧场地落差超过0.5 m时，应在道路边缘设置防护设施。

(4)教练场内道路转弯、分流路口等处存在可能与车辆发生刚性碰撞的物体前，应设置有效的消能物体或设施。

(5)教练场内应配备照明设施和监控设施、设备。

教练场应配备紧急救护药品和设备。

考点十三　实际道路训练过程中的相关安全要求

驾驶员培训道路训练安全防范要求如下：

(1)严格遵守《中华人民共和国道路交通安全法》及安全操作规程。严格按规定的训练科目和指定的训练路线，进行道路驾驶训练，保证训练期间安全和训练质量。

(2)支持“文明行车、礼让斑马线”教学，安全训练，对学员要因人施教，耐心帮助，并做好驾驶技术和相关安全知识的教育。

(3)严禁教练车乘坐与训练无关人员和装载货物，驾驶室严禁超座，车未停稳不准上、下人，停车开门要“一停三看”，确认安全后方可开门。严禁教员私自带人上车训练。

(4)在路灯亮光比较暗、平坦、宽阔的道路上可按正常操作方法进行训练，如道路不宽或遇有弯道、过桥等情况时,应教学员减速,谨慎通过。

(5)夜间训练时,首先应检查车辆的各项设备、部件是否完好,特别是灯光,如有问题应修复后开车。

(6)夜间训练靠边停车,因视线不良,教员必须警惕车辆右侧情况,修车时需开小灯、尾灯。

(7)雨天训练,要加强对雨刮器等安全部件检查,要降低车速,与前方车辆保持一定距离,通常情况下不得超车。

(8)教员与学员应注意行人动态。遇情况要提前处理,尽量避免紧急制动。

(9)雾天能见度低于 50 m 和冰雪道路等恶劣气候,不得进行道路驾驶训练。

(10)教练员要以身作则,做学员的表率,遵章守纪,确保安全无事故,若发生训练事故,则根据有关制度对责任人进行处罚。

链接

进行道路训练时,车速不得超过 50 km/h。停车换人时,禁止在路段繁华或路口位置。

同步自测

单项选择题(每题的备选项中,只有 1 个最符合题意)

1. 下列不属于车辆维护等级分类的是(　　)。
   A. 三级维护　　B. 二级维护
   C. 一级维护　　D. 日常维护
2. 根据《汽车维护、检测、诊断技术规范》,汽车日常级维护作业的目的是(　　)。
   A. 检验排放是否合格　　B. 改善动力
   C. 提高经济性　　D. 确保行车安全
3. 氢燃料电池车辆维护时,放气现场安全区域(　　)m 内禁止使用明火作业。
   A. 20　　B. 30
   C. 35　　D. 50
4. 下列属于检测站质量负责人岗位职责的是(　　)。
   A. 负责检测站的技术管理工作　　B. 制定考核标准与奖惩制度
   C. 负责组织检测站内的质量管理体系　　D. 建立设备台账和质量维修记录
5. 驾驶员培训机构应建立教练车的安全行车检查制度,下列不属于出车前检查的是(　　)。
   A. 轮胎气压　　B. 信号装置
   C. 制动踏板　　D. 电动机
6. 在进行驾驶员培训道路训练时,训练车速不得超过(　　)km/h。
   A. 30　　B. 40
   C. 50　　D. 60

答案详解

单项选择题

1. A。【解析】根据《汽车维护、检测、诊断技术规范》，汽车维护分为日常维护、一级维护和二级维护。日常维护是指以清洁、补给和安全性能检视为中心内容的维护作业。一级维护是指除日常维护作业外，以润滑、紧固为作业中心内容，并检查有关制动、操纵等系统中的安全部件的维护作业。二级维护是指除一级维护作业外，以检查、调整制动系、转向操纵系、悬架等安全部件，并拆检轮胎，进行轮胎换位，检查调整发动机工作状况和汽车排放相关系统等为主的维护作业。

2. D。【解析】《汽车维护、检测、诊断技术规范》第3.3条规定，日常维护是指以清洁、补给和安全性能检视为中心内容的维护作业。

3. B。【解析】氢燃料电池车辆维护时，放气现场安全区域30 m内禁止使用明火作业。所有动火检测，必须确保明火周围3 m范围内没有其他无关的氢燃料系统。

4. C。【解析】检测站质量负责人的职责包括：(1)负责组织运行检测机构质量管理体系。(2)组织实施内部审核工作，落实纠正措施。(3)负责处理检测工作中发生的质量问题。(4)负责处理客户对检测工作的投诉和意见。(5)负责质量监督人员管理，处理质量监督人员反馈意见和信息。(6)组织检测人员进行定期质量管理培训工作，对计算机终端操作人员进行业务培训。(7)熟悉检测机构中所使用的测试仪器的工作原理、性能及操作，能解决检测中出现的质量与技术问题。

5. B。【解析】驾驶员培训机构应建立教练车"三检"制度，即出车前检查、行车时检查和收车后检查。其具体检查内容如下表所示。

三检	内容
出车前检查	轮胎气压；电动机；车身；离合器；方向盘；制动踏板；灯泡；漏水、漏气、漏油现象
行车时检查	行驶时车辆状况；制动装置；转向装置；信号装置；仪表装置
收车后检查	车身；轮胎气压及轮胎表面异物；钢板弹簧；漏水、漏气、漏油现象

6. C。【解析】进行道路训练时，教练员与学员应严格遵守《中华人民共和国道路交通安全法》相关规定，车速不得超过50 km/h。停车换人时，禁止在路段繁华或路口位置。